国家林业局普通高等教育"十三五"规划教材

土壤理化分析

查同刚　主编

中国林业出版社

图书在版编目（CIP）数据

土壤理化分析／查同刚 主编. —北京：中国林业出版社，2017.12（2023.10 重印）
国家林业局普通高等教育"十三五"规划教材
ISBN 978-7-5038-8945-5

Ⅰ.①土… Ⅱ.①查… Ⅲ. 土壤分析 – 物理分析 – 高等学校 – 教材
Ⅳ.①S151.9

中国版本图书馆 CIP 数据核字（2017）第 323376 号

国家林业局生态文明教材及林业高校教材建设项目

中国林业出版社·教育出版分社

策划编辑：肖基浒 吴 卉　　　　　　　责任编辑：肖基浒 范立鹏
电话：83143555　　　　　　　　　　　传真：83143561

出版发行　中国林业出版社（100009　北京市西城区德内大街刘海胡同 7 号）
　　　　　E-mail：jiaocaipublic@163.com　电话：(010)83143561
　　　　　http://www.lycb.forestry.gov.cn
经　　销　新华书店
印　　刷　北京中科印刷有限公司
版　　次　2017 年 12 月第 1 版
印　　次　2023 年 10 月第 3 次印刷
开　　本　850mm×1168mm　1/16
印　　张　17.50
字　　数　415 千字
定　　价　56.00 元

《土壤理化分析》编写人员

主　编　查同刚

编写人员(按姓氏拼音排序)

黄冬琳(西北农林科技大学)

栾亚宁(北京林业大学)

桑　英(东北林业大学)

孙　蕾(南京林业大学)

孙　曼(北京林业大学)

查同刚(北京林业大学)

张晓霞(北京林业大学)

张　英(北京林业大学)

前　言

　　土壤理化性质与养分含量的准确测定，是评价土壤肥力和土壤质量，因地制宜进行农林业经营管理，又是测算土壤元素储量，评估土壤生态服务功能的基础。目前国内外土壤实验测定的相关资料可分为三类：①国际、国家、行业或地方等不同级别的相关标准；②涵盖几乎全部指标的经典工具书；③基于土壤学课程辅助实验的指导书。但这些资料均侧重于实验操作与精度控制，而缺少实验过程的土壤学、方法学原理的系统分析。因此，对于学生或实验者而言，往往只是机械照搬指导书，逐步操作，出现问题时很难及时发现并有效纠正，甚至对实验结果的正确性和精度也缺少信心。

　　本书针对当前农林业系统土壤实验教学和科研中常需测定的土壤理化分析项目，参照相关国际、国家和行业标准，系统阐述常用分析方法的土壤学、仪器分析及方法学原理，对比分析不同分析方法的优缺点及适用范围，结合具体步骤分析各关键操作可能产生的误差及其减小途径。该书既可作为农林院校土壤学及相关课程的实验教材，也适用于未系统学习土壤学的人员从事相关科研、生产中土壤分析的工具书。与其他土壤分析相关图书相比，本书更侧重介绍土壤分析方法的土壤学、方法学原理，让读者不仅"知其然"，更"知其所以然"；同时对关键步骤和测试结果进行解读，利于分析实验过程得失，提高实验操作效率和成功率。

　　本书由国内多所农林院校相关专业教师参与编写。其中第一篇土壤样品采集与制备由查同刚、桑英编写；第二篇土壤物理性质由桑英、孙蕾编写；第三篇土壤养分与化学性质由黄冬琳、栾亚宁、孙蕾、张晓霞等编写；第四篇土壤生物学性质由查同刚、桑英和孙曼编写；第五篇植物养分全量分析由查同刚、黄冬琳和张晓霞编写；第六篇主要分析仪器简介由张英、张晓霞和刘怡函编写；附录由查同刚和张晓霞编写。另外，武文娟、孟国欣、郭子薇、林珠、张恒硕和彭栋等同志在资料收集、文字录入和排版等方面也提供了帮助。本书首次尝试将土壤学、仪器分析原理与实验分析有机结合起来，力争为教学和科研实验提供一份适用性强的指导书。限于编者的水平，书中难免存在疏漏之处，恳请各位同仁批评指正，联系邮箱：zhtg73@ bjfu. edu. cn。

　　本书编写过程中得到北京林业大学孙向阳教授，东北林业大学崔晓阳教授，西北农林科技大学耿增超教授，南京林业大学陈金林教授和中国林业出版社的大力支持，在此一并致谢！

编　者

2017. 11. 25

目 录

前 言

第一篇 样品采集与制备

第1章 土壤样品的采集与制备 ……………………………………………… (3)
1.1 土壤地理概查 …………………………………………………………… (3)
1.2 土壤样品采集 …………………………………………………………… (8)
1.3 土壤样品处理与保存 …………………………………………………… (11)
第2章 植物样品采集与分析 ……………………………………………… (14)
2.1 概述 ……………………………………………………………………… (14)
2.2 林分样品采集 …………………………………………………………… (14)
2.3 其他植物样品采集 ……………………………………………………… (16)
2.4 植物样品采集标签 ……………………………………………………… (17)
2.5 样品制备 ………………………………………………………………… (17)

第二篇 土壤物理性质

第3章 土壤含水量 ………………………………………………………… (23)
3.1 土壤水分及其表示方法 ………………………………………………… (23)
3.2 方法原理 ………………………………………………………………… (24)
3.3 土壤含水量测定（烘干法） ……………………………………………… (25)
第4章 土壤水分特征值 …………………………………………………… (27)
4.1 土壤水分特征值及有效含水范围 ……………………………………… (27)
4.2 方法原理 ………………………………………………………………… (28)
4.3 吸湿系数测定 …………………………………………………………… (29)
4.4 凋萎系数 ………………………………………………………………… (30)
4.5 田间持水量 ……………………………………………………………… (31)
4.6 土壤毛管持水量和饱和持水量 ………………………………………… (33)
第5章 土壤水分特征曲线 ………………………………………………… (35)
5.1 概述 ……………………………………………………………………… (35)
5.2 方法原理 ………………………………………………………………… (36)
5.3 土壤水分特征曲线测定（压力膜仪法） ………………………………… (38)

第 6 章　土壤渗透系数的测定 ………………………………………………… (41)

6.1　概述 ………………………………………………………………………… (41)

6.2　方法原理 …………………………………………………………………… (41)

6.3　田间土壤渗透系数测定 …………………………………………………… (42)

6.4　室内土壤渗透系数测定 …………………………………………………… (44)

第 7 章　土壤粒径分布(质地) …………………………………………………… (46)

7.1　概述 ………………………………………………………………………… (46)

7.2　方法原理 …………………………………………………………………… (49)

7.3　吸管法测定土壤质地 ……………………………………………………… (52)

7.4　简易比重计法测定土壤质地 ……………………………………………… (56)

第 8 章　土壤结构分析 …………………………………………………………… (59)

8.1　概述 ………………………………………………………………………… (59)

8.2　方法原理 …………………………………………………………………… (62)

8.3　干筛法 ……………………………………………………………………… (62)

8.4　湿筛法 ……………………………………………………………………… (64)

8.5　吸管法 ……………………………………………………………………… (65)

第 9 章　土壤孔性 ………………………………………………………………… (67)

9.1　概述 ………………………………………………………………………… (67)

9.2　方法原理 …………………………………………………………………… (70)

9.3　土壤密度测定(环刀法) …………………………………………………… (71)

9.4　土粒密度测定 ……………………………………………………………… (72)

9.5　土壤孔隙测定 ……………………………………………………………… (74)

第三篇　土壤养分与化学性质

第 10 章　土壤有机质 …………………………………………………………… (79)

10.1　概述 ……………………………………………………………………… (79)

10.2　方法原理 ………………………………………………………………… (81)

10.3　重铬酸钾容量法(外加热法) …………………………………………… (82)

10.4　重铬酸钾容量法(稀释热法) …………………………………………… (85)

第 11 章　土壤氮 ………………………………………………………………… (88)

11.1　概述 ……………………………………………………………………… (88)

11.2　方法原理 ………………………………………………………………… (89)

11.3　土壤全氮的测定 ………………………………………………………… (91)

11.4　土壤碱解氮测定 ………………………………………………………… (93)

11.5　土壤矿化氮(生物培养法) ……………………………………………… (94)

第 12 章　土壤磷 ………………………………………………………………… (97)

12.1　概述 ……………………………………………………………………… (97)

12.2　方法原理 ……………………………………………………………………（98）

12.3　土壤全磷的测定（氢氧化钠熔融——钼锑抗比色法）…………………………（99）

12.4　中性和石灰性土壤速效磷的测定（NaHCO₃法）…………………………………（101）

12.5　酸性土壤速效磷的测定（NH₄F-HCl 法）…………………………………………（103）

第13章　土壤钾 ……………………………………………………………………（106）

13.1　概述 ……………………………………………………………………………（106）

13.2　方法原理 ……………………………………………………………………（107）

13.3　土壤全钾的测定（氢氧化钠碱熔——火焰光度法）……………………………（108）

13.4　土壤速效钾测定（原子发射光度法）……………………………………………（110）

第14章　土壤硫 ……………………………………………………………………（112）

14.1　概述 ……………………………………………………………………………（112）

14.2　方法原理 ……………………………………………………………………（114）

14.3　土壤全硫的测定（燃烧碘量法）…………………………………………………（115）

14.4　土壤有效硫的测定（磷酸盐-乙酸浸提——硫酸钡比浊法）……………………（118）

第15章　土壤碳酸钙 ………………………………………………………………（121）

15.1　概述 ……………………………………………………………………………（121）

15.2　方法原理 ……………………………………………………………………（122）

15.3　石灰性土壤碳酸钙的测定（气量法）……………………………………………（122）

15.4　石灰性土壤碳酸钙的测定（中和滴定法）………………………………………（125）

第16章　土壤微量元素测定 ………………………………………………………（128）

16.1　概述 ……………………………………………………………………………（128）

16.2　方法原理 ……………………………………………………………………（131）

16.3　土壤全硼的测定 …………………………………………………………………（132）

16.4　土壤有效硼的测定 ………………………………………………………………（134）

16.5　ICP-AES 法同时测定 Fe、Mn、Cu、Zn、Mo 等的全量 …………………………（136）

16.6　ICP-AES 法同时测定有效态 Fe、Mn、Cu、Zn 的含量 …………………………（138）

第17章　土壤 pH 值、EC 值和 Eh 值 ……………………………………………（140）

17.1　概述 ……………………………………………………………………………（140）

17.2　方法原理 ……………………………………………………………………（141）

17.3　土壤 pH 值的测定 ………………………………………………………………（141）

17.4　土壤电导率 EC 值的测定 ………………………………………………………（143）

17.5　土壤 Eh 值的测定 ………………………………………………………………（145）

第18章　土壤可溶性盐总量 ………………………………………………………（149）

18.1　概述 ……………………………………………………………………………（149）

18.2　方法原理 ……………………………………………………………………（150）

18.3　质量法测定总盐量 ………………………………………………………………（151）

第 19 章　土壤阴阳离子分析 ·· （154）

　19.1　概述 ·· （154）

　19.2　方法原理 ·· （155）

　19.3　碳酸根、重碳酸根的测定 ·· （155）

　19.4　氯离子的测定（硝酸银容量法） ·································· （158）

　19.5　硫酸根的测定（容量法） ·· （159）

　19.6　钙、镁离子的测定（容量法） ···································· （162）

　19.7　钾、钠离子的测定（火焰光度法） ································ （164）

第 20 章　土壤阳离子交换量 ·· （166）

　20.1　概述 ·· （166）

　20.2　方法原理 ·· （168）

　20.3　乙酸铵交换法 ·· （170）

　20.4　氯化铵—乙酸铵交换法 ·· （173）

第四篇　土壤生物学特性

第 21 章　土壤酶活性 ·· （177）

　21.1　概述 ·· （177）

　21.2　方法原理 ·· （178）

　21.3　土壤脲酶的测定 ·· （179）

　21.4　土壤磷酸酶的测定 ·· （182）

　21.5　土壤硫酸酶的测定 ·· （185）

　21.6　土壤蔗糖酶活性测定（3,5-二硝基水杨酸比色法） ··················· （186）

　21.7　土壤纤维素酶活性测定（3,5-二硝基水杨酸比色法） ················· （188）

　21.8　过氧化氢酶活性测定（高锰酸钾滴定法） ·························· （189）

第 22 章　土壤微生物 ·· （192）

　22.1　概述 ·· （192）

　22.2　方法原理 ·· （193）

　22.3　实验分析 ·· （194）

第五篇　植物养分全量分析

第 23 章　植物水分和干物质测定 ······································ （205）

　23.1　概述 ·· （205）

　23.2　方法原理 ·· （206）

　23.3　实验分析 ·· （207）

第 24 章　植物含碳量 ·· （209）

　24.1　概述 ·· （209）

　24.2　方法原理 ·· （209）

24.3　实验分析 ………………………………………………… (210)
24.4　注意事项 ………………………………………………… (210)

第25章　植物粗灰分 ……………………………………… (211)
25.1　概述 ……………………………………………………… (211)
25.2　方法原理 ………………………………………………… (211)
25.3　实验分析 ………………………………………………… (211)

第26章　植物氮、磷和钾 ……………………………… (214)
26.1　概述 ……………………………………………………… (214)
26.2　方法原理 ………………………………………………… (215)
26.3　实验分析（H_2SO_4-H_2O_2 消煮） ………………… (217)
26.4　注意事项 ………………………………………………… (218)

第27章　植物微量元素分析 …………………………… (219)
27.1　概述 ……………………………………………………… (219)
27.2　方法原理 ………………………………………………… (222)
27.3　植物中铁的测定（邻菲罗啉比色法） …………………… (223)
27.4　植物锰的测定 …………………………………………… (224)
27.5　植物中铜、锌的测定 …………………………………… (226)
27.6　植物中钼的测定 ………………………………………… (227)
27.7　植物氯的测定 …………………………………………… (228)
27.8　植物硼的测定 …………………………………………… (230)

第六篇　主要分析器材简介

第28章　主要器材简介 ………………………………… (235)
28.1　pH 计 …………………………………………………… (235)
28.2　电导率仪 ………………………………………………… (237)
28.3　定氮仪 …………………………………………………… (239)
28.4　分光光度计 ……………………………………………… (241)
28.5　火焰光度计 ……………………………………………… (243)
28.6　氮磷钾连续流动分析仪 ………………………………… (245)
28.7　原子吸收分光光度计 …………………………………… (246)
28.9　时域反射仪 ……………………………………………… (250)
28.10　电感耦合等离子体（ICP） …………………………… (252)
28.11　TOC 分析仪 …………………………………………… (255)
28.12　元素分析仪 …………………………………………… (256)

参考文献 …………………………………………………… (259)
附　录 ……………………………………………………… (262)

第一篇

样品采集与制备

第 1 章

土壤样品的采集与制备

由于气候、生物、母岩、地形和人为活动等成土因素的不同,土壤理化性质具有典型的空间异质性,因此,样品的代表性是土壤样品采集与制备的关键技术要素。为保证土壤样品代表性,首先应通过土壤调查掌握区域土壤分布特征,确定采样数量和地点;其次需按测试项目和目的确定采样方法,同时采取科学的样品制备与保存方法也是样品理化性质分析的关键技术。

1.1 土壤地理概查

土壤地理概查对一个区域的成土条件、土壤类型及其分布规律所进行的概略调查,是进行土壤采样方案设计和土壤地理详查的基础。由于概查方法是按一定原则在调查区内通过一条主要调查路线进行,所以土壤地理概查也称路线调查或路线考察。

1.1.1 背景资料收集与分析

1.1.1.1 自然地理资料与图件

(1)地形图

地形图是野外调查必备的基础图件,其比例尺大小的选择,视调查范围的大小、自然地理环境和土壤的复杂程度而定。土壤详查比例尺宜大,土壤概查所用的比例尺宜小。一般多采用 1:10 000~1:50 000 的地形图作为底图。在确实无地形图的情况下,可以用同比例尺平面图代替。结合生产任务的调查,还需匹配相当或比例尺略小的行政图。

(2)气象和气候资料

着重搜集的数据有气温、年均温、≥10 ℃积温、年降水量、蒸发量、风向和风速、无霜期以及气候图等资料。

(3)地貌

区域地貌、地貌类型、海拔高度、侵蚀切割程度、地貌类形图及数字高度图等。

(4)植被

区域植被资料、植被类型、组成结构、指示植物等。主要搜集自然植被、植被图及其不同时期的遥感影像等。

(5)母质和母岩

地质图、岩性分布图、区域地质构造、岩石种类、岩性及其分布规律。成土母质一般为第四纪沉积物，如花岗岩沉积母质、河流冲积母质或洪积物、海(湖)相淤积物、冰母质等。在干旱和半干旱区应注意黄土和风沙母质；湿热的亚热带和热带应注意红色风化壳。

(6)水文

包括区域地表水和地下水，如河流水系分布、河流的水文特征、流域发生发展情况、地面潜水埋藏深度、水化学成分和矿化度、水文地质图等。

1.1.1.2 社会经济情况资料

搜集社会经济情况的目的在于了解人类活动对土壤发生与演变的影响。该类资料包括历史上的人类活动、现代社会经济情况，特别是农林业经济资料，如人口、土地面积、耕地面积、林地；农林业种植与耕作制度；农林业生产中存在的问题如水利、施肥状况，旱、涝、盐、碱、次生潜育化和水土流失情况等。此外，要特别重视与土壤污染或退化相关的工矿企业经营活动。

1.1.1.3 土壤资料与土壤图

搜集、阅读与分析相关土壤图、土壤调查报告、论文或专著是准备工作的重点。一般经过第二次土壤资源清查，都有大比例尺土壤图及较详细的土壤普查资料可以利用，对于这些资料，要着重研究区域土壤分布、发生学特性、理化性质和土壤改良利用历史等。

1.1.2 野外调查采样物品准备

野外调查采样应根据调查目的、试验方案和区域特点准备相关用品，切记"安全第一，宁多勿缺"原则，建议准备但不限于以下物品。

(1)土壤调查用具

土锹、土镐、土铲、采土刀、土钻、钢卷尺、土壤标本盆、标签、土样袋、剖面记录本、铅笔、5%盐酸、放大镜。

(2)填图绘图用品

GPS手机、罗盘、高度表、坡度仪、三角板、量角器、坐标纸、透明方格纸、彩色铅笔、小刀。

(3)土壤野外速测器材备品

pH值试笔、白瓷盘、稀盐酸滴管瓶、赤血盐、养分速测箱、托盘天平、环刀、铝盒、刮刀、野外电位仪、酒精、蒸馏水。

(4)生活备品

常用药品(包括内服与外用)、防蚊帽、太阳帽、水壶、饭盒、望远镜、照相机、手电筒、雨具、登山鞋、换洗衣物等。

1.1.3　实施过程

1.1.3.1　选线

土壤地理概查路线应尽量多地通过区域内各种地貌类型、地理界线，应尽量通过地理现象的典型地点和问题突出地点，应便于掌握全区地理环境的基本轮廓和区域分异规律，并考虑到交通条件是否允许。

（1）山区调查选线

首先要遵循垂直于等高线的原则，使调查路线从山下到山上，能经过不同海拔高度的各种植被、母质类型与土壤垂直带；应考虑山体的大小，注意丘陵、浅山、中山和深山的差别，以及不同坡向、坡度及局部地形对土壤形成发育的影响。此外，山区选线最好从河谷起，这样可考察河流水文、母质与地形等土壤形成因素。

（2）平原区选线

平原区同样要遵循垂直于等高线的原则，通过主要的地貌单元、地形部位、母质类型，从而掌握土壤分布规律。例如，从滨海（湖）平原—冲积平原—山麓平原，从河漫滩—高阶地，从洼地—二坡地—岗地，可以观察到不同土壤的分布。同时要注意到典型性，即选线应通过区域最具代表性的地貌、地形和母质类型的地段，如河流冲积平原应尽量选定在各阶地比较齐全而完整的地段，不应选择阶地缺失，或被侵蚀切割成支离破碎的残存阶地地段。

（3）农耕区选线

农耕区选线要选择能代表当地主要耕地和不同农业利用类型的调查路线。如通过路线应照顾到水稻田、旱地、经济作物及草牧场等。

（4）选线间距

选线间距应根据成土条件、土壤分布及精度要求而定。如地势平坦开阔，土壤类型单一，分布范围广，间距可大一些；反之，若成土条件、土壤类型复杂多样，图斑零碎，间距应适当小一些。总体上以能反映土壤分布规律为原则。

1.1.3.2　调查段划分

调查段划分可采用图上划分和实地划分相结合的方法，并按顺序编号。图上可依据调查路线长度、海拔跨度、调查精度要求和工作量，采用一定的海拔或路线间距进行划分。实地调查时，应依据成土因素变化规律（即当成土因素发生明显变化不是局部的偶然现象，而是在一定条件下出现的不同立地条件特征，并足以引起土壤性状的明显改变时），准确地划定变化界限，区分出不同立地条件的调查段。

1.1.3.3　实地踏查

依据图上确定的路线和调查段进行实地踏查，以确定图上选线和调查段划分的合理性和可行性。踏查时应在每一调查段进行地形（坡向、坡度和海拔等）、土壤（土壤颜色、土层厚度、质地、结构和砾石含量等)、植被(优势种和指示性植物)等各方面的变化规律观测记录。一般调查的指标应包括但不限于地形因子(海拔、坡度、坡向、坡位等)、生物因子(植被类型、植被覆盖度等)、母质因子(母岩、母质类型、砾石含量等)、水文(土壤侵蚀、地表水和地下水等)、土壤形态(枯落物、土壤颜色、土层厚度等)和人为干扰(土地利用、施肥、灌溉)等成土因素。

1.1.4　土壤剖面的设置

土壤剖面观察是土壤路线调查的重要内容,可以了解土壤内在性质,初步确定土壤类型,判断土壤肥力,为土壤的改良利用提供初步意见。

1.1.4.1　土壤剖面的种类

土壤剖面按来源可分为自然剖面、人工剖面;按用途和特性可分为主要剖面、检查剖面和定界剖面。

(1)自然剖面

由于自然或人为活动造成的裸露土壤切面,如道路开挖、河流冲刷、塌方等均可形成土壤自然剖面。基于自然剖面可观察到土壤剖面层次分布和土体构型,利于选择典型剖面。但自然剖面暴露在空气中一定时间后,剖面土壤形态特征已发生了变化,不能代表当地土壤的真实情况,只能起参考作用而不适宜作为主要剖面。

(2)人工剖面

根据土壤调查绘图的需要,人工挖掘而成的新鲜剖面。

(3)主要剖面(⊙)

为了全面研究土壤的发生学特征,从而确定土壤类型及其特性,而专门设置挖掘的土壤剖面。主要剖面一般为人工挖掘的新鲜断面,其层次为从地表向下到母质层(或潜水层)。

(4)检查剖面(△)

检查剖面也称对照剖面,是为对照检查主要剖面所观察到的土壤形态特征是否有变异而设置的,一方面可弥补主要剖面的不足;另一方面又可辅助区分土壤类型。检查剖面的深度一般只要到诊断性土层,规格可小于主要剖面。

(5)定界剖面(×)

为了确定土壤分布界线而设置的剖面,一般可用土钻取土,不必挖掘土壤剖面,但数量比检查剖面和主要剖面多。

1.1.4.2　土壤剖面数量的确定

土壤剖面数量的关键是协调好土壤调查成果质量和工作量的关系,可根据以下原则来确定土壤剖面的数量。

(1)地区分级原则

根据地形、土壤复杂程度和土地利用特点,对调查区进行分级,等级越高,要求的剖面数量越多。

一级：山麓洪积—冲积平原与高平原，地形平坦微有倾斜，地下水在 $2.5 \sim 3.0$ m 以下，母质较均一，农用以大田为主。

二级：地形已有切割，母质较均一，或母质稍复杂但地形单一。

三级：地形母质均较复杂，而且参与了潜水因素，土壤复区面积达到 20% 左右。

四级：地形高差较大，或母质和潜水复杂，土壤复区可达 30%~40%。

五级：高度集约的农地。

（2）精度要求原则

在同一等级的土壤调查区内，土壤剖面数量还因精度要求而差异悬殊。土壤调查精度越高，要求的剖面数量就越多（表1-1）。

表1-1 主要土壤剖面所代表的面积及调查路线的间距

制图比例尺	每个主要剖面代表的面积（hm²）					调查路线间距		制图单位
	地区地形复杂程度等级					地面（m）	图上（cm）	
	一级	二级	三级	四级	五级			
1:2 000	4	3.3	2.7	2	1.3	100~200	5~10	变种
1:5 000	13.3	11.3	9.3	7.3	5	200~300	4~6	变种
1:10 000	25	20	18	15	10	300~500	3~5	变种
1:25 000	80	65	50	40	25	500~1000	2~4	变种
1:50 000	120	100	88	64	40	1 000~1 500	2~3	土种
1:100 000	300	25	200	150	75	1 500~2 000	1.5~2	土种
1:200 000	733.3	600	450	157	200	2 000~3 000	1~1.5	土属

注：引自《中国土壤普查技术》，1992。

（3）地图质量要求

野外调查的工作地图质量也关系到剖面数量的多少。单一的地形图为工作底图，所提供的地面信息有限，要求设置剖面的数量就多。如果利用航片或卫星影像，地面信息丰富，主要剖面的数量可大大减少（表1-2）。

表1-2 不同比例尺地图土壤剖面数量设置

地形复杂程度	每100 hm²的剖面数				每一剖面控制的面积（hm²）			
	1:2 000		1:5 000		1:2 000		1:5 000	
	地形图	航片	地形图	航片	地形图	航片	地形图	航片
一级	26	17	7	4	3.8	6	14	25
二级	30	20	9	5	3.3	5	11	20
三级	39	25	11	7	2.5	4	9	14
四级	50	35	14	9	2.0	3	7	11
五级	78	50	21	14	1.2	2	5	7

1.1.5 注意事项

【1】踏查过程中，应尽量向年长的居民咨询，可获取耕作历史、生态水文和经营管理措施等有价值的资料。

【2】为省工省时，可对自然剖面进行整修使其露出新鲜裂面，即可作为主要剖面。

【3】若无特殊要求，土壤剖面的深度一般不超过 2 m，即使没有挖掘到母质层或潜水层。

【4】定界剖面主要适用于大比例尺土壤调查绘制，中小比例尺土壤调查绘制中很少使用。

【5】对于不以土壤制图为目的的区域土壤地理概查，可不做调查或辅以部分定界剖面。主要剖面的挖掘、形态观察等，可参照《森林土壤调查技术规程》(LY/T 2250—2014)。

1.2　土壤样品采集

土壤样品采集的基本原则包括代表性、典型性、实时性和防止污染。具体操作时应依据土壤地理概查掌握的土壤性状的垂直、水平及人为活动的时空异质性，结合采样目的确定样品类型，采样时间、频率及采样工具等。

1.2.1　采样方案的制订

1.2.1.1　采样目的

土壤样品采集的目的主要有：

（1）土壤性状与肥力学性质

通过不定期采样，测定土壤质地、孔性、土壤有机质、大量和微量元素等理化性状和土壤 pH 值、电导率、氧化还原电位等土壤环境指标，为科学研究、植物营养诊断与施肥、土壤改良等经营管理提供基础数据。这类采样服务于科学研究或生产实践，通常可采用机械分层采样，并不严格区分土壤的发生层次。

（2）编制土壤图

必须按照土壤类型和剖面的发生层次采样，分析项目主要为土壤矿物性质、化学性质等。通常需要挖掘土壤剖面或用土钻采集特定层次土样，有时需要采集原状土样。编制土壤图的采样通常是一次性的。

（3）土壤健康与安全评价

采集土样进行分析，通过对某些污染物质总量及形态的分析测试，分析评价区域土壤健康状况，以及对生态环境和人类健康的可能影响。这类采样通常需根据特定条件和目的制订采样计划，一般采样点较多，可使用机械采样。若涉及物质迁移性较强，可采集水样和植物样辅助评价。

1.2.1.2　采样类型

采样类型可分为两种，即扰动样品和原状样品。扰动样品不要求保持土壤的原有结构，土粒是松散的且允许相互运动，扰动样品适宜于大部分测定项目；原状样品要求保持土壤的原有结构，需要特定的采用工具(如环刀)和方法，适用于测定土壤物理、生物等性状及某些化学性质(如氧化还原电位)。

按采集方法又可分为单点采样和混合采样。单点采样即每个样品只采集一个点(可为扰动或原状样品);混合样品是由若干个按特定方法布设样点的样品混合而成,仅适用于扰动样品。

1.2.1.3 采样时间、频率与数量

(1)采样时间

土壤性状(如水分、有效养分、pH 值等)可随时间不同而有变化,其原因可能有施肥、植物吸收、土壤有机物矿化、雨水淋溶等。一般地,某些有效养分水平在冬季或早春较高而夏末秋初较低,分析土壤养分供应宜在晚秋或早春采样。长期定位试验中,每年的采样时间应固定,同一时间采集的土样才具有比对意义。

(2)采样频率

采样频率决定于研究目的。对于土壤性状演变,在初期(2~4 年)采样频率可密一些。无人为干扰的全量养分,一般 3~5 年分析一次即可;有效养分试验初期可每年采集 1 次,然后 2 年或 3 年一次。另外,对于分析质地较轻土壤(砂土)中移动性较大的养分(NO_3^-、SO_4^{2-} 等)时,采样频率宜高一些。

(3)采样量

采样量依据分析项目进行估算,对有保存价值的样品应适当多采,仅做一次分析可少采。以化学分析为目的的样品量通常不少于 500 g,而作为"标准样"(分析标准)则至少要采集 2 kg。

1.2.1.4 采样工具

采样工具应包括但不限于:工具包、GPS、罗盘、相机、土铲、卷尺、小刀、土钻、环刀、锤子、塑料布、样品袋、绳子、铅笔、采样标签、记录本等。

1.2.2 典型土壤样品采集与操作

1.2.2.1 混合样

混合样可为表层(0~20 cm)土样混合,也可为不同深度对应层次土样的混合,适用于采样区内土壤比较均一的扰动土样。

(1)采样点数确定

采样点数取决于研究性状的变异程度和期望精度,一般可由下式确定:

$$n = \frac{t^2 \cdot s^2}{D^2} \tag{1-1}$$

式中　n——采样点数;

　　　t——在设定的自由度和概率时的 t 值(查 t 表);

　　　s^2——方差,可由全距(R)计算;

　　　D——研究性状的预期变异范围。

一般情况下一个采样区的采样点可在 20~30 个范围内,水田田块在 0.5 hm^2 以下时可设 10 个样点即可,森林调查的标准地内可设 5~10 个点,原则上不得少于 5 个点。

（2）采样点的配置

采样点的配置常可采用随机（random）、分区随机（stratified random）、系统布点（systematic）和非系统（irregular）布点法等。

随机布点法适用于所研究的土壤性状是随机分布，或在采样区是分布均匀的，或土地利用历史相同且地形地貌一致的。若划定区域较大可用随机表（参阅统计类资料）确定采样地点，若采样区域不大，可采用"S"形（也称"之"字形）布点。随机布点法可得到土壤性状的平均值和置信限，但不能获得分布特征，一般常用于土壤肥力学性质研究。

分区随机布点法适用于土壤性状有显著变异，或地形地貌、耕作历史有显著不同时，应按土壤类型、颜色、地势等分为亚区后进行随机布点。这种方法可获得亚区内的变异状况和特点。

系统布点法的典型代表是方格法或样线（带）法，将研究区域进行均分构成采样区域，在每一个分区内采集 8 ~ 10 个小样构成混合样。这种布点方法不仅可以获得土壤性状的均值，还可以了解其变异规律和界限。

非系统布点法广泛应用于土壤肥力研究，特别是试验小区采样。一般按"X、W、N"等形状的线段布置采样点。采用该方法的前提是土壤性状均匀，因此不适用于点源污染或点源变异研究。

（3）采样

表层混合样品可轻轻去除地表枯落物和草本植物后，用土铲在确定的采样点切取上下厚度相同的土壤样品，放置到塑料布上。若需采集不同深度土样，可用土钻采集对应深度的土样，并将同一层次的土样放置在同一塑料布上构成混合样品。

（4）混合保存

将多点采集的土样掰碎混匀，初步除杂（弃去土壤侵入体等非土成分）。采用"四分法"保留预设样品量（无特别要求为 1 kg 左右）后装入布袋，布袋内外应附上标签，写明样品编号、采集时间、采集地点、采集人和采样层次等信息，同时应在记录本上记录土壤样品和区域地形、植被、土地利用和人为干扰等信息。

1.2.2.2　原状样品

土壤原状样品一般可用环刀法采集，在一个具体采样点的采集步骤包括：

（1）重复采样点的设置

由于土壤物理性状如土壤密度、孔隙度和持水特性具有高度的空间异质性，一般推荐在每个采样点采集 3 个重复样品。表层原状样品可按等边三角形布设采样点，边长可为 20 ~ 60 cm。

（2）取样

用锤子轻敲环刀手柄，将环刀竖直打入对应土层，当从观察孔看到土壤时立即停止；挖出环刀，用小刀将两端削平，获得已知体积的原状土柱。

（3）保存

视待测土壤性状保存土柱，若需保留原状土应小心轻放。可在环刀外粘贴标签，标记样品编号，同时在记录本上记录样品信息。

1.2.2.3　土壤剖面样品采集

剖面样品采集一般在分层和剖面性状描述之后进行，视研究目的，分层方法可按机械分层或按发生层采集，样品类型有混合样品和原状样品。需要特别说明的：

① 剖面样品应自下而上逐层采集，以免上层土壤掉落污染下层样品。

② 应避开土壤形态观察过程中扰动（如挤压）或污染（如石灰反应）的部位。

③ 原状土样应在对应层次居中部位，垂直土层方向采集。

1.2.2.4　富含岩屑的土壤样品

对于富含岩屑的土壤可按体积或质量进行估测采样。

（1）体积估测

体积估计 > 250 mm，75 ~ 250 mm 及 20 ~ 75 mm 的岩屑各占土壤总体积的比例（mL·L^{-1}），并记载入单个土体描述中，然后采取 <20 mm 部分的样品中 2 ~ 3 kg，并装入密封闭气的塑料袋中，以便测定田间水分含量，计算各级粗碎块的体积含量。

（2）质量估测

目测估计并记载 >75 mm 部分占土壤总体积的比例（mL·L^{-1}）。先取 <75 mm 部分的样品 15 ~ 20 kg，称重，过筛，分出其中 20 ~ 75 mm 部分并称其质量，记载 20 ~ 75 mm 和 <75 mm 部分的质量，再从 <20 mm 部分中采取 2 ~ 3 kg 样品，装入密封闭气的塑料袋中，以便测定田间水分含量，计算各级粗碎块的质量含量。

1.2.3　注意事项

【1】富含岩屑（粒径 >2 mm，水平阔度小于单个土地大小的部分）的土壤，应估测岩屑的体积百分比或质量百分比。

【2】采集样品前应依据待测项目估算采样量，一般在考虑土壤含水量的前提下，采样量不应低于所有待测项目所需土样量的 2 倍。

【3】采样工具的材质应避免对测定结果的干扰，如测定土壤微量元素不可用铁锹或金属器具采样与盛放样品。

【4】混合土样采集时每一点采集样品的规格（厚度、深浅、宽窄等）应尽量一致，并上下均匀。

【5】土壤样品的保存建议用透气的布袋以免土壤霉变；若无布袋也可用塑封袋临时盛放，但应在条件具备时尽快风干。

【6】禁止用记号笔在塑料袋上记录样品编号及其他样品信息。

【7】原状样品采集时应两端削平，削平过程中切忌挤压样品。

1.3　土壤样品处理与保存

1.3.1　方法提要

土壤样品处理的目的包括：

① 剔除土壤侵入体(如植物残茬、昆虫、砖块等)和新生体(如铁锰结核、石灰结核等)。

② 适当磨细,充分混匀,降低称样误差,提高全量分析时的反应速率和反应效果。

③ 使样品可长期保存,不致霉变。

土样样品一般可处理成较大粒径(<2 mm 或 <1 mm)用于土壤物理性质和有效需要养分分析,处理成较小粒径(<0.149 mm)用于化学全量分析。

土壤样品处理过程包括风干、磨细和混合分样。

1.3.2 器材与试剂

牛皮纸、土壤筛、硬纸板、木棒、瓷研钵、小勺、铅笔、标签、广口瓶等。

1.3.3 操作步骤

(1)风干

将土样粉碎,平铺在干净的牛皮纸上,摊成薄层放于室内阴凉通风处风干 7~10d,其间经常翻动加速水分蒸发。

(2)碾压过筛

"四分法"保留 300~500 g 风干土,放在硬纸板上,挑出有机残体和石块等,用木棒碾压,使通过其 2 mm 筛,留在筛上的土块倒在硬纸板上重新碾碎;如此反复进行使其全部过筛。最后留在筛上的碎石称重后保存,以备计算砾石含量。若发现新生体,也应挑出并称重保存。

(3)研磨过筛

将通过 2 mm 筛的土样混匀后平铺在硬纸板上,摊成规则的性状,采用网格法用小勺挑出 30~50 g 土样,放入研钵中反复研磨,使全部通过 0.149 mm 土壤筛。

(4)保存

将 <2 mm 土样和 <0.149 mm 土样分别放入磨口广口瓶内,贴上标签,注明编号,筛孔及其他样品的信息等。

1.3.4 注意事项

【1】样品处理粒径的依据为土壤粒级的划分,实际操作时应依据测试项目的标准而定。如采用国际制测定土壤粒径分布应过 2 mm 筛,采用中国制应过 1 mm 筛。

【2】土样风干的时间与天气有关,空气干燥时风干较快,反之较慢。

【3】风干可能导致土壤某些性状发生改变,例如:

① 水溶态有机氮减少,无机氮增加。

② 水溶性和弱酸溶性磷增加。

③ SO_4^{2-} 增加。

④ 含硫化物或硫元素土壤的 pH 值下降。

⑤ 交换性锰增加。

⑥ 湿润地区有机质含量高的土壤中大颗粒比重、持水量和可塑性增加。

【4】样品风干过程中切忌阳光曝晒，并防止酸、碱等气体或灰尘的污染。

【5】碾压过筛时只能用木棒反复碾压，不可敲打或用研钵研磨，否则可能因破坏单个矿物晶粒，导致土壤速效养分含量测定结果偏高，细土粒增加。

【6】碾压和研磨过筛均要求使全部土壤样品通过对应土壤筛，不可弃置未压碎的较大土粒。

【7】标准样品是用以核对各次成批样品的分析结果，特别是结果当用于各个实验室协作分析方法的研究和改进时需要设有标准样品。标准样品需长期保存，贴上标签后应以石蜡封存，并附各项分析结果。

第 2 章

植物样品采集与分析

2.1 概述

植物样品的分析目的可分为两类。一类是植物营养诊断或组织分析，即采取全株或合适部位进行分析，了解植株体内养分的累积和转化等动态规律，研究植物的养分吸收、运输和代谢规律及各养分间的相互关系，判断植株体内养分的丰缺状况，或评价土壤、水、肥料、大气污染等外部条件的变化对植被生长的影响程度。另一类是品质鉴定分析或产品分析，定量分析植物收获物的成分，以评定食品或饲养产品的品级，或为了研究生态环境因素和经营管理措施对产品品质的影响，以及收获物在储藏过程中有关成分的变化。

除应遵循土壤样品采集的原则和方法外，植物样品机体结构相对复杂，特别应注意采样时间和部位的同一性。另外，植物样品容易变质，所以采样过程中需要时刻注意植物样品水分损失及腐烂霉变的问题，最好将所采集的样品放入液氮罐，以利于运输和保存。同时结合植物样品本身的性质，经常需要多种方法相结合采样，具体的采样方法因分析对象的性质而异。采样时间宜为生长季结束前 1 个月之内，一日之内以 8:00~10:00 为宜，因为此时植物生理活动已趋活跃。

2.2 林分样品采集

本文的林分样品指不采用解析木方法，采集乔木部分组织和灌木、草本、地被物等样品，从而测算林分生物量或不同组成部分的有关成分含量。

2.2.1 乔木样品的采集

2.2.1.1 标准木的确定

在调查林分内建立标准地，标准地的建立应依照《国家森林资源连续清查技术规定》(2014)，同时应注意：

① 标准地必须对所预定的要求有充分的代表性。

② 标准地必须设置在同一林分内，不能跨越林分。

③ 标准地不能跨越小河、道路或伐开的调查线，且应离开林缘（至少应距林缘为 1

倍林分平均高的距离）。

④ 若设在混交林中时，树种、林木密度分布应均匀。基于标准地调查，确定3～5棵标准木，标准木的确定方法有：

（1）平均标准木法

根据标准地每木检尺结果，计算出林分平均直径(D)和林分平均高（H），在林分内按 $D(1\pm5\%)$ 和 $H(1\pm5\%)$ 且干形中等的标准选定标准木。

（2）分级标准木法

把标准地里树木由小到大分成株数相等或断面积相等的3～5级，然后分级求算出各级的平均标准木，选测数应有2～3株。

（3）径阶等比标准木

按预定选取标准木的株数百分比（一般为10%），在各径阶中选取标准木。各径阶选取多少与该径阶的每木检尺株数成正比。

2.2.1.2 样品采集

由于乔木个体较大，生长周期长，对于乔木样品采集一般按叶、枝、皮、干、根共5部分分别取样。具体为：

（1）叶样

将树冠从上到下分三层分新叶、老叶采集，按比例取样后混匀。

（2）枝样

考虑东、南、西、北、中5个方位分新枝、老枝采集，然后根据树枝长短和基部粗细分为3组，按比例取样混匀。

（3）皮样

指树干上的树皮。树干上、中、下各取一块，其数量比例与树皮表面积比例相一致。

（4）干样

从树干基部到梢头分段采取树干样品，并分为心材和边材两类。

（5）根样

按粗细分为两组：细根直径 $d\leqslant0.3$ mm；粗根直径 $d\geqslant0.3$ mm。采样时要考虑粗细比例。

2.2.2 灌木和草本样品的采集

（1）灌木样品

在选定的采样小区内(2 m×2 m)，用枝剪将样品分离，放在不同的口袋内。叶鲜重约500 g，枝鲜重约300 g，记录植物名称，采集部位，采样地点和日期；若采集根系，应在同样地内挖取约200 g鲜根，采集5个平行样品混合。

（2）草本样品

在1 m×1 m样方内用剪刀均匀剪下草本植物的地上部（约300 g），同时挖取地下部（约200 g），采集5个平行样品混合。

2.2.3 活地被物和凋落物的采集

（1）活地被物

在 1 m×1 m 样方内轻轻挖取地被植物的全株，去除土壤及腐殖质成分，装入布袋，约重 200 g。采集 5 个平行样品混合。

（2）凋落物

在 1 m×1 m 样方内按未分解、半分解 2 层次分别取样并保存（约 500 g）。采集 5 个平行样品混合。

2.3 其他植物样品采集

2.3.1 粮食作物

对于粮食作物，粮食作物生长均一性差，需在同一地块多点采样，为了避开田间效应和陇间效应的影响，应尽量采集地块中间的样品。当采样单元面积较小时，按照梅花形采样法采集样品；当采样单元面积较大时，可采用"S"形（或蛇形）采样法采样。采集时尽可能多采集样点，然后混合为 1 个样品。采样量根据检测项目而定，一般植株样品采样量要大于籽实。

2.3.2 水果样品

水果样品应根据果园大小、采样区域面积、地形、检测目的确定采样点数量。果园地势平坦，可沿对角线等距采样，果园地形复杂，可采用交叉对角线采样。如果果园沿着山坡等高线，采样点的设置也需要沿等高线均匀布点，采样点在 10 个以上。如果所采果树较高大，采样时需根据着果部位在果树的上、中、下，以及内部、外部分别采样，然后混匀，按"四分法"缩分，根据检验项目要求分取所需份数，每份样品不少于 1 kg。

2.3.3 蔬菜样品

根据样品种类确定采样方案，叶菜类一般在菜地按对角线"S"形（或蛇形）布点，采样点在 10 个以上，按"四分法"进行缩分。对于体积较大的样品，可将其切成大约均等的 4 或 8 份，取 2 份进行缩分。采集需要检测新鲜植株的样品时，需要将植株连根带土取出，用湿布或塑料袋包好，防止萎蔫。根菜类采集时应注意根部的损失问题，在去掉泥块、清洗的过程中尽量保证根系的完整性。瓜果类样品采集根据地块面积大小进行对角线法或"S"形（或蛇形）法采样，混匀后用"四分法"进行缩分。

2.3.4 籽粒样品的采集

籽粒样品可分为采自个别植株、样地或大批收获物 3 种情况。个别植株上采取的籽粒须全部留作样品，经去杂、混匀后，按"四分法"缩为平均样品，一般质量≥25 g。样地中可按植物组织样品的采样方法，选定样株收获后脱粒、混匀，"四分法"缩分，取得约 250 g 样品，大粒种子可取 500 g 左右。成批收获物在保证有充分代表性的原则下，可随机取样，"四分法"缩分至 500 g 左右。

2.3.5　黏稠的半固体物料

黏稠的半固体物料样品不容易混匀，需要先按总件数 1/2 的平方根确定取样的数量，取样时根据包装的大小，用采样器从各容器中分上、中、下或上、下取样，然后混匀分取缩减至检测所需要的份数和样品量。

2.3.6　液体物料

液体物料样品（如植物油等）采集前需要对样品进行充分混匀，然后进行分层取样混合。易氧化样品搅拌时要避免长时间与空气接触，挥发性液体样品可用虹吸法从上、中、下 3 层采样。

2.3.7　市场样品

市场样品采集时需要将生产批号连包装一同采样，采取按照样品批次、大小随机抽取法采样，尽量保证其代表性。

2.4　植物样品采集标签

样品采集标签在植物样品的采集过程中特别重要，但通常易被忽视。样品采集完成后，标签的记录要尽量详细，以便后续采样时进行对照，样品标签根据样品采集的地方不同，标签内容也不同。

野外采样点采样标签的记录内容包括采样编号、采样点名称、经纬度、样品名称、作物品种、生长地土壤名称（或当地俗称）、成土母质、地形地势、耕作制度、前茬作物及产量、化肥农药施用情况、灌溉水源、采样点地理位置简图、树龄、长势、载果量等。

样品加工或出售点采样标签的记录内容包括采样序号、采样地点、供货地点、生产批号、样品名称、样品状态、原材料名称及品种、加工方式等。

2.5　样品制备

2.5.1　速测样品的制备

测定易起变化的成分（如硝态氮、氨基态氮、氰、无机磷、水溶性糖、维生素等）须用新鲜样品。其制备一般包括去杂、制浆和保存。

（1）去杂

对于叶片或果实，应先用湿棉布擦去表面污染物，再用蒸馏水冲洗 1~2 遍，最后用吸水纸擦干；如果是树皮和根系，应将其表面的尘土用毛刷刷净；凋落物和地被物还要尽量挑出石砾、土块等非有机物质。

（2）制浆

样品切碎后可用研钵研磨或高速粉碎机打碎成浆状；多汁的瓜果可在切碎后用纱布或直接用手挤出大部分汁液，再将残渣粉碎后再与汁液一起混匀、称样。

（3）保存

鲜样如不能立即测定，可采用冷藏或酒精浸泡的方式短期保存。冷藏时的温度建议为 -5 ℃，时间一般不宜超过 $8 \sim 16$ h；浸泡可将鲜样加入足够量的沸热中性 $950 \ mL \cdot L^{-1}$ 乙醇，使其最后浓度约达 $800 \ mL \cdot L^{-1}$。再在水浴上回馏 0.5 h。

2.5.2 植物组织样品的制备

相比于速测样品，植物组织样品需要长期保存，所以在制备程序上多了烘干的环节。

（1）去杂

操作与速测样品相同。微量元素分析时要求更为严格，去杂处理过程如下：

① 自来水洗涤。

② ρ（洗涤剂）$= 0.1\% \sim 0.3\%$ 洗涤。

③ 自来水二次洗涤。

④ ψ（HCl）$= 0.2\%$ 洗涤。

⑤ 蒸馏水洗涤。

⑥ 重蒸馏水洗涤。

（2）烘干

洗净的鲜样必须尽快干燥，以减少化学和生物的变化。一般先在 $80 \sim 90$ ℃下烘 $15 \sim 30$ min，（松软组织烘 15 min，致密坚实的组织烘 30 min），然后降温至 $60 \sim 70$ ℃，逐尽水分，烘干时间视鲜样水分含量而定，一般 $12 \sim 24$ min。

（3）粉碎

干燥的样品用研钵或磨样机进行粉碎，并全部过筛。分析样品的细度视称样量而定，称样量越少则越细。如称样量为 $1 \sim 2$ g，宜过 0.5 mm 筛；称样量 < 1 g 时宜过 0.25 mm 筛。

（4）保存

磨细的植物样品可保存于磨口广口瓶中，内外分别贴放样品标签，置于洁净、干燥处。若需长期保存，应在灭菌处理后，置于塑料瓶或袋中封口保存。在精密分析称样前，可将粉碎的样品再次烘干。

2.5.3 注意事项

【1】植物样品采样量视分析项目而定。因植物样品含水量较高，一般样品量宜为待测项目所需样品量 4 倍以上，若无明确要求，建议采样量为 $1 \sim 2$ kg。

【2】植物样品采集和处理过程中应注意防止污染。如需测定微量元素，在样品采集工具、盛放工具、烘干、研磨（粉碎）、过筛等环节都应注意避免使用金属器具。

【3】植物根系样品的采集可采用挖掘法或土钻法。挖掘法采集的根系样品可提供植物完整根系自然生长的清晰图像，而土钻法是采集一定容积土壤内根系样品的最适宜方法。

【4】去杂洗涤时间不能过长，一般不宜超过 2 min，更不能在水中浸泡。因此洗涤时应事先准备好盛放各种洗涤液的容器，按顺序排好，以加快洗涤速度。

【5】磨碎样品前后都应彻底清除磨粉机或其他研磨工具内部的残留物，以免不同样品之间的混杂。

【6】进行新鲜材料的活性成分（如酶活性）测定时，样品的研磨、匀浆应在冰浴或低温环境条件下操作。

【7】植物样品烘干的第一步为又称"杀酶"，即在 80～90 ℃下快速杀灭霉菌并去除部分水分，应在去杂后尽快进行；如果延迟过久，细胞的呼吸和霉菌的分解都会消耗组织的干物质而改变各成分的含量，蛋白质也会裂解成较简单的含氮化合物。

【8】植物样品的烘干温度区间为 80～90 ℃ 和 60～70 ℃，若用 105 ℃极易起火；烘干植物样品时建议值班守候。

第二篇
土壤物理性质

第3章

土壤含水量

3.1 土壤水分及其表示方法

土壤水分指在 105～110 ℃下从土壤中驱逐出来的水,包含液态水、固态水(冰)和水汽,而不包含化合水和结晶水。作为土壤最重要的组成部分之一,土壤水分含量及其存在形式对土壤形成发育过程、肥力水平和与自净能力具有重要影响。土壤水分动态是气候、土壤性质、地形和植被类型等因素综合作用的结果,是研究水文过程和陆地生态系统相互作用必不可少的一环。土壤水是地球表层系统的重要组成和水循环的核心,控制着陆地生态系统格局与过程,是陆地生态系统健康运行的关键。

土壤保持水分的作用力包含 3 种:一是土壤颗粒对水分子的吸附力,它又可分为土壤颗粒剩余表面能对水分子的吸附力和土壤胶体表面对极性水分子的静电引力;二是水和空气界面上的弯月引力,即水分在土壤颗粒与颗粒间隙所构成的极细的"毛管"中所产生的毛管力;三是重力。因此,与 3 种作用力相对应,干燥土粒从空气中吸附汽态水分子保持在土粒表面的水分称为吸湿水;在土粒与液态水接触时被吸附在吸湿水膜之外的水分称为膜状水;当土壤含水量超过最大分子持水量后,在毛管力的作用下保持在土壤孔隙中的水分称为毛管水;进入土壤中的水分超过毛管力保持的田间持水量时,多余的水分受重力作用沿非毛管孔隙向下运移,称为重力水。

土壤含水量表示方法主要有重量(质量)含水量(mass water content)、体积含水量(volumetric water content)、水深(water depth)、贮水量(water storage)和相对含水量(relative water content)等,具体表示方法如下:

(1)重量含水量

单位质量土壤的水分质量,通常用符号 θ_m 表示。重量含水量指土壤中水分的绝对含量。

(2)体积含水量

体积含水量也称容积含水量,指单位容积的土壤中,水分容积所占的分数或百分数,无量纲,通常用符号 θ_v 表示。土壤容积含水量可由土壤质量含水量进行计算:

$$\theta_v = \theta_m \times \rho_\pm \tag{3-1}$$

式中 $\rho_\pm$——土壤的容积密度,$g \cdot cm^{-3}$。

(3)水深

也称水层厚度,指在一定厚度一定面积土壤中所含水量相当于同面积水层的厚度,适于在大气降水、蒸发和作物耗水量之间进行比较。

$$H_w = \theta_v \cdot H_s \tag{3-2}$$

式中　　H_w——水深，mm；

　　　　H_s——土层深度，mm；

　　　　θ_v——体积含水量。

（4）土壤贮水量

即一定深度土壤中贮藏的水分总量，常用于田间管理中灌水量的计算等。

$$V = 10H_w \tag{3-3}$$

式中　　V——单位面积的贮水量，$m^3 \cdot hm^{-2}$。

（5）相对含水量

指土壤含水量占田间持水量（或饱和持水量）的百分数。分析土壤水分有效性时常以田间持水量为基准，而水利部门以及研究土壤微生物时常以饱和持水量为基准。

3.2　方法原理

土壤水分测定方法包括烘干法、中子法、时域反射仪（time domain reflectometry，TDR）法、频域反射仪（frequency domain reflectometry，FDR）法、电阻法、电容法、遥感、探地雷达等。其中烘干法是最经典和准确的方法，TDR 法和 FDR 法因其长期原位连续测定功能在科研监测中广泛应用。

（1）烘干法

烘干法包括经典烘干法和快速烘干。经典烘干法即将采集的土样在 105～110 ℃烘箱中烘干至恒重，计算其质量含水量的方法。快速烘干法包括红外线烘干法、微波炉烘干法、酒精燃烧法等，这些方法虽可缩短测定的时间，但需要特殊设备或消耗大量药品，也不能避免由于每次取出土样和更换位置等所产生的误差。

烘干法具有简便、可靠，测定精度较高，所需的工具均为常规设备等优点。但野外取样工作量大，烘干至恒重需时较长；定期测定土壤含水量时，不能在原处再取样，而不同位置上由于土壤的空间变异性，给测定结果带来误差，而且对样地有一定的破坏性。

（2）TDR 法

土壤基质中土壤水分的介电常数处于绝对支配地位。当获得土壤介电常数（K_a）和土壤体积含水量（θ_v）之间的函数关系后，便可以很容易地由 K_a 推算出 θ_v。TDR 法正是基于以上思想，根据电磁波在介质中的传播频率计算出土壤的介电常数 K_a，从而利用公式得到土壤体积含水量（θ_v）。具体测量时，将同轴电缆线末端波导棒插入土壤中，如果要测定土壤中某一深度的含水量，则须将波导棒事先水平地埋入这一深度，与电缆相连的数据采集器可编辑测定，设置记录时间间隔，还可进行数据的存储、下载和上传。

TDR 法观测过程中不破坏土壤原状结构，操作简便，并可长期自动连续监测，还可同时得到土壤的体积电导率，已经成为当前科研和生产中水分监测最经典的方法之一。但 TDR 的测量精度受土壤质地、容积密度、温度等物理因素的影响。在测量高有机碳含量土壤、高黏土矿物含量土壤、容积密度特别高或特别低的土壤时，由于输入电磁波的能量耗散较大，导致反射讯息模糊，容易造成数据失真。

（3）FDR法

FDR根据电磁波在不同介质中振荡频率的变化来测定介质的介电常数ε，进而通过一定的对应关系反演出土壤体积含水量θ_v。该器材安装时要垂直植入土层中，其核心为内部的一单杆多节式传感器，可以根据需要增加或减少传感器的数量，也可以通过调整传感器的位置来测量不同深度的土壤含水量，传感器外部有保护套管，可防止水或其他流体干扰内部的电子元器件，影响监测结果。

FDR具有简便安全、快速准确、定点连续、自动化、宽量程、少标定等优点。与TDR相比，FDR在电极的几何形状设计和工作频率的选取上有更大的自由度，但FDR在低频(≤20MHz)工作时，易受到土壤盐度、黏粒和容重的影响。另外，与纯粹的TDR波形分析相比FDR缺少控制和一些详细信息。

3.3　土壤含水量测定(烘干法)

3.3.1　方法提要

将土样在100~105 ℃烘箱中烘干，根据烘干前后土壤样品的质量差计算排出水分的质量，据此计算土壤质量含水量。基于测试土壤样品的不同，测定的含水量可分为自然含水量和风干土样吸湿水含量。

3.3.2　器材

土钻或取土器、土壤筛(孔径2 mm)、铝盒(小型铝盒直径约40 mm，高约20 mm；大型铝盒直径约55 mm，高约28 mm)、天平(感量0.01 g)、电热恒温鼓风干燥箱、干燥器(内盛变色硅胶或无水氯化钙)。

3.3.3　操作步骤

（1）称样

将盛有土样的铝盒(已知质量m_0)在分析天平上称重(m_1)，精确至0.01 g。

（2）烘干

将盒盖倾斜放在铝盒上，置于已预热至105 ℃±2 ℃的恒温干燥箱中烘6~8 h(一般样品烘6 h，含水量较多、质地黏重的样品烘8 h)。

（3）称样

从烘箱中取出土样，加盖后在干燥器中冷却至室温(约需30 min)，立即称重(m_2)，精确至0.01 g。

3.3.4　结果计算

根据式(3-4)计算土壤质量含水量。

$$\theta_m = \frac{m_1 - m_2}{m_2 - m_0} \times 100\% \tag{3-4}$$

式中 θ_m——土壤质量含水量。

若测定土壤样品为风干土样吸湿水，则风干土样水分换算系数 k 可按下式计算：

$$k = \frac{m_2 - m_0}{m_1 - m_0} \times 100\% \tag{3-5}$$

平行测定结果经误差检验后(表3-1)，用算术平均值表示，保留小数点后一位允许绝对相差：

表 3-1 土壤水分含量测定的误差控制(%)

水分含量范围	绝对误差
< 5	≤0.2
5 ~ 15	≤0.3
> 15	≤0.7

3.3.5 注意事项

【1】风干土样水分换算系数(k)是土壤分析测试中一个重要的参数，常用于计算单位质量烘干土种各成分的质量含量。若需精确计算，应采用与该项化学分析同样处理的样品测定 k 值。

【2】土壤贮水量计算时应注意单位的换算。

【3】烘干法测定土壤含水量时，一般应取 3 个以上的平行样，取均值作为对应土壤的质量含水量。

【4】时域反射仪和频域反射仪法器材安装布设后，应在稳定(一般 3 ~ 5 d)后开始测定，并采用土钻法取样，用烘干法所得结果对测定结果进行检查和标定。

【5】干燥器内的干燥剂要经常更换。

【6】严格控制烘箱温度，温度过高，土壤有机质易碳化逸失。

【7】一般试样烘 6 ~ 8 h 即可称样，精确测定时应烘干至恒重，即连续两次干燥(时间间隔 1 h)的质量差 < 0.05 g。

【8】称量精度视测定项目而定。若测定自然含水量可取 0.01 g，若测定风干土样吸湿水应精确至 0.005 g。

【9】烘干法不适用于石膏性和有机土的含水量测定。

【10】含有机质较高(> 8%)的土样，不宜在 105 ℃ 以上烘干过久。

第 4 章

土壤水分特征值

4.1 土壤水分特征值及有效含水范围

土壤中水在不同的作用力下表现出不同的形态和移动特征，其对植物生长的影响也有明显差异。一定结构与性质的土壤，其保持水分的各种作用力达到相对平衡阶段时的一系列最大土壤湿度百分率，称为土壤水分特征值（characteristic value of soil moisture），又称土壤水分常数（soil moisture constant），如吸湿系数（hygroscopic coefficient）、凋萎系数（wilting coefficient）、田间持水量（field capacity）、毛管持水量（capillary water holding capacity）和饱和持水量（saturation moisture capacity）等。土壤水分特征值是不同性质和形态的水分之间存在的界限，是水分由量变到质变的统计指标。

（1）吸湿系数

又称最大吸湿量，指在室温（25 ℃）和大气相对湿度接近饱和值（相对湿度96%~98%），土壤吸湿水达到最高值时对应的土壤含水量。吸湿系数主要取决于土壤的质地、黏土矿物类型、泥炭、腐殖质和吸湿性盐类的含量以及交换性阳离子的组成。质地黏、蒙脱石类黏土矿物、泥炭、腐殖质、吸湿性盐类和交换性钠含量高的土壤，其值较大（表4-1）。

表 4-1 不同质地土壤的吸湿系数（%）

指标	土壤类型			
	紫色土	黄壤	潮土	风砂土
质地	黏土	重壤土	重壤土	砂土
吸湿系数	7.53	4.11	2.52	0.80

（2）凋萎系数

又称萎蔫系数，指土壤吸水力与植物根系吸水力达到平衡时的最大土壤湿度百分率。也即土壤水分供应不足，植物细胞不能维持膨压，以致植物产生永久凋萎时的土壤含水量。凋萎含水量因土壤质地、植物和气候的不同而有所差异，通常情况下砂土最小（2%~4%），黏土最大（20%~40%）。

（3）田间持水量

在排水良好、没有表土蒸发情况下，自由排水停止后土壤能稳定保持的最高含水量，是对作物有效的最高含水量。实质指保持水的毛管悬着力与反保持的重力处于平衡时的最大土壤含水量。田间持水量主要受土壤质地、有机质含量、结构和松紧状况等影响，砂土一般不超过15%，黏土为25%～50%。

（4）毛管持水量

又称最大毛管水量，是指土壤能保持毛管支持水的最大量。野外条件下，毛管持水量和土壤本身的孔径分布及地下水埋深有关。毛管持水量一般稍大于田间持水量。

（5）饱和持水量

土壤颗粒间所有孔隙都充满水时的含水量。在自然条件下，水稻土、沼泽土或降雨、灌溉量较大时土壤可达到饱和持水量。一般来讲，在砂质土壤中，饱和含水量在25%～60%范围内。有机土如泥炭土或腐泥土的饱和含水量可达90%以上。

根据土壤持水能力以及植物吸收利用土壤水的实际情况，可将土壤从干燥到水分饱和的全过程分为几个阶段，以说明它们对植物的有效性（图4-1）。

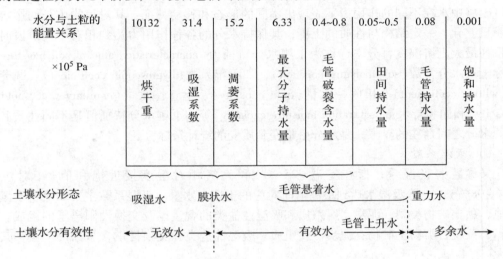

图4-1   土壤水分形态与土壤水分常数、能量和有效性划分

一般把凋萎系数作为土壤有效水的下限，田间持水量作为有效水的上限，因此土壤有效水的最大含量和实际含量可以按下式计算：

$$AWC_M = \theta_f - \theta_w \tag{4-1}$$

$$AWC_A = \theta_n - \theta_w \tag{4-2}$$

式中　AWC_M——土壤有效水的最大含量；

　　　θ_f——田间持水量；

　　　θ_n——自然含水量；

　　　AWC_A——土壤有水的实际含量；

　　　θ_w——凋萎系数。

4.2　方法原理

关于土壤水分常数的定义和测定方法，目前仍然存在一定争议，主要存在的问题为：

① 没有把土壤—植物—大气作为一个连续系统来考虑，如蒸发量大，植物表现萎蔫时的土壤含水量就大，另外不同植物和品种对水分反应的敏感程度也不同。

② 没有从土壤水运动规律考虑。实际上土壤在自由排水 2~3 d 后，土壤水仍在运动，除孔径粗的土壤外，很难达到一个稳定值。

③ 土壤水承受的各种保持力难以完全分开，而且所有土壤水都受重力作用，因此，某一定条件下测得的土壤含水量不能认定为某一种或几种类型的土壤水。但田间持水量、凋萎系数等特征值在农林、水利和水文生态科研与实践生产中仍具有重要的意义。

土壤水分常数基于不同指标的测定，总体上可分为田间实验法、室内培养法、原状土壤浸润法和经验系数计算法等。田间试验法主要适用于饱和持水量和田间持水量测定，即对田间土壤充分饱和后，在一定时间内取样测定土壤含水量；室内培养法主要适用于凋萎系数测定，采集土样在室内进行盆栽培养，在植物发生凋萎时测定土壤含水量；原状土壤浸润法适于饱和持水量、田间持水量和毛管持水量的测定，采集原状土充分浸润后放置一定时间测定对应的土壤含水量；经验系数计算法常用于凋萎系数和田间持水量，一般田间持水量和凋萎系数是吸湿系数的 2~3 倍和 1~1.5 倍。

4.3　吸湿系数测定

4.3.1　方法提要

风干土样在硫酸钾饱和溶液所形成的 98%~99% 的相对湿度条件下，充分吸收空气中的水分后，烘干法测定土壤水分含量。

4.3.2　器材与试剂

（1）器材

天平(感量 0.001 g)、干燥器(内盛饱和硫酸钾溶液)、低型称量瓶、电热恒温干燥箱。

（2）试剂

① 饱和硫酸钾溶液　称取 110~150 g 硫酸钾(化学纯)溶于 1 L 水中。

② 干燥剂　脱水氯化钙(化学纯)或硫酸镁(化学纯)均可。

4.3.3　操作步骤

（1）称量取样

称取洁净称量瓶的质量(m_0)后，加入 <2 mm 风干土样 5~20 g 平铺于瓶底。

（2）吸湿保存

将干燥器下部注入饱和硫酸钾溶液(1 g 土样下部需注入 3 mL 饱和硫酸钾溶液)，将称量瓶置于干燥器有孔瓷板上，瓶盖打开斜靠在瓶上。盖好干燥器，在 20 ℃ 恒温条件下静置 7 d。

（3）称重

将称量瓶加盖取出，立即称量（精确至 0.001 g），再放入干燥器中继续吸水，以后每隔 2~3 d 称量一次，直至恒重（m_1）。

（4）烘干称重

将吸湿水达到恒重的试样，置于 105 ℃ ±1 ℃ 条件下烘干至恒重（m_2）。

4.3.4　结果计算

土壤吸湿系数（θ_h）按下式计算：

$$\theta_h = \frac{m_1 - m_2}{m_2 - m_0} \times 100\% \tag{4-3}$$

平行测定结果允许相对误差≤5%。

4.3.5　注意事项

【1】称取样品量与土壤质地和有机质含量等因素有关，一般黏土和有机质含量多的土壤称取样品量为 5~10 g，壤土和有机质较少的土壤称取样品量为 10~15 g，砂土和有机质极少的土壤称取样品量为 15~20 g。

【2】真空干燥器每次称重前首先平衡干燥器的压力，然后再打开干燥器，取出水分皿称重。

【3】每次称重时应更换硫酸钾饱和溶液，否则浓度会有变化。

【4】吸湿系数测定的空气湿度控制 94%~99% 而不是 100%，是因为在 100% 相对湿度情况下，土壤毛管凝结作用过剩，不易达到稳定且测定结果较高。相对湿度 94%~99% 左右时，土壤毛管凝结水量较少，较好地反应土壤吸附汽态水的能力，且易达到稳定。

4.4　凋萎系数

4.4.1　方法提要

本方法直接用植物作生长实验，当幼苗达到永久凋萎时测定土壤含水量，即为凋萎系数。这种方法能较准确地反映不同植物的特点，但仍未考虑到植物在不同发育阶段的特殊性。必要时除了幼苗外，也可在植物孕蕾开花阶段作凋萎试验，测定植物该阶段的凋萎系数。

4.4.2　器材与试剂

铝盒、植物种子、洗瓶、石蜡、工业用凡士林、曲别针、台秤。

4.4.3　操作步骤

（1）取样润湿

称取风干土样 40~60 g 装入大铝盒中，将铝盒倾斜放置，用洗瓶滴加水分润湿土样，排出土壤空气。

（2）栽培

每盆中种植 5~6 株的大麦或其他植物，待出苗后，将铝盒移到光线较好的地方。当大麦长出两个真叶时，在盒内留 4 株幼苗。土壤表面用石蜡和凡士林（2∶1）熔合成熔化胶状物灌封。用别针在土面胶层穿 2~3 个小孔，将铝盒置于阴凉处，避免阳光直射。

（3）凋萎检验

当全部叶子萎缩或下垂到叶身一半时，将铝盒放在有湿棉花（或锯屑）的密封玻璃罩内。若经一昼夜植物不能恢复，则认为土壤含水量已达凋萎系数。

（4）烘干称重

将铝盒内土样取出，除去石蜡残壳、种子和根系等，烘干法测定土壤含水量，即为凋萎系数。

4.4.4　注意事项

【1】由于不同作物对水的利用能力存在差异，因此，不同植物凋萎系数不同。

【2】胶状物的温度不宜过高，半冷半凝状即可，以免植物受害。

4.5　田间持水量

4.5.1　方法提要

田间持水量的测定方法有威尔科克斯法、围框淹灌法等，本文介绍围框淹灌法。在田间围框灌水使土壤饱和，待排除重力水后，在无蒸发的条件下，测定土壤水分达到平衡时的含水量，即为土壤田间持水量。

4.5.2　器材

正方形木框（框内面积 1 m²，框高 20~25 cm，下端削成楔形，并用白铁皮包成刀刃状）、塑料布（正方形，面积 5 m²）、土钻、铝盒（直径 55 mm，高 28 mm，附盖）。

4.5.3　操作步骤

（1）测试区布设

选 4 m² 地面，将其整平，地块中央插入木框，一般约 10 cm 深（或达犁底层），框内为测试区。在其周围筑一正方形的坚实土埂，埂高 40 cm，埂顶宽 30 cm，埂与田埂间为保护区。

（2）灌水

在测试区和保护区各插一根厘米尺。在灌水区铺垫草或席子，先在保护区灌水达到一定程度后，再向测试地块灌水，使内外均保持 5 cm 厚的水层；持续灌水直到缓慢灌水而测试区表层土壤水分饱和时，在土面覆盖青草或麦秆，上面再盖一块塑料布，以防止水分蒸发和雨水淋入。

（3）采样测定

在测试区上放置一木板，人站在木板上，按木框对角线位置掀开土表覆盖物，用土钻取对应土层土壤样品 15～20 g 放入铝盒，盖上盒盖，立即测定含水量。在保护区中取少些湿土将钻孔填满，盖好覆盖物。以后每天测定一次，直到前后两天的含水量无明显差异，水分运动基本平衡时为止。

4.5.4 结果计算

（1）某土层土壤田间持水量

取在该层逐次测得的土壤含水量中结果相近数据的平均值（%）。

（2）整个土壤剖面田间持水量

$$\theta_f = \frac{w_{f1} \cdot d_{b2} \cdot h_1 + w_{f2} \cdot d_{b2} \cdot h_2 + \cdots + w_{fn} \cdot d_{bn} \cdot h_n}{w_{f1} \cdot d_{b1} \cdot h_1 + w_{f2} \cdot d_{b2} \cdot h_2 + \cdots + w_{fs} \cdot d_{bs} \cdot h_s} \qquad (4\text{-}4)$$

式中　θ_f——田间持水量，%；

w_{f1}，w_{f2}，$\cdots$，w_{fn}——各土层含水量，%；

d_{b1}，d_{b2}，$\cdots$，d_{bn}——各土层土壤容积密度，$g \cdot cm^{-3}$；

h_1，h_2，$\cdots$，h_n——各土层厚度，cm。

4.5.5 注意事项

【1】围框淹灌法测定结果较符合田间实际情况，但渗透性很差的土壤和水源不足的土壤不宜采用本法。

【2】平整测试区，放置木板时应尽量避免挤压土壤。

【3】灌水后等待稳定的时间视土壤质地而定，一般砂质土在灌水 16 h 后采样，壤质土 24 h 后采样，黏质土需 48 h 或更长时间。

【4】测定周期较长，一般砂土需 1～2 d，壤土 3～5 d，黏土 5～10 d 才基本达到平衡。

【5】灌水量也可按采用以下方法计算获得：

在测试区附近挖一土壤剖面，分层采样测定土壤自然含水量（θ_n）、土壤容积密度（d_b）和土粒密度（θ_p），据此计算出土壤总孔隙度作为土壤饱和含水量（θ_s）数值。需灌水量（Q）按下式计算：

$$Q = \frac{(\theta_s - \theta_n) \cdot d_b \cdot h}{\rho} \cdot A \cdot H \qquad (4\text{-}5)$$

式中　A——测试区面积，m^2；

h——需要灌水土层深度，m；

H——使土壤达饱和含水量的保证系数，一般取 1.5~3.0；

ρ——水的密度，1 g·cm^{-3}。

【6】地下水位较浅时会影响测定结果，测定结果必须要注明地下水的深度。

4.6　土壤毛管持水量和饱和持水量

4.6.1　方法提要

采用原状土壤浸润法，即用环刀采集原状土，室内充分浸润土壤，按照不同持水量持水特征，经一定时间后测定的土壤含水量，即为对应的水分特征常数值。土壤质地不同，土壤浸润时间以及同一特征值对应的静置时间差异较大。本方法适用于除重砾质土以外的各类土壤的毛管持水量的测定。

4.6.2　器材

天平(感量 0.1 g 和 0.01 g)、环刀(容积 100 cm^3)、电热恒温干燥箱、干燥器、铝盒。

4.6.3　操作步骤

(1)样品采集

用环刀在野外采集原状土，一端加盖垫有滤纸的有孔盒盖后，加盖上下盖。

(2)浸润

将环刀样轻打开，保留一端加盖垫有滤纸的有孔盒盖，有盖一端朝下放于瓷盘内。注入并保持盘内水层高度至环刀上沿止，使土壤吸水 12 h。

(3)一次称重

盖好上、下底盖，水平取出，用干毛巾擦净环刀外壁水分，立即称重(m_1)。

(4)静置

将环刀样金流垫有滤纸的有孔盒盖，放置在铺有干啥的平底盘中 2 h。

(5)二次称重

盖好上、下底盖，立即称重(m_2)。

(6)烘干称重

将土样全部转入铝盒，置于 105 ℃ ±2 ℃的恒温干燥箱中，称取烘干土质量(m_s)。

4.6.4　结果计算

(1)土壤饱和持水量(θ_s)

$$\theta_s = \frac{m_1 - m_0}{m_s} \times 100\%　　　　　　　(4\text{-}6)$$

（2）土壤毛管持水量（θ_ε）

$$\theta_\varepsilon = \frac{m_2 - m_1}{m_s} \times 100\% \qquad (4\text{-}7)$$

4.6.5　注意事项

【1】该方法操作简便，快速，结果稳定可靠，但不适用于砂质土壤。

【2】土壤样品石砾含量较少时，可采用 100～200 cm³ 环刀；石砾含量较多时，需采用较大体积（如 500 cm³）环刀。

【3】浸泡时间视土壤质地有所区分，一般砂土 4 h，壤土 6 h，黏土 8～12 h。

【4】转移土样可能造成误差，也可取出部分土样测定水分换算系数后，计算出土壤干重。

【5】平行测定结果以算术平均值表示，保留一位小数。平行测定结果允许相对误差≤5%。

第 5 章

土壤水分特征曲线

5.1 概述

5.1.1 土壤水分特征曲线的概念

土壤水分特征曲线是非饱情况下,土壤水分含量与土壤基质势之间的关系曲线,是土壤水管理和研究最基本的资料。完整的土壤水特征曲线应由脱湿曲线和吸湿曲线组成,其中土壤由饱和逐步脱水,测定不同含水量情况下的基质势,由此获得的为脱湿曲线;而土壤由烘干逐步加湿,测定不同含水量情况下的基质势,由此获得的为吸湿曲线。脱湿曲线与烘干曲线不重合的现象称为滞后现象,其原因可能包括: ① 墨水瓶颈效应(ink-bottle effect); ② 固—液两相接触角度的变化 (variation in liquid-solid contact angle); ③ 圈闭气体(air entrapment); ④ 脱湿和吸湿过程中孔隙具有不同的空间连通性等。

5.1.2 测定土壤水分特征曲线的意义

土壤水分特征曲线的意义可概括为:

① 鉴定不同土层之间水流运动方向。

② 根据不同质地土壤的田间持水量和凋萎含水量相当的土壤水吸力可获得土壤有效水总量,是指导灌溉的依据之一。

③ 可利用它进行土壤水吸力 S 或含水率 θ 之间的换算。各土壤水吸力段的土壤释水量(容水量)可从水分特征曲线上算得,并以水分特征曲线的斜率对土壤水吸力作图绘成土壤水容量曲线,这可以使我们比较直观地了解哪个土壤水吸力区段土壤的释水较高。

④ 土壤水分特征曲线可以间接地反映出土壤孔隙大小的分布。在不收缩的土壤中,根据水分特征曲线可以计算有效孔径(或当量孔径)的分布,根据孔径与土壤水吸力的关系,可以分析在一定土壤水吸力条件下,水分在土壤的不同大小孔隙中的分布情况。

⑤ 可以利用水分特征曲线间接地推断土壤质地和结构状况。

⑥ 应用数学物理方法对土壤中水的运动进行定量分析时,水分特征曲线是必不可少的重要参数。

⑦ 水分特征曲线可用来分析不同质地土壤的持水性和土壤水分的有效性。

5.1.3　土壤水分特征曲线的影响因素

土壤水分特征曲线受多种因素的影响，主要有土壤结构、质地、干容重、土壤温度以及土壤有机质含量等。

（1）土壤质地

土壤质地是影响土壤水分特征曲线的主要因素，质地不同，土壤水分特征曲线差别较大。土壤中黏粒含量增多会使土壤中的细小孔隙发育，因此，土壤的黏粒含量越高，同一吸力条件下土壤的含水率越大，或同一含水率下其吸力值越高。黏质土壤孔径分布较为均匀，故随着吸力的提高含水率缓慢减少。对于砂质土壤来说，绝大部分孔隙都比较大，当吸力达到一定值后，这些大孔隙的水先排空，土壤中仅有少量的水存留，故水分特征曲线呈现出一定吸力以下平缓，而较大吸力时陡直的特点。质地对土壤水分特征曲线的影响还表现在土的矿物成分上（包括土壤颗粒的矿物成分以及可溶盐成分），对于一些含有较强亲水性的矿物的土壤，其基质吸力也必然较大。

（2）干容重

干容重（或干密度）对土壤水分特征曲线的影响主要是通过对土体孔隙状况的影响来反映的。密度越大，土壤孔隙结构越密实，土壤骨架中孔隙的尺寸减小，致使孔隙（毛细管）中弯液面的曲率半径减小，基质吸力则随之增大，土壤进气值也增大。表现在土壤水分特征曲线的形态上则是干密度越大，进气值越高，曲线变化越缓慢，土壤表现出良好的持水性能。

（3）土壤温度

温度升高时，水的黏滞性和表面张力下降，基质势相应增大，或说土壤吸力减少。在低含水率时，这种影响表现更为明显。

（4）土壤有机质

有机质含量对土壤结构、肥力及通气性都有较大的影响。对土壤水分特征曲线的影响则表现在有机质的增加，一方面改善了土壤的结构，使土壤容重减小，孔隙度增加；另一方面改变了土壤的胶体状况，使土壤的吸附作用增强。这两方面都有利于水分的保持，从而使土壤含水量增加。

5.2　方法原理

测定土壤水分特征曲线常用方法主要有张力计法、离心机法和压力膜仪法等，其基本原理都是测定一系列压力势下对应的土壤含水量，然后采用采用数学模型对实测结果进行拟合，从而获得对应的水分特征曲线。目前较多研究采用 Van Genuchten 模型及其修正模型和 Brooks-Corey 模型描述土壤水分特征曲线，在一定程度上忽略了 Dual-porosity 模型和 Log normal distribution 模型，这就容易导致在为土壤选取最优拟合模型时出现偏差。

（1）张力计法

利用陶土头的半透膜作用，测量时让张力计充满无气水并密封严实，将陶土头插入被测土壤中，管中的自由水便可以通过陶土头与土壤中的水分建立水力联系。由于陶土头只进水不进气，当自由水的势能高于非饱和土壤水的势能时，张力计管中的水便通过陶土头流入土壤中，并在管中形成负压，负压值可以通过与管相连的负压传感器表示出来。当张力计内外的势能达到平衡时，通过负压传感器就可测得土壤水的吸力值。

张力计测定准确度较低，它所测定的水分特征曲线的形状与土壤本身固有的特征曲线的形状有一定的偏差，这是因为张力计本身多孔陶瓷杯的传导率(k)和真空表装置的灵敏度(S)缺陷，造成张力计不能及时准确反映土壤水势真实变化情况，使张力计测定土壤水势较其他测定方法有一定偏差。但是张力计能够用于田间监测土壤水分的动态变化趋势，这是其他测定方法不可代替的。张力计广泛应用于确定农田灌溉的时期，虽然仅在有效水范围内的优先部分起作用(基质势 $0 \sim 0.85$ bar*)，但常常是在这个范围内当张力计指示的土壤水势达到某些规定值时，对植物就应该灌溉了。实践中经常是将张力计埋设于两个深度，上面安置在根系活动最强区，下面应安置在根系活动区的底部附近。虽然张力计精度较低，但仍属最简单可行的野外监测土壤水势的器材之一。

(2) 离心机法

离心机法测量的实质就是把重力场的装置搬至离心力场。将土样经过粉筛机粉筛后装入离心管中，并使其达到饱和状态，将装入土样的离心管放在离心机中旋转，定时进行称重，通过离心机转速以及土样失水量即可求出土水特征曲线。

离心机测定土壤水分特征曲线，测定值与压力膜仪法测定值相比偏高，但测定周期短，曲线的相对形状与土壤固有特征曲线较相符。但在测定过程中，随着转速/吸力水头增加，土壤含水率逐渐降低、容重逐渐增加，导致土壤发生变形并伴随体积收缩变化。然而目前对土壤水分运动进行研究时，多是假定土壤在干湿过程中土壤容积不变、以 Darcy-Richards 方程为基础进行定量分析，这在一定程度上不能真实地反映土壤水分的实际运动过程和容积变化特征，因为土壤在入渗、蒸发条件下会发生吸水膨胀和脱水收缩，导致土体含水率和容重均发生显著变化，变化后的容重反过来又会对土壤水分运动过程产生影响。因此，若能把测定过程中容重变化的吸力折算为某一指定容重的吸力，则测定结果可以与压力膜的测定结果作相互校正。另外，离心机测定过程中温度变化对水势影响也需要进一步探索。

(3) 压力膜仪法

压力膜仪法是通过加压使土壤水分流出，测定脱湿状态下的土壤水分特征曲线。随着压力增大，土样开始排水，土壤基质势随之降低，当压力膜板上土样基质势所施加的压力平衡时，即可测出土样的基质势，即为所施加的压力值。

该方法测定准确度较高，可用于原状土和扰动土，测得的曲线形状与土壤固有特征曲线基本相符，能用来定量模拟土壤水分的动态变化过程。但测定步骤繁琐，完整测定某一土壤水分特征曲线周期长(如塿土的测定周期可达半年之久)。但若只需测定出特征曲线的相对形状可以大大地缩短测定周期(7~30 d)，但需要找出相对形状的曲线与标准

---

* 1 bar = 1×10^5 Pa。

特征曲线之间的比例关系。另外，实验过程中土壤容重的改变也会影响测量结果的准确性。

5.3 土壤水分特征曲线测定(压力膜仪法)

5.3.1 方法提要

将土样置于多孔压力板上，多孔压力板根据其孔径大小分为不同规格，压力板孔径大的可承受较小的气压，孔径小的能承受较大的气压。将压力板和土样加水至饱和，将压力板置于压力容器内，加压，这时有水从土样中排出，并保持气压不变，等不再有水从土样中排出，打开容器，测定土样水分含量。如所加气压值为 P(MPa)，土壤基质势为 ψ_m，则

$$\psi_m = -P \tag{5-1}$$

由此获得土壤基质势为 ψ_m 和其对应的土壤含水量 θ_V，调整气压，继续实验，获得若干对(ψ_m，θ_V)，将这些测定值点绘到直角坐标系中，根据这些散点可求得土壤水特征曲线。

5.3.2 器材

压力膜(板)水分提取器、土环(几十个，高 1 cm，直径 5 cm 左右，土环一般用铜制成，也有铝制的或橡胶制的)、压力泵或高压气源铝盒(用于土壤含水量测定)、瓷盘(多孔板饱和时用)、粗的定性滤纸、皮筋。

5.3.3 操作步骤

(1)土样准备

修平使用环刀取得的土壤样品，使之与陶土板接触良好。对于扰动土壤样品，按自然土壤容重将已剔除杂物(碎石、根须等)的土壤填入土环中，注意土环下部垫一层粗滤纸，用皮筋固定。

(2)饱和土样

将准备好的土壤样品环放置在陶土板上，陶土板上小心加水，使样品吸水至少16 h，达到饱和，然后用吸管吸掉陶土板上多余的水分。

(3)组装压力室

将饱和的土样和多孔压力板置于水分提取器内，将压力室组装好，注意避免土壤颗粒接触"O"形环。

(4)水分提取

加盖密封，按实验要求调整气压，这时有水分从水分提取器内排出，保持气压不变，直到没有水分排出。这一过程需要2~3 d，有时会更长。

(5)土壤含水量测定

当没有水分再从水分再提取器内排出时，将气压调回"0"值，开盖取样，按烘干法

测定土壤含水量。

（6）曲线绘制

继续以上测定，一条完整的土壤水特征曲线，一般需要测定 0.001 MPa、0.01 MPa、0.03 MPa、0.05 MPa、0.1 MPa、0.3 MPa、0.5 MPa、1 MPa 和 1.5 MPa 9 个点，需要时还要适当加密。在条件允许情况下，0.1 MPa 以内的测定最好用原状土样。

5.3.4　结果与计算

由测定的 θ_V 值与相应的 ψ_m 值拟合成 ψ_m 和 θ_V 的函数形式。土壤基质势（ψ_m）的相反数称作土壤水吸力（S），土壤水吸力与土壤实效孔径 D 的关系如下：

$$D = \frac{3}{S} \tag{5-2}$$

式中，土壤水吸力 S 必须用量纲 hPa = 100 Pa，由此实效孔径 D 的量纲为毫米。土壤水特征曲线中，可以把吸力 S 坐标换算成实效孔径 D 的坐标，当土壤水的吸力为 S_1 时，则土壤中凡是等于及大于实效孔径 D_1 的所有毛管中的水分将被排出土体，只有在孔径小于 D_1 的毛管中才充满水，相应的含水量为 θ_1；当吸力 S_1 提高到 $S_2(S_2 > S_1)$，相应的实效孔径 D_2，此时孔隙大于 D_2 的毛管中的水分被排出土体，只有在孔径小于 D_2 的毛管中保持着水分，相应的含水量为 θ_2。这说明当吸力变化范围为 $S_1 \sim S_2$ 时，土体中是实效孔径为 $D_1 \sim D_2$ 的那部分孔隙排水，相应地这部分孔径的容积为 $\theta_1 \sim \theta_2$。

土壤水特征曲线的斜率是变化的，它对分析土壤水的保持和运动是一个重要的参数，常把含水量 θ 对基质势 ψ_m 的导数称为比水容量（C_θ）。

$$C_\theta = \frac{\mathrm{d}\theta}{\mathrm{d}\psi_m} \tag{5-3}$$

由于 $\psi_m = -S$，所以也可表示为：

$$C_\theta = \frac{\mathrm{d}\theta}{\mathrm{d}S} \tag{5-4}$$

由此可见，比水容量（C_θ）可用以说明在土壤基质势或土壤水吸力某一变化范围内，土壤所能释放或储存以供植物利用的水量。

5.3.5　注意事项

【1】测定土壤水特征曲线的允许差由土样的土壤含水量的差值决定。一般要求有 5 个重复，5 个重复的变异系数控制在 1% 以内。但用原状土样测定常常很难达到这个精度，一般可放宽到变异系数 5% 以内。

【2】饱和土样时应注意缓慢注水，不要一次注水淹过土样，从而导致土样中的气泡不能排出。应分几次注水，使水层逐步淹过土样。

【3】如果土样环和土壤有 1 cm 高，那么可在 48 h 内达到平衡，某些土壤的平衡时间为 18~20 h。可以在出水管口放置一个小量桶，若量桶内的水位长时间没有变化，则可认为达到平衡。

【4】测定土壤水分特征曲线的方法为压力膜板法，用其测定土壤水吸力范围由

0～1.5 MPa 下的土壤含水量时，测定结果比较精确。

【5】根据毛管理论，基质吸力 S 与毛管直径 d 存在着如下关系：

$$S = 4\sigma/d \tag{5-5}$$

式中　　σ——水的表面张力系数，室温下一般区 7.5×10^{-4} N·cm^{-1}；

　　　　d——孔隙直径，mm。

【6】取样时应注意尽量将土面削平，否则与多孔压力板接触不良，会影响土壤水的移动。

【7】多孔压力板使用一段时间后，须用 10% 盐酸浸泡以除去碳酸钙等杂质，以免堵塞孔隙而影响导水率。

【8】所用多孔压力板的规格与需加压力要相吻合，不得超过多孔压力板所能承受压力。

【9】平衡取样后，应检查一下出水口是否与接水器水面连接，防止水因减压被吸入待测土样中。

【10】式 (5-2) 中土壤吸水力 S 必须用量纲 hPa = 100 Pa，由此实效孔径 D 的量纲为毫米。

【11】如果要测定一条完整的土壤水特征曲线，样品数量应在 60 个以上。

第6章
土壤渗透系数的测定

6.1 概述

当土层被水分饱和后，土壤中的水分受重力影响而向下移动的现象称为渗透性。土壤渗透系数指单位时间内通过单位面积土壤的入渗水量（$mm \cdot h^{-1}$或$mm \cdot min^{-1}$）。土壤渗透是田间土壤水分循环的重要组成部分。降雨或者灌溉补充的水分一般都会经历渗透过程进入土壤。

一般来说，开始入渗阶段，土壤入渗能力较强，尤其是在入渗初期土壤较干燥的情况下，随后土壤水的入渗速率逐渐减小，最后接近于一个常数而达到稳定入渗阶段。用土水势解释，在较干旱的条件下，土壤表层的水势梯度大，所以入渗速率较大，但随着水分逐渐渗入，土壤基质吸力下降，入渗速率降低。影响水分入渗的因子有：① 土壤初始含水量：含水量低，入渗速率快。② 土壤质地和结构状况：砂质土与结构良好的土壤，初始入渗率与稳定入渗率相差不大，稳定入渗率较高；质地黏重而结构易破坏的土壤，初始入渗率与稳定入渗率相差较大，稳定入渗率低。③ 土壤表面易结皮、结壳及有黏盘，或者非饱和条件下有粗砂层时，都会影响水分入渗速率。④ 供水强度：若土壤渗水性能较强，大于外界供水强度，则入渗强度主要取决于外界供水强度。

土壤渗透性是土壤重要的特性之一，它使大气降水和灌溉水进入土壤，并在其中贮存起来。但在渗透性不好的情况下，水分会沿地表流走，造成侵蚀。土壤渗透性能的大小决定着雨水或灌溉水进入土壤的速度，以及发生在地表的径流数量和土壤侵蚀的程度。此外，土壤渗透性还与土壤污染及地下水污染有密切关系。

6.2 方法原理

土壤渗透性的测定有室外法（渗透筒法）及室内法（环刀法）。

在饱和水分土壤中，渗透性按照达西公式计算如下：

$$V = K \cdot d \tag{6-1}$$

$$d = \frac{h}{L}$$

式中　V——渗透速度，$cm \cdot s^{-1}$；

　　　d——水压梯度，即渗透层中单位距离内的水压变化；

K——渗透系数，在单位水压梯度($d=1$)下，单位时间内通过单位截面积的流量，$mL \cdot min^{-1}$ 或 $mL \cdot h^{-1}$；

h——土柱上水头差，即静水压力，cm；

L——发生水分渗透作用的土层的厚度，即渗透路程，cm。

在时间 t 内渗透过一定截面积 $A(cm^2)$ 的水量 Q，可以用下列的方程式来表示：

$$Q = V \cdot A \cdot t = K \cdot d \cdot A \cdot t$$

因此，渗透系数

$$K = \frac{Q}{A \cdot t \cdot d} \qquad (6\text{-}2)$$

6.3 田间土壤渗透系数测定

6.3.1 方法提要

在降雨或灌水初期一段时间(几分钟)内，土壤渗透速率较高，水量全部渗入土壤，此时土壤的渗透速率和降雨或灌水速率等值，没有地表径流产生。随着降雨或灌水时间延长、土壤含水量增高，渗透速率逐渐降低，当渗透速率小于降水或灌水速率时，地表产生径流。

6.3.2 器材

渗透筒(圆柱形铁筒，横截面积为 1 000 cm^2，高 350 mm)、量筒(500 mL 和 1 L 各一支)、小铁筒(打水用)、温度计(0~50 ℃)、秒表、木制厘米尺、小刀、斧头等。

6.3.3 操作步骤

(1)布设

选择具有代表性的地段，布置一块约 1 m^2 的圆形(直径 113 cm)试验地块，在其周围筑以土埂。土埂高约 30 cm，顶宽 20 cm，并捣实。渗透筒置于中央，用小刀沿筒的圆周向外挖宽 2~3 cm，深 15~20 cm 的小沟，使筒深深嵌入土中。

(2)灌水

在筒内外各插入 1 个米尺，以便观察灌水层的厚度。筒内外同时迅速灌水，使水层厚度保持为 5 cm。

(3)测定

当试验区内部灌水到 5 cm 高时，应立即开始计时，每隔一定时间进行一次水层下降的读数(准确至 0.001 m)，读数后立即加水至原来 5 cm 的高度处，记下每次加入的水量与温度。第一次读数加水是在计时开始后的 2 min，5 min 后读第二次，以后每隔 5~10 min 读一次，随渗水变慢，可隔 0.5 h 或 1 h 进行一次。在测量渗透速度的最后阶段，所得到的各段间隔时间内的数值，当彼此差值很小时，试验即可告结束。

6.3.4 结果计算

(1)测定砂土土壤渗透系数($mm \cdot min^{-1}$)记录表水层厚度 5 cm。

表 6-1　测定砂土土壤渗透系数($mm \cdot min^{-1}$)记录

号码	水温 (℃)	土壤湿度		第 1 h 内每隔 10 min						第 2~3 h 内 每隔 30 min				第 4~6 h 每隔 60 min		
		土壤含水量 (%)	田间持水量 (%)	10	20	30	40	50	60	90	120	150	180	240	300	360
1																
2																
3																

(2)计算公式:

$$V = \frac{Q}{F \cdot t} \tag{6-3}$$

式中　V——渗透速度,$mL \cdot cm^{-2} \cdot min^{-1}$;

　　　Q——渗透量,mL;

　　　F——渗透土柱截面积,cm^2;

　　　t——渗透观察时间,min。

$$V = K\frac{H}{L} \tag{6-4}$$

式中　L——土体长度,cm;

　　　K——渗透系数;

　　　H——静水压力,mm。

根据式(6-3)和式(6-4)得

$$\frac{Q}{F \cdot t} = K\frac{H}{L} \tag{6-5}$$

设

$$d = \frac{H}{L}$$

则

$$K_t = \frac{Q}{F \cdot t \cdot d} \tag{6-6}$$

式中　K_t——水温 t ℃时的渗透系数;

　　　d——水力梯度。

注:在田间测定 K 时,d 值视为 1。

6.3.5 注意事项

【1】本方法适用于旱地土壤渗透系数的田间测定。

【2】布设渗透筒时,应把取出的土壤重新填入隙缝并捣实,防止沿壁渗漏损失。

【3】无专用渗透筒时,也可用高 15~20 cm,面积分别为 25 cm × 25 cm 和 50 cm ×

50 cm 的方形铁框或圆形铁筒打入土中代替。

【4】自加水开始水分便向土壤入渗，故必须很快将水倒至预设的水层厚度。

【5】为避免灌水时冲刷表层土壤，不应将水直接倒在土面上，可在筒内外灌水处用胶板或木板（甚至杂草）保护土壤。

【6】试验持续时间，一般砂土为 4~6 h，黏土为 5~8 h。如透水性很小可延续到 12~24 h。

【7】土壤的渗透系数与水的黏滞系数成反比，水的黏滞系数与温度成反比，为准确测定土壤入渗速率，可测定渗透筒内温度，然后将测定的 K_t 换算成统一温度 10 ℃ 或 20 ℃ 时的渗透系数，换算方法如下：

$$K_1 = K_2 \cdot \frac{\eta_1}{\eta_2} \tag{6-7}$$

式中　K_1——水温 10 ℃（K_{10}）或 20 ℃（K_{20}）的渗透系数；

K_2——温度 t 时所测定的渗透系数；

η_1——10 ℃ 或 20 ℃ 时水的黏滞系数；

η_2——温度 t 时水的黏滞系数。

【8】若田间蒸发量大时，应同时观察水的蒸发量，计算时可将入渗量减去蒸发量。

6.4　室内土壤渗透系数测定

6.4.1　方法提要

用环刀采集原状土带回实验室进行水分入渗系数测定。根据单位时间单位面积水分渗出量及温度计算标准温度（10 ℃ 或 20 ℃）时的水分入渗系数。

6.4.2　实验用具

环刀（200 cm³，高 5.2 cm，直径 7 cm），量筒（100 mL、50 mL），烧杯（100 mL），漏斗、漏斗架、秒表等。

6.4.3　操作步骤

（1）浸泡

将取回的环刀土样上、下盖取下，下端换上有网孔且垫有滤纸的底盖并将该端浸入水中。

（2）接环刀

到预定时间将环刀取出，在上端套上一个空环刀，接口处先用胶布封好，再用熔蜡黏合，然后将结合的环刀放在漏斗上，架上漏斗架，漏斗下面承接有烧杯。

（3）灌水

往上面的空环刀中加水，水层厚度 5 cm，加水后从漏斗滴下第一滴水时开始计时，以后每隔 10 min 更换漏斗下的烧杯，分别量出渗入量和水温（℃）。每更换一次烧杯要将上面环刀中水面加至原来高度。

（4）记录

试验一般时间（约 1 h）后，渗水开始稳定，否则需继续观察到单位时间内渗出水量相等时为止。

6.4.4 结果计算

结果计算方法同 6.3.4。

6.4.5 注意事项

【1】适用于旱地土壤（原状土）水分入渗速率的室内测定。

【2】水面不要超过环刀上沿。

【3】一般砂土浸 4~6 h，壤土浸 8~12 h，黏土浸 24 h。

【4】接口处要接好，严防从接口处漏水。

【5】间隔时间的长短，视渗透快慢而定，要保持一定压力梯度。

【6】适用于室内取样测定。

第7章

土壤粒径分布(质地)

7.1 概述

7.1.1 土壤粒级

土壤矿质颗粒常以单粒和复粒(单粒黏合形成)的形式并存。单粒的直径不同,其组成和性质也有所差异,据此将土壤单粒划分为若干粒径等级,即为粒级。同一粒级的土粒,成分和性质基本一致,粒级间则有明显差别。土壤粒级的划分标准有很多,如中国制、国际制、美国制、卡钦斯基制等(表7-1)。

表7-1　土壤粒级划分标准

粒径(mm)	中国制	卡钦斯基制		国际制	美国制
>10	石块	石块		石砾	石块
10~3	石砾				
3~2		石砾			粗砾
2~1					极粗砂粒
1~0.5	粗砂粒		粗砂粒	粗砂粒	粗砂粒
0.5~0.25			中砂粒		中砂粒
0.25~0.2	细砂粒	物理性砂粒	细砂粒	细砂粒	细砂粒
0.2~0.1					
0.1~0.05					极细砂粒
0.05~0.02	粗粉粒		粗粉粒	粉粒	粉粒
0.02~0.01					
0.01~0.005	中粉粒		中粉粒		
0.005~0.002	细粉粒	物理性黏粒	细粉粒		
0.002~0.001	粗黏粒			黏粒	黏粒
0.001~0.0005	黏粒	黏粒	粗黏粒		
0.0005~0.0001			细黏粒		
<0.0001			胶质黏粒		

粒级的划分与研究者的目的有关,因而就有不同的划分标准,如在水利、建筑和地质学科就有与土壤学科不完全相同的划分标准,但在名称上均分为石砾、砂粒、粉粒和

黏粒四个基本粒级：

① 石砾：是最粗的土粒，多出现在土石区、近河滩的山坡土壤中。

② 砂粒：根据其粒径大小又可细分为粗砂粒和细砂粒。粗砂粒的比表面积小，表面可吸附极少量的水分子(包括水汽分子)，粗砂粒间孔隙大，其孔径大多超过毛管孔径。

③ 细砂粒和粗粉粒：其矿物组成与砂粒类似，两者的性质也相近。

④ 黏粒：是土壤中最细的部分，多为扁平的片状或盘状结构，具有极大的比表面积，黏粒间的孔隙极细，通透性差，矿质养分丰富。

7.1.2 土壤质地

土壤质地也称土壤机械组成，指土壤中各粒级占土壤总质量的百分比组合。土壤质地是由于土壤固体颗粒大小及所占比例不同而表现出来的特性。土壤颗粒组成在土壤形成和土壤的农业利用中具有重要意义。土壤质地直接影响土壤水、肥、气、热的保持和运动，并与作物的生长发育有密切的关系。因此，在说明和鉴定土壤肥力状况时，土壤质地往往是首先考虑的指标之一。

土壤质地分类标准各国不同，现将国内外常用的质地分类标准介绍如下：

(1)国际制

国际制土壤质地分类称为3级分类法，按砂粒、粉砂粒、黏粒的质量百分数组合将土壤质地划分为4类12级，其具体分类标准见表7-2。

表7-2　国际制土壤质地划分标准

质地类别	质地名称	各级土粒质量（%）		
		黏粒 （<0.002 mm）	粉砂粒 （0.002~0.02 mm）	砂粒 （0.02~2 mm）
砂土类	砂土及壤质砂土	0~15	0~15	85~100
壤土类	砂质壤土	0~15	0~45	55~85
	壤土	0~15	30~45	40~55
	粉砂质壤土	0~15	45~100	0~55
黏壤土类	砂质黏壤土	15~25	30~0	55~85
	黏壤土	15~25	20~45	30~55
	粉砂质黏壤土	15~25	45~85	0~40
黏土类	砂质黏土	25~45	0~20	55~75
	壤质黏土	25~45	0~45	10~55
	粉砂质黏土	25~45	45~75	0~30
	黏土	45~65	0~35	0~55
	重黏土	65~100	0~35	0~35

国际制土壤质地分类的主要标准是：以黏粒含量15%和25%作为壤土、黏壤土和黏土类的划分界限；以粉砂粒含量达到45%作为"粉砂质"土壤定名；以砂粒含量在55%~85%时作为"砂质"土壤定名，>85%则作为划分"砂土类"的界限。根据土壤各粒级的质量百分数可查出任意土壤质地的名称(图7-1)。

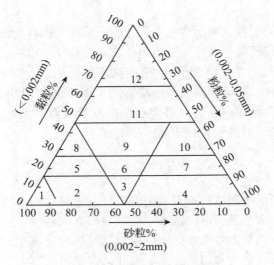

图 7-1 国际制土壤质地三角图

1. 砂土及壤质砂土 2. 砂质壤土 3. 壤土 4. 粉砂质壤土 5. 砂质黏壤土
6. 黏壤土 7. 粉砂质黏壤土 8. 砂质黏土 9. 壤质黏土 10. 粉砂质黏土
11. 黏土 12. 重黏土

(2)苏联卡钦斯基制双级分类法

按物理性砂粒(>0.01 mm)和物理性黏粒(<0.01 mm)的质量百分比,将土壤划分为砂土、壤土和黏土 3 类 9 级,见表 7-3。

表 7-3 卡钦斯基制双级分类法

质地名称		物理性黏粒(<0.01 mm)含量(%)			物理性黏粒(>0.01 mm)含量(%)		
		灰化土类	草原土及红黄壤类	柱状碱土及强碱化土类	灰化土类	草原土及红黄壤类	柱状碱土及强碱化土类
砂土	松砂土	0~5	0~5	0~5	100~95	100~95	100~95
	紧砂土	5~10	5~10	5~10	95~90	95~90	95~90
壤土	砂壤土	10~20	10~20	10~15	90~80	90~80	90~85
	轻壤土	20~30	20~30	15~20	80~70	80~70	85~80
	中壤土	30~40	30~45	20~30	70~60	70~55	80~70
	重壤土	40~50	45~60	30~40	60~50	55~40	70~60
黏土	钦黏土	50~60	60~75	40~50	50~35	40~25	60~50
	中黏土	65~80	75~85	50~65	35~20	25~15	50~35
	重黏土	>80	>85	>65	<20	<15	<35

(3)中国土壤质地暂行分类方案

中国科学院南京土壤研究所等单位综合国内土壤情况及其研究成果,将土壤质地分为 3 类 12 级,见表 7-4。

表7-4　中国土壤质地分类方案

质地类别	质地名称	不同粒级的颗粒组成（%）		
		砂粒 （0.05~1 mm）	粗粉粒 （0.01~0.05 mm）	细黏粒 （<0.001 mm）
砂土	粗砂土	>70	—	<30
	细砂土	≥60	—	
	面砂土	≥50	—	
	砂粉土	≥20	≥40	
	粉土	<20		
壤土	砂壤土	≥20	<40	
	壤土	<20		
	砂黏土	≥50	—	≥30
黏土	粉黏土	—		≥30
	壤黏土	—		≥35
	黏土	—		≥40
	重黏土			>60

　　我国土壤质地分类标准兼顾了我国南北土壤的特点。如北方土壤中含有0.05~1 mm砂粒较多，因此砂土类别将0.05~1 mm砂粒含量作为划分依据；黏土类别主要考虑南方土壤情况，以<0.001 mm细黏粒的含量划分；壤土类别的主要划分依据为0.01~0.05 mm粗粉粒含量，比较符合我国国情，但实际应用中发现还需进一步补充与完善。

7.1.3　不同质地土壤肥力状况

　　土壤质地影响土壤中养分的转化速率和存在状态、土壤水分的性质和运行规律以及植物根系的生长和生理活动。土壤质地是影响土壤肥力的重要因素，不同质地土壤在肥力方面有不同的表现。

　　① 砂质土：总的来说，砂质土的肥力特征是蓄水力弱，养分含量少，保肥力较差，土温变化较快，通气性和透水性良好，容易耕作。

　　② 黏质土：总的特点是保水力和保肥力强，养分含量丰富，土温比较稳定，但通气透水性差，耕作比较困难。

　　③ 壤质土：这种土壤含有适量的砂粒、粉粒和黏粒，在性质上兼有砂土和黏土的优点，对一般农业生产是比较理想的土壤。

7.2　方法原理

　　自然界的土壤并不是以单粒的形态存在，而是通过物理、化学或生物化学作用形成各种结构体。因此，测定土壤粒径分布时应首先分散土粒使其形成单粒，再依据粒径逐步测定。

7.2.1　分散

除风砂土和碱土外,绝大部分或全部都是相互团聚成粒径不同的团粒,微团粒是由黏粒直接凝聚而成的,粗团粒则主要由腐殖质和黏粒在钙、镁(主要为中性或碱性土壤)或铁、铝(主要为酸性土壤)等游离阳离子的作用胶结而成。因此,应针对团聚作用的主因,采取对应的分散措施。

(1)物理分散

物理分散又称机械分散,主要是通过机械搅拌的方式,使土壤与分散剂充分接触,同时也可部分改变土粒间的物理吸附。

(2)化学分散

传统的分散处理包括用 H_2O_2-HCl 处理和添加含 Na^+ 的化合物作为分散剂,H_2O_2 的作用是破坏有机质,稀 HCl 的作用是溶解游离的 $CaCO_3$ 和其他胶结剂,并用 H^+ 代换有凝聚作用的 Ca^{2+}、Al^{3+} 等离子和淋洗土壤溶液中的溶质。但交换性 H^+ 也有凝聚作用,必须用分散黏粒的 Na^+ 代换之,所用 Na^+ 的数量不能过多超过土壤的交换量。

以上去除方式不仅操作繁杂,且在机理和操作过程中也易导致误差的产生。如在稀HCl 淋洗过程中可能淋出部分黏粒,如无定形的三二氧化物和水合氧化物等,因而需要首先对淋洗液进行化学测定,更重要的是腐殖质和碳酸盐本身也属于土壤固相的一部分,采用化学方式去除测定的结果与实际状况不符。因此,常直接加入可代换高价 Na^+ 阳离子(通常酸性土壤加氢氧化钠,中性土壤加草酸钠,碱性土壤加六偏磷酸钠),然后用各种机械方法(煮沸、振荡或研磨)进行搅拌,使其分散完全。

7.2.2　沉降原理(斯托克斯定律)

粗土粒可采用筛分法分离后称重(若通过水洗需要烘干)即可获得其百分含量,但细土粒(<0.1 mm 或 0.2 mm 的土壤颗粒)很难筛分,故依据斯托克斯定律进行沉降分离测定。

(1)斯托克斯定律简介

斯托克斯公式是格林公式的推广,由乔治·斯托克斯(G. G. Stokes)于 1851 年提出,可简单表述为球形物体在流体中运动所受到的阻力等于该球形物体的半径、速度、流体的黏度与 6π 的乘积。应用于土壤粒径分布分析,可按土粒在水中沉降的快慢区分不同粒径的土粒。

颗粒在水中的沉降除受重力作用外还受与重力作用方向相反的摩擦力作用,其中摩擦力 F_r 等于:

$$F_r = 6\pi\eta rv \tag{7-1}$$

式中　η——水的黏滞度,$Pa \cdot s$;

　　　r——颗粒半径,cm;

　　　v——颗粒沉降速度 $cm \cdot s^{-1}$。

颗粒开始沉降,沉降速度逐渐增加,摩擦力 F_r 也随之增加,当颗粒所受摩擦力与重

力在数量上相等时，颗粒均速沉降，这时的沉降速度称为终端速度。颗粒所受重力 F_g 为

$$F_g = \frac{4}{3}\pi r^3 (\rho_s - \rho_f)g \qquad (7\text{-}2)$$

式中　$\frac{4}{3}\pi r^3$ ——球体颗粒的体积，c·m³；

　　　ρ_s ——土粒密度，g·cm⁻³；

　　　ρ_f ——流体(水)的密度，g·cm⁻³；

　　　g ——重力加速度，981 cm·s⁻²。

当 $F_r = F_g$ 时可得

$$v_t = \frac{d^2(\rho_s - \rho_f)g}{1\,800\eta} \qquad (7\text{-}3)$$

式中　v_t ——终端速度，cm·s⁻¹；

　　　d ——土粒直径，mm。

假定终端速度几乎在沉降过程一开始就立即达到，则可计算一定粒径颗粒沉降到深度 h(cm)所需时间(t)为

$$t = \frac{1\,800\,h\eta}{d^2(\rho_s - \rho_f)g} \qquad (7\text{-}4)$$

(2)斯托克斯定律假设与粒径分布测定

斯托克斯定律有5点理想假设：

① 颗粒是坚固的球体且表面光滑。

② 所有颗粒密度相同。

③ 粒径大到不受流体(水)布朗运动的影响。

④ 每一个颗粒的沉降都不受相邻颗粒的影响。

⑤ 颗粒周围的流体(水)保持层流运动，无颗粒的过快沉降引起流体的紊流运动。

以上几点，除③、④可大致满足外，⑤很难完全保证，①、②两条根本无法满足。细土粒形状多种多样，并不都是球形的(大多为扁平状)，表面也不光滑，其密度也不相同，所以粒径分析只能给出近似的结果。

但这些假设也对测定提供了一些关键的注意事项：

① 分析过程中不要使悬液产生涡流现象，尽量避免沉降土粒的布朗运动。因此，大量桶应放置在稳定台面，搅拌后拿出搅拌器时动作要轻，放入比重计时要轻缓等。

② 应减少介质沉降过程中彼此的影响。因此，沉降筒内悬液密度一般应<3%，不能>5%。

③ 温度的改变会引起介质黏滞系数的变化，因此，分析过程中应避免温差过大，并对温度变化进行校正。

7.2.3　沉降距离与沉降时间

根据斯托克斯定律，不同大小的土壤粒径沉降速度不同，因此测定时在特定时间取

特定深度(即沉降距离,常取 10 cm)处的悬液测定土壤颗粒含量,即为小于某一特定粒径的土壤颗粒含量。为便于操作,这里给出小于某一粒径的测定时间简表(表 7-5)。需要说明的是,该表基于理想情况核算,实际测算过程中如需考虑吸液深度、土壤密度、悬液温度等的影响,应依据斯托克斯定律进一步核算。小于某一粒径的土壤颗粒在特定温度条件下的沉降时间可按式(7-4)计算某一粒径的土粒沉降到特定深度所需的时间。

表 7-5　土壤粒径分布各粒级测定推荐时间简表

悬液温度 (℃)	粒径(mm)											
	0.05		0.02		0.01		0.005		0.002		0.001	
	min	s	min	s	h	min	h	min	h	min	h	min
10	1	18	3	25		35	2	25	10	25	48	
12	1	12	3	12		33	2	20	9	52	48	
14	1	10	3	00		31	2	15	9	25	48	
16	1	6	2	50		29	2	5	8	59	48	
18	1	2	2	40		27	1	55	8	34	48	
20		58	2	31		26	1	50	8	10	48	
22		55	2	22		25	1	50	7	46	48	
24		54	2	14		24	1	45	7	23	48	
26		51	2	6		23	1	35	7	01	48	
28		48	1	58		21	1	30	6	41	48	
30		45	1	50		20	1	28	6	33	48	

注:土粒沉降距离按 10 cm,土壤容重按 2.65 g·cm^{-3}计算。

7.2.4　测定方法

实验室测定土壤粒径分布的方法主要有吸管法、比重计法和激光粒度仪法等,其中吸管法和比重计法较为常用。吸管法精度较高,但操作繁琐,且目前也缺少规范的吸液装置。比重计法操作较简单,适于大批量测定,但精度较差,同时计算较麻烦。为满足计算要求,比重计法测定时需读数 13 次,绘制曲线,才能计算各粒级百分数。因此,在指导生产等精度要求不高情况下,推荐采用简易比重计法。

7.3　吸管法测定土壤质地

7.3.1　方法提要

通过 2 mm 筛孔的土样经化学和物理方法处理成悬浮液定容后,根据斯托克斯定律及土粒在静水中的沉降规律,大于 0.2 mm 的各级颗粒由一定孔径的筛子筛分,小于 0.2 mm 的粒级颗粒则用吸管从其中吸取一定量的各级颗粒,烘干称量,计算各级颗粒含量的百分数,确定土壤的颗粒组成(粒径分布)和土壤质地。

7.3.2 器材与试剂

（1）器材

吸管（图 7-2）、吸管架（图 7-3）、搅拌棒（图 7-4）、沉降筒（1 000 mL 量筒）、筛子
（2 mm和 0.2 mm）。

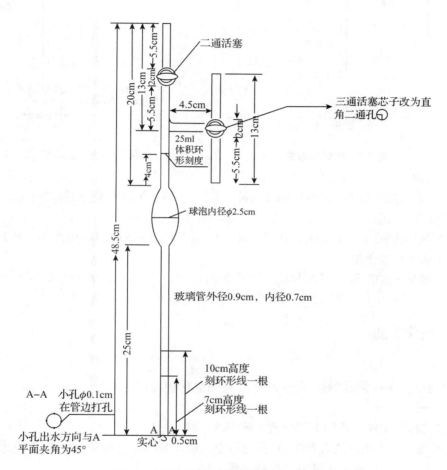

图 7-2 用于粒径分析（吸管法）的吸管示意

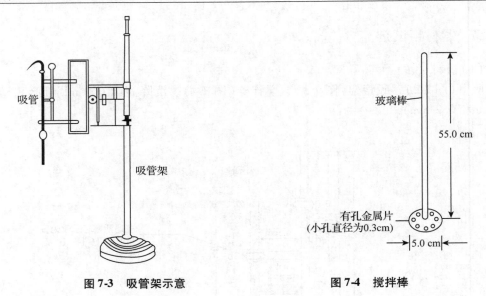

图 7-3   吸管架示意   图 7-4   搅拌棒

(2)试剂

① 氢氧化钠溶液[$c(NaOH) = 0.5\ mol\ \cdot L^{-1}$]   20 g NaOH(化学纯)溶于水,稀释至 1 L(用于酸性土壤)。

② 草酸钠溶液[$c(Na_2C_2O_4) = 0.5\ mol\ \cdot L^{-1}$]   33.5 g $Na_2C_2O_4$(化学纯)溶于水,稀释至 1 L(用于中性土壤)。

③ 六偏磷酸钠溶液$\{c[(NaPO_3)_6] = 0.5\ mol\ \cdot L^{-1}\}$ 51 g $(NaPO_3)_6$(化学纯)溶于水,稀释至 1 L(用于石灰性土壤)。

7.3.3   操作步骤

(1)称样

称取通过 2 mm 筛孔的风干土样 50 g(精确至 0.01 g)。

(2)分散

根据实验室条件,选用下列分散方法中的一种:

① 煮沸法:将土样放入 500 mL 三角瓶中,加入 50 mL 分散剂和 250 mL 软水,摇匀后加盖小漏斗,在电热板上煮沸,保持沸腾 1 h。

② 研磨法:将土样放入 250 mL 烧杯中,量取 50 mL 分散剂,加入部分润湿土样,静置 0.5 h 后用皮头玻棒研磨 15~20 min 使成糊状,加入剩余分散剂。

③ 振荡法:将样品放入振荡器中,加入 50 mL 分散剂和 250 mL 软水,置于振荡机上振荡 8 h。

(3)转移

用软水将悬液经 0.2 mm 筛洗入 1 L 量筒,加软水到 1 L;筛上残留的砂粒,全部洗入小烧杯,烘干称重。

(4)悬液制备

将量筒置于恒温环境的平整台面,用搅拌器往复运动 30 次以上,取出时开始计时。

（5）悬液吸取

按表7-5查得的各粒径对应的时间，准时吸取悬液并转入 50 mL 的小烧杯内，烘干称重。

7.3.4 结果计算

各粒级土壤含量百分比：

① 0.2~2 mm 颗粒含量（%）$= \dfrac{m_2}{m_1} \times 100$ （7-5）

② 0.002~0.02 mm 颗粒含量（%）$= \dfrac{(m_3 - m_4) \times t_s}{m_1} \times 100$ （7-6）

③ <0.002 mm 颗粒含量% $= \dfrac{(m_4 - m_5) \times t_s}{m_1} \times 100$ （7-7）

④ 0.02~0.2 mm 颗粒含量（%）$= 100 - [① + ② + ③]$ （7-8）

式中 m_1——烘干土质量，g；

m_2——2~0.2 mm 颗粒质量，g；

m_3—— <0.02 mm 颗粒与分散剂质量，g；

m_4—— <0.002 mm 颗粒与分散剂质量，g；

m_5——分散剂质量，g；

t_s——分取倍数，1 000/25 = 40。

7.3.5 注意事项

【1】本方法适用于各类土壤颗粒组成（粒径分析）的测定。

【2】分散剂选择应根据土壤的 pH 值，酸性土壤用 0.5 mol·L^{-1} 氢氧化钠溶液，中性土壤用 0.5 mol·L^{-1} 草酸钠溶液，石灰性和碱性土壤用 0.5 mol·L^{-1} 六偏磷酸钠溶液。

【3】上下搅拌悬液速度要均匀，一般在 1 min 钟内上下各 30 次。

【4】粒径的划分需要注意两点：一是各粒级的界限并不是绝对的，也就是说，并不是超出这个界限边缘的土粒就有完全不同的性质和组成，而是在这个界限范围内的绝大部分土粒具有某些特定的性质和组成；二是土粒的形状极不规则，已知黏粒是扁平状的，粗一些的土粒则形状各异。

【5】转移时，用软水将土样全部洗入筛内，筛内土粒用皮头玻璃棒轻轻地洗擦和用水冲洗，直到滤下的水不再混浊为止。

【6】电热板加热时要经常摇动锥形瓶，以防土粒在瓶底结成硬块。

【7】量筒内悬浮液体积不得超过 1 L，故将土样洗入大量筒时加软水应做到少量多次。

【8】可将盛有悬浮液的 1 L 量筒放在温度变化较小的平稳试验台上，避免振动和阳光直射。

【9】放置温度计时应避免与量筒壁碰撞。

【10】皮头玻棒可自己制作，即用玻棒套上橡胶头。

7.4　简易比重计法测定土壤质地

7.4.1　方法提要

比重计法也是以斯托克斯定律为依据,用特制的甲种土壤比重计(鲍氏比重计)在不同时间内,测定 h 深处(h 为变数)土壤悬液的密度,可得小于某粒径土粒的含量。

7.4.2　器材与试剂

(1)器材

甲种土壤比重计(刻度范围 $0\sim60$,最小刻度单位 $1\ \mathrm{g}\cdot\mathrm{L}^{-1}$,校正后才能使用)、搅拌器、量筒(1 L)、土壤筛(2 mm)、洗筛(0.2 mm)、三角瓶(500 mL)、漏斗(7~9 cm)、天平(感量 0.01 g)、电热板、烘箱(300 ℃)、温度计、秒表。

(2)试剂

同 7.3.2。

7.4.3　实验步骤

步骤(1)~(4)称样、分散、转移、悬液制备操作同 7.3.3。

(5)测定

用温度计测得悬液温度,查表 7-5 获得各粒径对应测定时间。提前 15s 放入甲种比重计,到时读数。

(6)空白校正

除不加土样外,其余步骤与上同。

7.4.4　结果计算

(1)0.2~2 mm 颗粒含量

$$W_1(\%) = \frac{m_2}{m_1} \times 100 \tag{7-9}$$

式中　W_1——0.2~2 mm 颗粒含量,%;

$\quad\quad m_1$——测定时称取的土样质量,g;

$\quad\quad m_2$——土样经分散后洗入沉降筒时,洗筛上的 >0.2 mm 土粒的烘干质量(g)。

(2)比重计某一读数时间测得的小于某粒径颗粒含量

① 比重计读数校正

$$\rho_{校} = \rho_1 + \rho_2 - \rho_0 \tag{7-10}$$

式中　ρ_1——比重计读数;

$\quad\quad \rho_2$——温度校正值(根据温度查表 7-6);

$\quad\quad \rho_0$——空白校正值。

② 小于某粒径颗粒含量

$$小于某粒径颗粒含量（\%）= \frac{\rho_{校} \times V}{m_1} \times 100 \tag{7-11}$$

式中　V——悬液体积，L；

　　　m_1——测定时称取的土样质量，g。

7.4.5　注意事项

【1】本方法适用于各类土壤颗粒组成（粒径分析）的测定。

【2】搅拌棒向下时一定要触及沉降筒底部，使全部土粒都能悬浮。搅拌棒向上时，有孔金属片不能露出液面，一般至液面下 3～5 cm 即可，否则会使空气压入悬液，致使悬液产生涡流，影响土粒沉降规律。

【3】放置比重计时要轻取轻放，尽可能避免摇摆与振动（可轻轻扶住比重计的玻璃杆直到比重计基本稳定为止）；比重计应放在量筒中心位置，浮泡不能与量筒壁接触。

【4】比重计要在尽可能短的时间内放入悬液，一般提前 10～15 s，读数后立即取出并用软水冲洗，以备后续测定所用。

【5】温度计放入沉降筒中部，准确到 0.1 ℃。

【6】比重计读数以弯液面上缘为准。

【7】加入分散剂后放置过夜有利于土粒的充分分散。

【8】比重计的校正。比重计的刻度是以 20 ℃ 的纯水为标准，实际操作时应测定悬液温度，据此查表 7-6 进行校正。

表 7-6　甲种比重计读数的温度校正值

悬液温度 （℃）	按比重计读数减去 校正值	悬液温度 （℃）	按比重计读数加上 校正值
6	2.2	15.0	1.2
6.5	2.2	15.5	1.1
7.0	2.2	16.0	1.0
7.5	2.2	16.5	0.9
8.0	2.2	17.0	0.8
8.5	2.2	17.5	0.7
9.0	2.1	18.0	0.5
9.5	2.1	18.5	0.4
10.0	2.0	19.0	0.3
10.5	2.0	19.5	0.1
11.0	1.9	20.0	0
11.5	1.8	20.5	0.2
12.0	1.8	21.0	0.3
12.5	1.7	21.5	0.5
13.0	1.6	22.0	0.6
13.5	1.5	22.5	0.8
14.0	1.4	23.0	0.9
14.5	1.4	23.5	1.1

（续）

悬液温度 （℃）	按比重计读数减去 校正值	悬液温度 （℃）	按比重计读数加上 校正值
24.0	1.3	29.5	3.5
24.5	1.5	30.0	3.7
25.0	1.7	30.5	3.8
25.5	1.9	31.0	4.0
26.0	2.1	31.5	4.2
26.5	2.2	32.0	4.6
27.0	2.5	32.5	4.9
27.5	2.6	33.0	5.2
28.0	2.9	33.5	5.5
28.5	3.1	34.0	5.8
29.0	3.3		

土壤结构分析

8.1 概述

土壤中不同粒级的颗粒在物理化学生物作用下（如在土壤中各种无机胶体、有机胶体、植物根系及真菌菌系的作用下相互黏合团聚），形成大小、形状和性质不同的团聚体，称为土壤结构体。土壤结构体的类型及排列状况影响土壤孔性，也对土壤的水、肥、气、热和耕性产生影响。土壤结构及其稳定性在许多土壤过程中起重要作用，如土壤侵蚀、入渗、根系穿插、通气等。

8.1.1 土壤结构体

土壤结构体形成分为两个阶段：第一阶段由原生土粒凝聚胶结，形成初级复粒或致密土团；第二阶段则由初级复粒或小土团进一步黏结，或聚合成大土块，可由土体在机械作用力下破裂成型，形成各种大小和性状不同的结构体。土壤结构体根据大小、形状及其与土壤肥力的关系划分为 5 种主要类型（图 8-1）：

（1）块状结构

多为立方体，其长宽高三轴大体相似，棱角明显。

（2）核状结构

长宽高三轴大体近似，棱角明显，比块状结构体小，大的直径为 10～20 mm 或稍大，小的直径为 5～10 mm。

（3）柱状结构体

呈立柱状，棱角明显有定形者称为棱柱状结构体；棱角不明显无定形者称为拟柱状结构体，其柱状横截面大小不等。

（4）片状结构

呈扁平状，其厚度可小于 1 cm，也可大于 5 cm。这种结构往往由流水沉积作用或某些机械压力所造成。

（5）团粒结构体

近乎球状且疏松多孔的小团聚体，包括大团聚体和微团聚体。其中大团聚体的直径约为 0.25～10 mm，微团聚体为土壤中直径 <0.25 mm 的团粒结构体。团粒结构体有水稳性，一般多存在于腐殖质多、植被茂盛的表土层中。

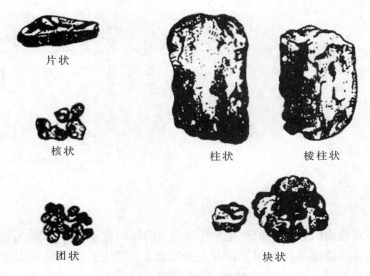

片状

核状

柱状

棱柱状

团状

块状

图 8-1   土壤结构体外形图

其中，块状、核状、柱状和片状结构体内部致密，孔隙细小，有效水含量少，通气性较差，植物根系难以穿插，而结构体之间易形成较大裂隙，是漏水漏肥的通道，因此，此类结构体并非植物生长的理想结构体。若表土层出现大块的土坷垃、片状的结皮或板结层，影响林木播种和扦插质量，使幼苗不能顺利发芽出土或成活，有时因为孔隙过大，根系与土壤不能接触，对使植物水分及养分的吸收产生不利影响。

团粒结构体是经过多级复合团聚而成的，总孔隙度高，孔隙分布合理，团粒内部主要以毛管孔隙为主，有利于保水，团粒间以非毛管孔隙(通气孔隙)为主，通气状况良好。团粒结构主要是有机和无机复合胶体团聚而成，腐殖质和养分含量高，阳离子交换量大，保肥供肥能力强，是林业土壤最理想的结构体。

8.1.2   团聚体

团粒结构又称为土壤团聚体，是指土壤所含的大小不同、形状不一、有不同孔隙度和机械稳定性及水稳定性的团聚体总和。它由胶体的凝聚、胶结和黏结而相互联结的土壤原生颗粒组成。土壤团聚体分为土壤大团聚体和微团聚体。

8.1.2.1   土壤大团聚体

土壤大团聚体通常是指直径大于 0.25 mm 的团聚体，它是土壤结构的主要组成部分。对土壤中大团聚体组成数量和质量的分析测定，对于评定土壤肥力状况有重要意义。根据水稳性不同，团聚体又可分为水稳性团聚体和非水稳性团聚体。水稳性团聚体大多是钙、镁、腐殖质胶结起来的颗粒，因为腐殖质是不可逆凝聚的胶体，其胶结起来的团聚体在水中振荡、浸泡、冲洗而不易崩解，仍维持其原来的结构；而非水稳性胶体则是由黏粒胶结或电解质凝聚而成，当放入水中时，就迅速崩解为组成土块的各颗粒成分，不能保持原来的结构状态。

8.1.2.2 土壤微团聚体

微团聚体是指土壤中直径小于 0.25 mm 的团聚体。土壤中由原生颗粒所形成的微团聚体标志着土壤在浸水状况下的结构性能和分散强度。土壤微团聚体测定与土壤颗粒组成吸管法测定基本相同，也是根据斯托克斯定律，利用不同直径微团聚体的沉降时间不同，将悬浮液分级。所不同的是在颗粒分散时，为了保持土壤的微团聚体免遭破坏，在分散过程中只用物理方法(振荡)处理分散样品，而不加入化学分散剂。然后根据土壤微团聚体测定结果与土壤颗粒组成测定结果中的小于 0.002 mm 粒级含量计算出土壤分散系数和结构系数。土壤分散系数用作表示土壤微团聚体在水中被破坏的程度，土壤分散系数愈大，则微团聚体的稳固性愈低。土壤结构系数可用于鉴定微团聚体的水稳定性。

8.1.3 团聚体形成因素

土壤团聚体的形成，必须具备一定的条件，主要有：

(1)需要有足够的细小土粒

包括微团聚体和单粒。

(2)胶结作用

指土粒通过有机和矿质胶体而结合在一起的过程。土壤中胶结物质有两大类：一类是有机胶物质，如有机质中的多糖、胡敏酸、蛋白质等；另一类是矿质胶结物质，如硅酸，含水氧化铁、铝及黏土矿物等。

(3)凝聚作用

指土粒通过电荷离子等作用而紧固的过程。

(4)团聚作用

指由于各种力作用使土粒团聚在一起的过程，主要的外力有：

① 植物根系及掘土动物。

② 土壤耕作的作用。

③ 土壤的干湿交替、冻融交替作用。

8.1.4 土壤团聚体作用

土壤团聚体是良好的土壤结构体。其特点是多孔性与水稳性，具体表现在土壤孔隙度大小适中，持水孔隙与充气孔隙并存，并有适当的数量和比例，因而使土壤中的固相、液相和气相相互处于协调状态，所以一般都认为，团聚体多是土壤肥沃的标志之一，体现在以下 4 个方面：

① 创造了土壤良好的孔隙性。

② 水气协调，土温稳定。

③ 保肥供肥性能良好。

④ 土质疏松、耕性良好。

8.2　方法原理

　　土壤结构体的分析方法极不统一,国内外常用的测定方法基本上可归纳为 6 类,即干筛法、湿筛法(测定水稳性)、加压法(测定抗压稳定性)、水滴法或模拟降雨法(测定抗侵蚀稳定性)、崩解法和入渗法。我国目前广泛应用沙维诺夫法。沙维诺夫法分为干筛法和湿筛法两种方式。

　　干筛法主要是将风干土样置于套筛中通过旋转进行筛分,最后收集各筛上的土样质量计算该粒级结构体占土壤样品总质量的百分比,测定结果主要用于研究耕作措施对土壤的影响或研究土壤的风蚀危险度。因为湿筛法在筛分的过程中可能会对微生物群落和水溶性碳、氮的含量产生影响,所以研究不同粒级结构体中微生物群落及养分含量差异,或者结构体内部水分的储存和运输及结构体对有机质的物理性保护,一般选用干筛法将土壤结构体进行分级。而且在降雨较少或者非灌溉地区,干筛法也可反映田间自然条件下结构体的状况。一般认为,如果土壤中直径 > 0.84 mm 的结构体所占百分含量超过 60% 则认为该土壤具有较高的风蚀危险性。另外,平均重量直径和几何平均直径被引入土壤结构性的评价中。

　　湿筛法主要是将装有土样的套筛浸到水中,通过在水中上下筛动套筛而对土壤结构体进行分级,可用于研究土壤结构体的水稳定性,即结构体在水中进行筛分时的破裂和崩解程度,测定结果主要用于研究结构体抗水蚀的能力,或者研究土壤结构体与土壤有机质动态变化的关系。

8.3　干筛法

8.3.1　方法提要

　　土壤中直径 > 0.25 mm 的非水稳性大团聚体用干筛法测定,将土样置于套筛中筛分后,收集并称量各土筛上团聚体,计算各级团聚体的百分含量。

8.3.2　器材

　　土壤套筛(共 8 个,直径 20 cm,高约 5 cm)的孔径分别为 10 mm、7 mm、5 mm、3 mm、2 mm、0.5 mm 和 0.25 mm,铝盒若干、天平。

8.3.3　操作步骤

　　(1)土样处理

　　将田间采集回来的原状土风干,称取约 10 g 烘干至恒重,测定其含水量。

　　(2)入筛

　　4 次重复,取平均值,每份约 500 g,并计算烘干土质量。将土样放于最大孔径(10 mm)的套筛上面,下面土筛的孔径依次为 7 mm、5 mm、3 mm、2 mm、0.5 mm 和

0.25 mm，套筛底部应安放底盒以备收集 <0.25 mm 的结构体，套筛顶部盖好筛盖。

（3）筛土

将套筛小心往复筛动（严防强烈快速筛样），筛后从套筛中依次取筛时，用手轻敲筛壁，使筛壁及网孔上不属于本粒级的土粒全部落入下一级土筛，在各级筛网上分别留有直径 >10 mm，7~10 mm，5~7 mm，3~5 mm，2~3 mm，1~2 mm，0.5~1 mm 和 0.25~0.5 mm 粒级的土粒，筛底上为直径 <0.25 mm 的土粒。将各粒级土粒收集于铝盒中，烘至恒重后称重（精确至 0.01 g）。

8.3.4 结果计算

（1）某级团聚体计算百分含量

$$某级团聚体百分数（\%）= \frac{该级团聚体的烘干重}{烘干土样重} \times 100 \qquad (8\text{-}1)$$

（2）总团聚体百分含量计算

$$总团聚体百分数（\%）= 各级团聚体百分数之和 \qquad (8\text{-}2)$$

（3）某级团聚体所占百分含量计算

$$某级团聚体占总团聚体的百分数（\%）= \frac{该级团聚体百分数}{总团聚体百分数} \times 100 \qquad (8\text{-}3)$$

（4）风干土壤结构系数 K（干筛法）

$$K = \frac{A}{B} \qquad (8\text{-}4)$$

式中　A——0.25~10 mm 的各级团聚体百分数之和减去 >0.25 mm 的砂粒含量（通过机械筛分统计得到）；

　　　B——<0.25 mm 各级分散的单粒百分数之和（通过机械筛分统计得到）。

8.3.5 注意事项

【1】本方法适用于各种土壤非水稳性大团聚体的测定。

【2】干筛所用的原状土不宜太干，即用手捻时土块能捻碎，放在筛内时又不黏在筛子上为宜。

【3】黏重的土壤风干后往往会结成坚实的硬块，即使用干筛法将其分成不同直径的粒级，也不能代表它们是非水稳性大团聚体。

【4】经干筛和湿筛后的各级团聚体中也有石块、石砾及砂粒，石块及石砾应挑出，砂粒因太小无法挑出，如这一层筛中全部为单个砂粒，则这些砂粒应除去，但包含在大团聚体中的砂粒和细石砾不应挑出，它们应属于大团聚体的一部分。

【5】采集回的土样需除去植物根系。

8.4 湿筛法

8.4.1 方法提要

按照干筛法测定的各级大团聚体的比例配制土样，置于土筛中，通过在水中上下筛动土筛，将土样中的水稳性大团聚体进行分级，计算各粒级水稳性团聚体的百分含量。

8.4.2 器材

湿筛法所用套筛(共6个，直径13 cm，高5 cm)的孔径分别为5 mm、3 mm、2 mm、1 mm、0.5 mm和0.25 mm，天平、水桶、振荡架。

8.4.3 操作步骤

(1)配土

根据干筛法求得的各级团聚体的含量，把干筛分取的风干土样按比例配成5份，每份为50 g。如干筛后，3~5 mm粒级团聚体含量为10%，则湿筛配土时该级的称样量为50×10% =5 g，依此类推。其中1份用来测定土壤含水量，另4份进行湿筛，共4次重复，结果取平均值。

(2)置样

将土筛按孔径从大到小依次叠好，孔径大的在上面，除直径<0.25 mm粒级的团聚体外，将其余粒级的团聚体倒入套筛最上面。

(3)振荡

将套筛置于团粒分析仪的振荡架上，放入已加入水的水桶中，桶中水的高度要与最上面的5 mm筛的上缘齐平，开动马达，振荡时间为30 min。

(4)烘干

振荡完成后，将振荡架慢慢升起，使筛组离开水面，待水分淋干后，将留在各筛子上的团聚体洗入铝盒中烘干称重(精确至0.01 g)。

8.4.4 结果计算

① 各级水稳性大团聚体含量(%) $= \dfrac{各级水稳性大团聚体烘干质量}{烘干土样质量} \times 100$ （8-5）

② 总水稳性大团聚体含量为各级水稳性大团聚体含量的总和

③ $\dfrac{各级水稳性大团聚体含量占}{总水稳性大团聚体含量比例(\%)} = \dfrac{各级水稳性大团聚体含量}{总水稳性大团聚体含量} \times 100$ （8-6）

8.4.5 注意事项

【1】适用于土壤有机质含量中等及偏上的各类土壤中水稳性大团聚体的分级。

【2】经湿筛后的各级团聚体中也有石块、石砾及砂粒，石块及石砾应挑出，砂粒因

太小无法挑出,如这一层筛中全部为单个砂粒,则这些砂粒应除去,但包含在大团聚体中的砂粒和细石砾不应挑出,它们应属于大团聚体的一部分。

【3】有机质含量少的土壤不适用湿筛法,因这些土壤在水中振荡后,筛内除了留一些已被水冲洗干净的石块、石砾和砂粒外,其他部分几乎全部过筛进入水中。

【4】为了防止在湿筛时堵塞筛孔,故不把直径 <0.25 mm 的团聚体倒入准备湿筛的样品中,但在计算取样量和其他计算时都需要计算这一数值。

【5】湿筛的整个过程中,最上层筛子上的土样不可露出水面。

8.5 吸管法

8.5.1 方法提要

土壤中直径 <0.25 mm 的团聚体为微团聚体。土壤中由原生颗粒所形成的微团聚体标志着土壤在浸水状况下的结构性能和分散强度。土壤微团聚体的测定方法与土壤颗粒组成吸管法测定基本相同,也是根据斯托克斯定律,利用不同直径微团聚体的沉降时间不同,将悬浮液分级。所不同的是在颗粒分散时,为了避免土壤的微团聚体遭受破坏,在分散过程中只用物理方法(振荡)分散处理样品,而不加入化学分散剂。然后根据土壤微团聚体测定结果与土壤颗粒组成测定结果中的小于 0.002 mm 粒级含量计算出土壤分散系数和结构系数。土壤分散系数用作表示土壤微团聚体在水中被破坏的程度,土壤分散系数愈大,则微团聚体的稳固性愈低。土壤结构系数用作鉴定微团聚体的水稳定性。

8.5.2 器材

电热板、电热恒温干燥箱、振荡瓶、漏斗、土壤筛、量筒、铝盒、往返式振荡机(振荡频率范围 30~220 次·min^{-1})。

8.5.3 操作步骤

(1)样品制备

方法同 8.4.3。

(2)称样

称取过 2 mm 筛的风干土壤样品 10~30 g(黏土和重黏土称 10 g、壤土 15 g、轻壤土 20 g、砂壤土 25 g、砂土 30 g,精确至 0.001 g),倒入 250 mL 振荡瓶中,加蒸馏水 150 mL,静置浸泡 24 h。另称 10 g(精确至 0.01 g)样品烘干法测定土壤含水量。

(3)振荡

将盛有样品的振荡瓶在往返式振荡机上振荡 2 h(振荡频率 160~180 次·min^{-1})。

(4)过筛

在 1 L 的量筒上放一大漏斗,把 0.25 mm 土筛置于漏斗上,用蒸馏水将振荡后的土液洗入量筒中并定量至 1 L。筛上颗粒转移到铝盒中烘干称重(精确至 0.000 1 g)。

（5）吸液

操作与粒径分析中的吸管法相同。

8.5.4　结果计算

① 各粒级微团聚体百分含量计算与粒径分析（吸管法）计算方法相同。

② 微团聚体分散系数：

$$K_{分} = \frac{a}{b} \times 100\% \tag{8-7}$$

式中　$K_{分}$——土壤结构分散系数；

　　　a——微团聚体中黏粒直径 <0.002 mm 含量；

　　　b——颗粒组成中黏粒直径 <0.002 mm 含量。

分散系数越高，土壤微团聚体的水稳性就越差。

③ 微团聚体结构系数：

$$K_{结} = \frac{(b - a)}{b} \times 100\% = 1 - K_{分} \tag{8-8}$$

式中　$K_{结}$——微团聚体结构系数。

④ 微团聚体团聚度：

$$K_{团} = \frac{a - b_1}{b} \times 100\% \tag{8-9}$$

式中　a——微团聚体分析时直径 >0.05 mm 的稳固性团聚体含量；

　　　b_1——粒径分析中直径 >0.05 mm 的颗粒含量；

　　　b——粒径分析中直径 <0.05 mm 颗粒含量。

团聚度表示土壤微团聚体的水稳性，团聚度增加，水稳性微团聚体数量增多。

8.5.5　注意事项

【1】本方法适用于非盐渍化土壤微团聚体组成的测定。

【2】在测定盐土和碱土微团聚体时，不能用蒸馏水浸泡土样和定容，而应该用从所测定土样的重提取浸提液，其制备方法为：称取直径 <2 mm 的风干土 40 g，加蒸馏水 1 L，摇动 10 min，静置 24 h，上部清液即为所需的浸提液。

【3】测定土壤微团聚体过筛时，不可用橡皮头玻璃棒搅拌或擦洗，以免破坏微团聚体。

第 9 章

土壤孔性

9.1 概述

　　土壤孔性是指能够反映土壤孔隙总容积的大小，孔隙的搭配及孔隙在各土层中的分布状况等的综合特性。土壤孔性的好坏，决定于土壤的质地、松紧度、有机质含量和结构等。可以说，土壤孔性是土壤结构性的反映，结构性好则孔性好，反之亦然。反映土壤孔性的基本参数是土壤密度、土粒密度、孔隙度，它们对土壤中的水、肥、气、热状况和农业生产有显著影响。

9.1.1 土壤密度

　　土壤密度又称土壤容重，指自然状态下（包括土粒之间的孔隙）单位容积土壤的烘干质量，单位以 $g \cdot cm^{-3}$ 或 $t \cdot m^{-3}$ 表示。土壤密度除与物质组成相关外，还受土壤内部性质，如质地、结构、松紧度和有机质含量等因素影响。另外，降雨、灌溉和耕作等活动也影响土壤密度。土壤密度可以反映土壤松紧程度，同等质地的土壤，疏松多孔的土壤密度比紧实的土壤小。多数土壤密度在 $1.0 \sim 1.8\ g \cdot cm^{-3}$。一般砂质土壤因其总孔隙度与有机质含量都较低，土壤密度较大（多在 $1.4 \sim 1.7\ g \cdot cm^{-3}$）；黏质土壤密度较小，约在 $1.1 \sim 1.6\ g \cdot cm^{-3}$；壤质土壤介于两者之间。团粒结构多的土壤密度相应降低，如苗圃土壤表层密度在 $1.0 \sim 1.3\ g \cdot cm^{-3}$，而具有核状结构的心土层密度为 $1.5 \sim 1.6\ g \cdot cm^{-3}$；结构差的潜育土层，土壤密度则高达 $1.7 \sim 1.9\ g \cdot cm^{-3}$。富含有机质的土壤结构较好，较为疏松，土壤密度小，约为 $0.8 \sim 1.2\ g \cdot cm^{-3}$。几乎单纯由有机质组成的土层，如森林土壤的枯枝落叶层或泥炭层，土壤密度可低至 $0.2 \sim 0.4\ g \cdot cm^{-3}$。除了新耕作的土壤，其他土壤密度的空间变异性相对较低。

　　土壤密度是土壤的重要的物理性质，在理论研究和生产实践中有多方面的实用意义：

　　① 计算土壤孔隙度　土壤孔隙度可根据土粒密度和土壤密度计算得出。

　　② 计算土壤质量。

　　③ 计算土壤中各组分的含量　如水分、盐分、养分等，对灌溉和施肥有一定的指导意义。

　　④ 反映土壤松紧度　在土壤质地相似和土壤有机质含量相近的条件下，土壤密度小表示土壤疏松，结构性良好；反之，则表明土壤紧实而缺乏团粒结构。

土壤密度还可为林业栽培提供参考，植物种类不不同，对土壤紧实度的要求也不同。如李子树对紧实土壤有较强的适应性，而梨树则相反。此外，土壤密度还能影响污染物在土壤中的迁移和转化，密度大的土壤透气性差，排水不畅，土壤中各种微生物活动受到抑制，养分转化慢，不利于有机污染物在土壤中的迁移和转化，因此，测定土壤密度对于探明土壤质地状况、抗侵蚀状况和了解污染物在土壤中的迁移和转化等具有重要意义。

9.1.2　土粒密度

土粒密度也称土壤比重，指单位容积固体土粒（不包括粒间孔隙）的质量，单位用 $g \cdot cm^{-3}$ 或 $t \cdot m^{-3}$ 表示。土粒密度反映了组成土壤的所有固体颗粒的平均密度，土粒密度的大小与土壤中矿物质的组成以及土壤有机质的含量有关。严格而言，土粒密度应称为土壤固相密度或土粒平均密度，其含义是：

$$\rho_s = \frac{M_s}{V_s} \tag{9-1}$$

式中　ρ_s——土粒密度，$g \cdot cm^{-3}$；

$\quad\quad M_s$——土壤固体部分质量，g；

$\quad\quad V_s$——土壤固体部分体积，cm^3。

一般来说，如果土壤中的矿物质以石英，长石和硅酸盐为主时，土粒密度为 $2.6 \sim 2.75\ g \cdot cm^{-3}$，但是，当土壤中含有较多的磁铁矿、锆石、电气石或角闪石等重矿物时，土粒密度有可能会超过 $2.75\ g \cdot cm^{-3}$。土壤有机质的密度远小于矿物质，约为 $1.3 \sim 1.5\ g \cdot cm^{-3}$。因此，土壤有机质含量高时，土粒密度相应减小。通常，表层土壤因为含有较多的有机质，其土粒密度小于亚表层及底土层。土粒密度是计算土壤孔隙状况的重要参数之一，而且在测定土壤粒径分布时也需测定土粒密度值。通常情况下，土粒密度以多数土壤的平均值 $2.65\ g \cdot cm^{-3}$ 作为通用值，这一数值很接近砂质土壤中含量较多的石英的密度，各种铝硅酸盐黏粒矿物的密度也与之相近，具体见表9-1。

表 9-1　土壤中主要矿物的密度

矿物种类	密度（$g \cdot cm^{-3}$）	矿物种类	密度（$g \cdot cm^{-3}$）
蒙脱石	2.00 ~ 2.20	方解石	2.71 ~ 2.72
埃洛石	2.00 ~ 2.20	白云母	2.76 ~ 3.00
正长石	2.54 ~ 2.58	白云石	2.80 ~ 2.90
高岭石	2.60 ~ 2.65	角闪石、辉石	3.00 ~ 3.40
石英	2.65 ~ 2.66	褐铁矿	3.50 ~ 4.00
斜长石	2.67 ~ 2.74	磁铁矿	5.16 ~ 5.18

如果某一个土壤含有 3 种矿物质，各自的质量百分数记为 X_1、X_2、X_3，相应的密度记为 D_{p1}、D_{p2} 和 D_{p3}，则该土壤的土粒密度的计算应为（Culley，1993）：

$$\frac{1}{D_p} = \frac{X_1}{D_{p1}} + \frac{X_2}{D_{p2}} + \frac{X_3}{D_{p3}} \tag{9-2}$$

9.1.3 土壤孔隙

土壤孔隙容积大小通常用土壤孔隙度表示，在自然状况下，单位容积的土壤中孔隙容积所占的百分数，称为土壤孔隙度。为了满足植物生长对水分和空气的需要，土壤应当既能保蓄充足的水分，又能适当通气。因此，不仅要求土壤中有一定容积的孔隙，而且大小空隙的搭配和分布状况应该适当，即要求土壤孔性良好。土壤孔隙度通常不能直接测定，而是通过土粒密度和土壤密度计算得出，具体公式如下：

$$土壤孔隙度（\%）=（1-土壤密度/土粒密度）\times100 \qquad (9\text{-}3)$$

一般土壤孔隙度约在 30% ~ 60% 之间。对多数林木生长而言，土壤孔隙度以 50%，或稍大于 50% 为宜。土壤孔隙度只说明土壤孔隙的数量，并不能说明土壤透水、保水和通气的性能。因此，须进一步了解土壤孔隙大小的分配状况。土壤孔隙的大小、形状不规则，无法按照真实孔径来研究。土壤学中所说的孔径是指与一定的土壤水吸力相当的孔径，称为当量孔径。

当量孔径与土壤水吸力的关系为：

$$d = 3/T \qquad (9\text{-}4)$$

式中　d——孔隙的当量孔径，mm；

　　　T——土壤水吸力，hPa。

从公式中可以看出，当量孔径与土壤水吸力呈反比，孔隙越小，土壤水吸力越大。每一当量孔径与一定的土壤水吸力相对应。

土壤孔隙根据其当量孔径大小和作用分为以下 3 种类型：

（1）非活性孔隙

也叫无效孔隙，是土壤中最细小的孔隙（直径 < 0.002 mm），由于孔隙太小，土粒表面吸附的水膜已将其充满，水分的保存依靠极强的分子引力，极难移动和被植物吸收利用，成为无效水。一般结构越差，质地越黏重的土壤，无效孔隙越多，在砂质土壤以及结构良好的土壤中这种孔隙较少。

（2）毛管孔隙

直径范围在 0.002 ~ 0.02 mm，这种孔隙具有明显的毛管作用，所以水分能借助毛管引力保存在孔隙中，并靠毛管引力向各个方向移动，易于被植物吸收利用，毛管孔隙中的水分是植物最有效的水分。一般土壤有机质含量丰富的壤质土壤中毛管孔隙最多。

（3）通气孔隙

孔径大于 0.02 mm，这类孔隙中的水分主要受重力作用而排出，因而使这部分孔隙成为空气的通道，故称之为空气孔隙或通气孔隙。一般砂质土壤中空气孔隙较多。

多数林木要求土壤表层通气孔隙度为 10%，或稍大于 10%，大小孔隙比为 1.2 ~ 4 为好，土壤通气孔隙度 < 10% 时，不能保证通气良好，< 6% 时，许多植物便不能正常生长。

土壤的孔性受多种因素的影响，具体表现为：

（1）质地

质地重的土壤孔隙小，以无效孔隙和毛管孔隙占优势，但孔隙数量多，总孔隙度大；质地轻的土壤，以通气孔隙为主，但数量少，土壤总孔隙度低；壤土的孔隙度居中，孔隙大小分配较为恰当。

（2）结构

团粒结构多，土壤疏松，孔隙状况好。

（3）土壤有机质含量

有机质含量高的土壤孔隙度高，疏松多孔。

（4）土粒排列

土粒排列对土壤孔隙有较大影响。设土粒为球体，将其排列为不同的方式，则其孔隙大小不同，孔隙度也不相同。

（5）自然因素和土壤管理措施

天然降水、灌溉和喷灌、地下水升降及重力作用下土壤的沉实，都会导致土壤孔隙度降低；而施用有机肥和耕作可调节土壤松紧度，增加土壤孔隙度，减小土壤密度。

了解土壤孔隙的数量、大小、形态和分布状况有助于更好地评价土壤的物理性质，对预测土壤水分入渗率，土壤水分有效性、土壤保水性及通气状况意义重大。土壤饱和导水率与土壤通气孔隙关系密切。

9.2　方法原理

9.2.1　土壤密度

土壤密度的测定有采样测定和原位测定两种方法。最通常的采样法是环刀法：用已知容积的环刀采集未扰动土，烘干称重计算土壤密度。此方法操作简单，结果准确。但是如果土壤（如林地土壤）中含有较多的石砾，因其密度与土壤密度有较大差异，测定结果应考虑降低石砾的影响，减小误差。原位测定法的优点是对土壤没有扰动，常见的原位测定法有 γ 射线法，其原理是通过测定 γ 射线在发射源和探测器间的散射或者传输来计算土壤的湿密度和土壤含水量，从而得出土壤干密度。但此法因其需要使用特殊器材和采取特殊防护措施，不易广泛使用。

9.2.2　土粒密度

测定土粒密度通常采用比重瓶法。此方法适用于各类土壤中土粒密度的测定。土粒密度可以通过土壤固体颗粒的质量和体积求得。借用排水称量法的原理，将已知质量的土壤样品放入水中（或其他液体），排尽空气，求出由土壤置换出来的液体的体积，然后再以烘干土的质量（105 ℃）除之，求得土壤固相的体积，即为该土壤样品的土粒密度。温度对水的密度有影响，故前后两次称量时水的温度必须一致。当测定含可溶性盐或活性胶体多的土壤时，要用惰性液体代替水。

9.2.3　土壤孔隙

土壤孔隙度的测定方法有：

（1）经验计算法

利用土粒密度和土壤密度计算：

$$土壤孔隙度(\%) = (1 - 容重/比重) \times 100 \tag{9-5}$$

式中　土壤比重——指单位体积的固体土粒(除去孔隙的土粒实体)的重量与同体积水的重量之比，其大小决定于土粒的矿物组成和腐殖质含量，土壤的比重一般取其平均值2.65。

（2）水银压入法

根据水银对固体表面的不可湿润性，在一定压力作用下将水银压入土壤孔隙中，孔径越小，所需的压力越大。压入水银的压力 $P(\mathrm{MPa})$ 与毛细管半径 $d(\mathrm{nm})$ 之间的关系为

$$d = 4\sigma\cos\theta/P \tag{9-6}$$

由相应的水银压入量求出孔隙体积。但是，水银压入法因为需要压力，一般要用到水银测孔仪，而且不适用于土质较软的土壤，因为有可能导致土样被压力压散，所以这种方法一般用于进行坚硬土块的孔径分析。另外，水银以及器材价格高，使用时成本较高，而且水银属于有毒化学品，使用不当会对人体或环境造成危害。

（3）图像处理法

利用土壤切片及数字图像处理技术对土壤结构进行小尺度或多指标分析，定量、定性的研究土壤的孔隙结构，从而获取相关参数。图像处理法具有直观性，分析较准确的优点。目前使用的三维图像技术有 CT(computed tomography) 或 CAT(computer-assisted tomography)，但设备费和使用费都较高，限制了其应用。

（4）液体石蜡法

由于液体石蜡不具有极性，当它与土壤接触时体积不变，也不产生吸附和浸湿作用，而且液体石蜡价格较低廉，几乎不会对人体或者环境产生危害，但是在用液体石蜡测定土壤孔隙度时，孔径大小不同，测定方法会有所差异。

（5）环刀法

此法可同时测定土壤容重、总孔隙度、毛管孔隙度、非毛管孔隙度等。

9.3　土壤密度测定(环刀法)

9.3.1　方法提要

用一定容积的环刀(一般为100 cm³)切割未扰动的自然状态的土壤，使土壤充满其中，称量后计算单位容积的烘干土(105 ℃)质量，即可求出土壤密度。

9.3.2　器材

环刀(容积为100 cm³)、天平(感量0.1 g和0.01 g)、烘箱、环刀柄、削土刀、小土铲、铝盒、钢丝锯、干燥器、小锤等。

9.3.3　操作步骤

（1）采样

将环刀压入土壤，挖出后两端削平，无损转移到铝盒内。

（2）烘干称重

将铝盒内土样烘干（烘箱温度调至 105 ℃恒温）至恒重（前后测定质量差值不超过 0.1 g）。

9.3.4　结果计算

$$D_b = \frac{m}{V} \tag{9-7}$$

式中　D_b——土壤密度，$g \cdot cm^{-3}$；

　　　m——烘干土的质量，g；

　　　V——环刀容积，一般为 100 cm^3。

允许平行绝对误差 < 0.05 $g \cdot cm^{-3}$，取算数平均值。

9.3.5　注意事项

【1】适用于各类土壤密度的测定。

【2】一般每个点重复取 3 个环刀样品。

【3】若土层坚实，可用小锤慢慢敲打，环刀压入时要平稳、用力一致。

【4】在用削土刀削平土面时，应注意防止切割过分或切割不足。

【5】如果同时做田间持水量项目，环刀内壁不涂凡士林。

【6】为减小环刀对土壤的扰动，环刀的直径应 > 7.5 cm，高度 ≤ 7.5 cm，一般的环刀直径应在 $5 \sim 7.5$ cm。

【7】环刀应垂直打入地面，至环刀手柄小孔处能看到土壤时停止；环刀取出时应小心，避免环刀下部土壤松散掉落，否则测定的结果偏低。

【8】脆性土或软土测定过程中容易扰动土壤，测定精确度较低，建议采用液体石蜡排开称重法测定。

9.4　土粒密度测定

9.4.1　方法提要

将已知质量的土样放入水中，排尽空气，量取由土壤置换出的液体的体积，以烘干土质量除以土壤固相体积，即得土粒密度。

9.4.2　器材

比重瓶（或者 100 mL 三角瓶）、蒸馏水、温度计、过 2 mm 筛的风干土、天平（感量

0.001 g)、烘箱、电热板。

9.4.3 操作步骤

（1）称样

称取通过 2 mm 筛孔的风干土样约 10 g(精确至 0.001 g)，倾入 50 mL 的比重瓶内。另称 10 g 土样测定吸湿水含量，由此可求出倾入比重瓶内的烘干土样重 m_s。

（2）润湿

向装有土样的比重瓶中加入蒸馏水至瓶内容积约一半处，然后徐徐摇动比重瓶，驱逐土壤中的空气，使土样充分湿润，与水均匀混合。

（3）加热

将比重瓶放于砂盘，在电热板上加热，保持沸腾 1 h。煮沸过程中经常要摇动比重瓶，驱逐土壤中的空气，使土样和水充分接触混合。

（4）称重

从砂盘上取下比重瓶，稍冷却，再把预先煮沸排除空气的蒸馏水加入比重瓶，至比重瓶水面略低于瓶颈为止。待比重瓶内悬液澄清且温度稳定后，加满已经煮沸排除空气并冷却的蒸馏水。然后塞好瓶塞，使多余的水自瓶塞毛细管中溢出，用滤纸擦干后称重（精确至 0.001 g），同时用温度计测定瓶内的水温 t_1（精确至 0.1 ℃），求得 m_{bws1}。

（5）校正

将比重瓶中的土液倾出，洗净比重瓶，注满冷却的无气水，测量瓶内水温 t_2。加水至瓶口，塞上毛细管塞，擦干瓶外壁，称取 t_2 时的瓶、水合重（m_{bw2}）。

9.4.4 结果计算

$$\rho_s = \frac{m_s}{m_s + m_{bw1} - m_{bws1}}\rho_{w1} \tag{9-8}$$

式中　ρ_s——土粒密度，$g \cdot cm^{-3}$；

　　　ρ_{w1}——t_1℃时蒸馏水密度，$g \cdot cm^{-3}$；

　　　m_s——烘干土样质量，g；

　　　m_{bw1}——t_1℃时比重瓶 + 水质量，g；

　　　m_{bws1}——t_1℃时比重瓶 + 水质量 + 土样质量，g。

当 $t_1 \neq t_2$，必须将 t_2 时的瓶、水合重（m_{bw2}）校正至 t_1℃时的瓶、水合重（m_{bw1}）。

由表查得 t_1 和 t_2 时水的密度，忽略温度变化所引起的比重瓶的胀缩，t_1 和 t_2 时水的密度差乘以比重瓶容积（V）即得由 t_2 换算到 t_1 时比重瓶中的校正水重。

9.4.5 注意事项

【1】已知质量的土样也可放入其他液体中。

【2】煮沸时温度不可过高，否则易造成土液溅出。

【3】若每个比重瓶事先都经过校正，在测定时可省去此步骤，直接由 t_1 在比重瓶的

校正曲线上求得 t_1 时比重瓶的瓶、水合重 m_{bw1}，否则要根据 m_{bw2} 计算 m_{bw1}。

【4】比重瓶的容积由下式求得

$$V = \frac{m_{bw2} - m_b}{\rho_{w2}} \qquad (9\text{-}9)$$

式中　　m_b——比重瓶质量，g；

　　　　ρ_{w2}——t_2 时水的密度，$g \cdot cm^{-3}$。

【5】含可溶性盐及活性胶体较多的土样，须用惰性液体(如煤油、石油)代替蒸馏水，用真空抽气法排除土样中的空气，抽气时间不得少于 0.5 h，并经常摇动比重瓶，直至无气泡逸出为止。停止抽气后仍需在干燥器中静置 15 min 以上。

【6】真空抽气也可代替煮沸法排除土壤中的空气，此法可以避免在煮沸过程中由于土液溅出而引起的误差，同时较煮沸法快。

【7】风干土样都含有不同量的水分，需测定土样的风干含水量；用惰性液体测定比重的土样，须用烘干土而不是风干土进行测定，且所用液体须经真空除气。

【8】如无比重瓶也可用 50 mL 容量瓶代替，这时应加水至标线。

9.5　土壤孔隙测定

9.5.1　方法提要

土壤非毛管孔隙度可通过测定土壤水分饱和时环刀与土壤的总质量，与将此环刀放于风干土环刀上平衡 8 h 之后的环刀与土壤的总质量之差。土壤毛管孔隙度可通过测定毛管持水量和土壤密度，两者相乘计算得出。毛管持水量为将环刀浸泡至恒重时土壤的质量与环刀内烘干土样的质量之差。同环刀法测定土壤密度相同。

9.5.2　器材

环刀(100 cm^3)、环刀托、削土刀、钢丝锯、天平(精确至 0.01 g)、烘箱、干燥器、胶带、水盘、滤纸、木锤。

9.5.3　操作步骤

(1)称重

环刀取样后两端立即加盖，以免水分蒸发。

(2)吸水

称重后的环刀盖上垫有粗滤纸的底盖，底盖上有很多小孔，将环刀放入水中，水分通过底盖小孔和滤纸沿土壤孔隙上升，浸泡 4~12 h。

(3)恒重

将环刀取出，用干布将环刀外部擦干，放到已知重量的器皿中，然后连同器皿一起称重(精确至 0.01 g)，然后再将环刀放回水中，使之继续吸水饱和，再次称重，如此操作，直至恒重，记为 g_1。

（4）平衡

将环刀的底盖（有孔的盖子）打开，连同滤纸一起放在装有干土的环刀上。经过 8 h 吸水后，称重，记为 g_2。

（5）烘干

将环刀放入 105 ± 2 ℃烘箱中烘干，称重，记为 g_3。

9.5.4 结果计算

① 土壤总孔隙度

$$土壤总孔隙度（\%）= \frac{g_1 - g_3}{\rho_w \times V} \times 100 \tag{9-10}$$

式中 ρ_w——水的密度，$g \cdot cm^{-3}$；

V——环刀体积，cm^3。

② 土壤毛管孔隙度

$$土壤毛管孔隙度（\%）= 土壤毛管持水量（\%）\times 土壤密度 \tag{9-11}$$

式中

$$土壤毛管持水量（\%）= \frac{g_2 - g_3}{g_3} \times 100 \tag{9-12}$$

③ 土壤非毛管孔隙度

$$土壤非毛管孔隙度（\%）= 土壤总孔隙度（\%）- 土壤毛管孔隙度（\%） \tag{9-13}$$

或

$$土壤非毛管孔隙度（\%）= \frac{g_1 - g_2}{\rho_w \times V} \times 100 \tag{9-14}$$

9.5.5 注意事项

【1】砂性土一般吸水 4~6 h，黏性土一般吸水 8~12 h。

【2】水面较环刀上缘低 1~2 mm。

【3】继续吸水饱和时，砂性土应继续吸水约 2 h，黏性土应继续吸水约 4 h。

【4】需至少平行测定 3 次，重复间允许误差 ±1%，取算术平均值。

【5】在将环刀放入水中吸水时，切勿使水浸淹环刀的顶端，以免封闭孔隙，影响结果。

【6】用风干土填装环刀时要装满并压实，否则影响水分传导。

【7】为使接触紧密，可用砖头压实，一对环刀压两块砖。

第三篇
土壤养分与化学性质

第 10 章

土壤有机质

10.1 概述

10.1.1 概念与来源

土壤有机质含量不仅是土壤肥力的重要指标，也是重要的碳库，全球土壤有机碳库约为 1 500 Pg，是大气碳库的 2 倍。土壤有机碳库较小幅度的波动。便可导致大气中 CO_2 浓度较大幅度的变动，进而影响全球气候变化。土壤有机质(soil organic matter，SOM)由一系列存在于土壤中、组成和结构不均一、主要成分为 C 和 N 的有机化合物组成。土壤有机质的成分中既有化学结构单一、存在时间只有几分钟的单糖或多糖，也有结构复杂、存在时间可达几百到几千年的腐殖质类物质(jumic substance)。既包括主要成分为纤维素、半纤维素的正在腐解的植物残体，也包括与土壤矿质颗粒和团聚体结合的植物残体降解产物、根系分泌物和菌丝体。广义上，土壤有机质泛指土壤中所有含碳有机物质，包括各种动植物的残体、微生物体及其分解和合成的各种有机物质。狭义上，土壤有机质特指土壤中的各种动植物残体在土壤生物的作用下形成的一类特殊的高分子化合物(腐殖质)。

土壤有机质包括土壤中的动植物残体、微生物及其生命活动的各种有机产物，其来源有：

(1)植物残体

包括各类植物的凋落物、死亡的植物体，这是自然状态下土壤有机质的主要来源。

(2)动物、微生物残体

包括土壤动物和非土壤动物的残体，及各种微生物的残体。这部分来源相对较少，但对原始土壤来说，微生物是土壤有机质的最早来源。

(3)动植物及微生物的排泄物和分泌物

土壤有机质的这部来源虽然量很少，但对土壤有机质的转化起着非常重要的作用。

(4)施入的有机肥料

这些有机物质进入土壤后，会经历不同程度和时间的分解转化，其存在状态也相应的有：新鲜的有机物，半分解的有机物和腐殖质。

10.1.2 土壤有机质组成与分布

土壤有机质的主要元素组成是 C、O、H、N，分别占 52% ~ 58% 、34% ~ 39% 、

3.3%~4.8% 、3.7%~4.1% ，其次是 P 和 S，C/N 比在 10 左右。根据分解程度、组成与特性，土壤有机质总体上可分为有机残体、非腐殖物质和腐殖类物质。有机残体包括未分解的动植物残体和活的有机体，在国内被称作土壤有机物。活的有机体一部分是土壤动物和作物根系，另一部分是土壤微生物体，占土壤有机质总量的2%~12%。非腐殖物质指与已知的有机化合物具有相同结构的单一物质，包括：碳水化合物、碳氢化合物（如石蜡）、脂肪族有机酸、醇类、酯类、醛类、树脂类、含氮化合物，这一类物质可占腐殖质总量的5% ~15%。土壤腐殖质类物质是动植物残体在特定条件下分解合成的一类高分子有机化合物，目前并没有全面掌握其化学结构，根据颜色和溶解性一般被分为：富啡酸、胡敏酸和胡敏素等。腐殖质类物质占腐殖质总量的85%~ 95%。

土壤有机质的含量在不同土壤中差异很大，含量高的可达 20% 或 30% 以上（如泥炭土，某些肥沃的森林土壤等），含量低的不足 1% 或 0.5%（如荒漠土和风沙土等）。一般把有机质含量 >20% 的土壤称为有机质土壤，<20% 的土壤称为矿质土壤。有机质的含碳量平均为 58% ，所以土壤有机质的含量大致是有机碳含量的 1.724 倍。土壤有机质含量与土壤的成土条件、土地利用方式及熟化程度有关。沼泽、林地、草地的土壤有机质含量通常高于农田和荒地；水田一般高于旱地；熟化程度高的高于熟化程度低的。中国土壤有机碳含量呈现由南到北，自西向东逐渐增加的趋势。

10.1.3 土壤有机质的作用

土壤有机质是土壤固相的重要组成部分，尽管土壤有机质的含量只占土壤总量的一小部分（一般为 1%~20%），但是它对土壤形成、土壤肥力、环境保护以及农林业可持续发展等方面具有极其重要的作用和意义。从肥力方面来看，土壤有机质具有以下作用：

① 为植物、土壤微生物和土壤动物提供养分的能力。

② 增强土壤保水保肥能力和缓冲性。

③ 改善土壤物理性质。

④ 促进微生物的生命活动。

⑤ 促进植物的生理活动。

⑥ 减少农药和重金属的污染，降低土壤中重金属离子的浓度，固定农药等有机污染物等。

土壤有机质是陆地生态系统最重要的碳库，将大气中的 CO_2 以有机质形式固定在土壤中，被认为是缓解全球变化较为理想的方式。全球土壤有机碳库（SOC pool）达 1.5×10^3~ 2×10^3 Pg，是大气碳库的 3 倍，约是陆地生物量的 2.5 倍。但由于土壤无机碳的更新周期在 1 000 年（有资料表明更新周期 8 500 多年）以上，因此，土壤有机碳库在全球变化研究中显得更为重要。土壤有机碳对 CO_2 的吸收与排放是决定陆地生态系统碳平衡的主要因子，是土壤碳与大气 CO_2 快速交换的主要形式。因此，如何实现土壤有机碳的稳定，以及如何增加其碳汇成为全球土壤学界的研究热点，也正成为土壤学研究应对全球变化的重要工作。

10.2　方法原理

10.2.1　测定方法

土壤有机质测定根据原理不同，主要分为两类：

第一类是燃烧法，主要包括干烧法和灼烧法。

第二类是化学氧化法，主要包括湿烧法、重铬酸钾容量法和比色法。燃烧法和化学氧化法，是根据有机碳释放的 CO_2 量或者是氧化有机碳消耗的氧化剂的量来确定有机质含量，是一种碳成分直接测定法。

随着对土壤的深入研究和高光谱技术的发展，在研究土壤光谱特征基础上，通过对土壤有机质光谱特征的分析，可实现对有机质含量的推导。其相对土壤有机碳直接测定法而言，是一种有机质间接测定法。因此，根据不同的测定原理可将现今有机质测定方法分为 CO_2 检测法、化学氧化法、灼烧法和土壤有机质光谱测定法。

（1）CO_2 检测法

根据有机质组成特点，在无 CO_2 环境下，将土壤中有机碳高温氧化成 CO_2，通过重量法、滴定法、分光光度法和气相色谱等技术测定 CO_2，并根据释放 CO_2 的量计算总有机碳含量。该方法能使有机碳全部分解，可以用作校核其他方法。但由于测定过程繁琐，结果受碳酸盐干扰，并需要特定的器材，因此不适合实验室使用。本方法实验过程中虽然可以通过碳自动分析仪氧化样品，产生的 CO_2，也可以通过色谱仪直接测定，相比重量法和容量法测定 CO_2 可以更加方便，减小测定工作量，然而碳自动分析仪价格较高，限制了其广泛使用。

（2）化学氧化法

借助氧化剂氧化有机碳，其类似于 CO_2 测定法中的湿烧法。与湿烧法所不同的是，化学氧化法在酸性环境下测定，可以消除碳酸盐对测定结果的影响，并且可以避免 CO_2 测定法中一系列繁琐步骤，包括实验过程需要在无 CO_2 气流中进行，释放出的 CO_2 需要收集等过程，而且不需要特定的器材，使用氧化剂氧化有机碳后，可以通过容量法和比色法来测定有机质含量。现今实验室用的较多的是化学氧化法中的重铬酸钾容量法，虽然试剂的挥发容易污染空气，并且还原性物质使测定结果往往偏高，但其使用方便，测定简单，目前被实验室广泛使用。

（3）灼烧法

将在 105 ℃ 下除去吸湿水的土样称重后，直接在 350~1 000 ℃ 条件下灼烧土壤样品 2 h 后再称重，依据灼烧后失去的重量计算有机质含量。灼烧法操作简便，可以对原样直接进行测定，不需要对样品进行任何处理，也不需要加入任何化学试剂，因此测定过程简便，适合大量样品的测定。然而在烧失过程中，样品所减少的重量，不仅包括有机质含量，还包括样品中的结合水，从而使测定结果偏高。但对于现今区域化研究中的大量采样测定需求，使用灼烧法测定有机质含量能大大减少测定时间，提高工作效率。

（4）土壤有机质光谱测定法

土壤自身特有的光谱特征能够反映有机质在特定波段下的反射率变化情况，从而估测有机质含量。土壤光谱反射特征是土壤的基本性质之一，与土壤的理化性质密切相关，不同的土壤有不同形态的反射特征曲线，这种特性为研究土壤自身的属性提供了一个新的途径和指标。该法虽然操作方便、快速，适合有机质快速估测，然而光谱测定过程中没有统一的测定标准，并且样品处理方式不同，其结果也会有差异，而且光谱仪价格较高，限制了其使用范围。虽然土壤水分、氧化铁、质地等对土壤光谱测定结果有影响，但是利用光谱法快速便捷的优点，对于比较同一区域有机质含量高低，可以做到快速得出结果，省时省力，效率高的特点。

10.2.2　重铬酸钾容量法测定原理

重铬酸钾容量法又称丘林法，Turin 于 1935 年建议使用其测定土壤有机质含量。在加热的条件下，用过量的 $K_2Cr_2O_7$-H_2SO_4 溶液氧化有机碳，剩余的 $K_2Cr_2O_7$ 用 $FeSO_4$ 标准溶液滴定，以消耗的 $K_2Cr_2O_7$ 量按照氧化校正系数计算出有机碳量，再乘以常数 1.724 即为土壤有机质含量。其反应式为

$$2K_2Cr_2O_7 + 3C + 8H_2SO_4 = 2K_2SO_4 + 2Cr_2(SO_4)_3 + 3CO_2\uparrow + 8H_2O$$
$$K_2Cr_2O_7 + 6FeSO_4 + 7H_2SO_4 = K_2SO_4 + Cr_2(SO_4)_3 + 3Fe(SO_4)_3 + 7H_2O$$

此方法不受土壤中无机碳的影响，而且操作简单快速，适用于大量样品的分析。利用重铬酸钾容量法进行测定时，利用浓硫酸和重铬酸钾(2∶1)溶液混合后产生的热(120 ℃左右)来氧化有机碳的方法称为稀释热法，这种方法操作简单，但是由于温度较低，只能氧化77%左右的有机质，而且受室温影响较大。用外部热源加热(170～180 ℃)的方法来促进有机质氧化的方法称为外加热法，此方法操作较为麻烦，但是有机碳氧化较完全，氧化率可达到90%，且不受室温变化的影响。近年来，国内外对重铬酸钾容量法的测定技术进行了多次改进，如用降低温度、延长时间的方法，在烘箱中对大批量样品进行外加热，或者利用多功能远红外消煮器来克服高温时间短、条件难以控制的缺点。

10.3　重铬酸钾容量法(外加热法)

10.3.1　方法提要

在加热条件下，用过量的重铬酸钾-硫酸溶液氧化土壤有机碳，多余的重铬酸钾用硫酸亚铁铵标准溶液滴定，以样品和空白消耗重铬酸钾的差值计算出有机碳量。该方法与干烧法对比可氧化90%的有机碳。

10.3.2　器材与试剂

(1)器材

油浴锅(高度约 20～26 cm，铜质或不锈钢质，内装工业用固体石蜡)、硬质试管(18～25 mm×200 mm)、铁丝笼(大小和形状与油浴锅配套，内有若干小格，每格内可插入一支试管)、滴定管(10 mL 和 25 mL)、温度计(300 ℃)、电炉(1000 W)、玻璃漏斗、三角瓶。

（2）试剂

① 重铬酸钾-硫酸溶液$[c(1/6K_2Cr_2O_7) = 0.4\ mol \cdot L^{-1}]$：称取 39.2245 g 重铬酸钾（分析纯）溶于 600~800 mL 水中，用滤纸过滤到 1 L 量筒内，用水洗涤滤纸，并加水至 1 L。将此溶液转移至 3 L 大烧杯中；另取 1 L 密度为 1.84 的浓硫酸，慢慢地倒入重铬酸钾水溶液中，不断搅动。为避免溶液急剧升温，每加约 100 mL 浓硫酸后可稍停片刻，并把大烧杯放在盛有冷水的大塑料盆内冷却，当溶液温度降到不烫手时再加另一份浓硫酸，直到全部加完为止。

② 重铬酸钾标准溶液$[c(1/6K_2Cr_2O_7) = 0.2\ mol \cdot L^{-1}]$：准确称取 130 ℃ 烘 2~3 h 的重铬酸钾（优级纯）9.807 g，先用少量水溶解，然后无损地移入 1 L 容量瓶中，加水定容。

③ 硫酸亚铁铵溶液$[c(Fe(NH_4)_2(SO_4)_2 \cdot 6H_2O) = 0.2\ mol \cdot L^{-1}]$：称取硫酸亚铁铵 78.4 g，溶解于 600~800 mL 水中，加浓硫酸 20 mL，搅拌均匀，加水定容至 1 L（必要时过滤），贮于棕色瓶中保存。此溶液易被空气氧化而致浓度下降，每次使用时应标定其准确浓度。

④ 邻菲罗啉指示剂：称取邻菲罗啉 1.49 g 溶于含有 1 g 硫酸亚铁铵$[Fe(NH_4)_2(SO_4)_2 \cdot 6H_2O]$的 100 mL 水溶液中。此指标剂易变质，应密封存于棕色瓶中。

10.3.3　操作步骤

（1）称样

称取过 0.25 mm 孔径筛的风干试样 1 g（称样量根据有机质含量范围而定，精确至 0.0001 g），放入硬质试管中。

（2）加入氧化剂

用移液管准确加入 10 mL 0.4 $mol \cdot L^{-1}$重铬酸钾-硫酸溶液，摇匀并在每个试管口插入一玻璃漏斗。

（3）加热

将试管逐个插入铁丝笼中，再将铁丝笼沉入已在电炉上加热至 185~190 ℃ 的油浴锅内，使管中的液面低于油面，要求放入后油浴温度下降至 170~180 ℃，待试管中的溶液沸腾时开始计时，此刻必须控制电炉温度防止溶液剧烈沸腾，其间可轻轻提起铁丝笼在油浴锅中晃动几次，以使液温均匀，并维持在 170~180 ℃，后将铁丝笼从油浴锅中提出，冷却片刻，擦去试管外的石蜡溶液。

（4）转移溶液

把试管内的消煮液及土壤残渣无损地转入 250 mL 三角瓶中，用水冲洗试管及小漏斗，洗液并入三角瓶中，使三角瓶内溶液的总体积控制在 50~60 mL。

（5）滴定

向三角瓶中加 3 滴邻菲罗啉指示剂，用硫酸亚铁铵标准溶液滴定剩余的 $K_2Cr_2O_7$，溶液变色由橙黄经蓝绿，再突变到棕红时即为滴定终点。

（6）空白试验

每批分析时，必须同时做 2 个空白试验，即称取大约 0.2 g 灼烧过的浮石粉或土壤代替土样，其他步骤与土样测定相同。

10.3.4　结果计算

$$有机质含量(g \cdot kg^{-1}) = \frac{c \cdot (V_0 - V) \times 0.003 \times 1.724 \times 1.10}{m} \times 1\,000 \quad (10\text{-}1)$$

式中　V_0——空白试验所消耗硫酸亚铁铵标准溶液体积，mL；

　　　　V——试样测定所消耗硫酸亚铁铵标准溶液体积，mL；

　　　　c——硫酸亚铁铵标准溶液的浓度，$mol \cdot L^{-1}$；

　　　　0.003——1/4 碳原子的毫摩尔质量，g；

　　　　1.724——由有机碳换算成有机质的系数；

　　　　1.10——氧化校正系数；

　　　　m——风干试样的质量，g；

　　　　1 000——换算成每千克含量。

平行测定结果用算术平均值表示，保留三位有效数字。

10.3.5　注意事项

【1】本方法适用于有机质含量低于 150 $g \cdot kg^{-1}$ 的土壤有机质的测定。

【2】实验中硫酸亚铁铵溶液也可用硫酸亚铁标准溶液滴定。

【3】消煮温度和时间对氧化率具有一定影响，气温较低时预热温度可适当调高；沸腾标准和时间应尽量保持一致。

【4】重铬酸钾容量法测定土壤有机质应采用风干样品。因为水稻土等一些长期渍水的土壤，由于存在较多的还原性物质，可消耗重铬酸钾，使结果偏高，风干有利于还原性物质的氧化。

【5】该方法测定土壤有机质时，一般土壤中的氯化物对有机质的测定结果影响不大，可不考虑采用 Ag_2SO_4 消除干扰。以氯化物为主的盐土等在测定有机质时，可同时测定氯离子含量后扣除。在土壤 Cl∶C 比为 5∶1 以下时，可采用如下方式校正：

土壤含碳量$(g \cdot kg^{-1}) \approx$ 未经校正土壤含碳量$(g \cdot kg^{-1})$ – [土壤 Cl 含量$(g \cdot kg^{-1})$/12]

【6】加热时，产生的二氧化碳气泡不是真正沸腾，只有在真正沸腾时才能开始计算时间。

【7】若样品有机质含量超过 150 $g \cdot kg^{-1}$，称量过少难以得到准确的分析结果。此时推荐采用固体稀释法将灼烧土与样品充分混匀，计算时扣除稀释倍数。

【8】用 Fe^{2+} 滴定 $Cr_2O_7^{2-}$，当 H_2SO_4 的浓度保持在 $c(H_2SO_4) = 2 \sim 3\ mol \cdot L^{-1}$ 时，滴定曲线的突跃范围为 0.85 ~ 1.22 V，指示剂变色敏锐，若增加 $K_2Cr_2O_7$-H_2SO_4 用量时，滴定前应加水稀释。

【9】如果滴定所用硫酸亚铁铵溶液的体积未及空白试验所耗硫酸亚铁铵溶液体积的 1/3，则有氧化不完全的可能，应减少土壤称样量重测。

【10】如果土壤施用了风化煤粉或含有煤屑的城市垃圾，采用容量法测定，可能会出

现有机质含量迅速升高的假象。这是由不属于土壤有机质的高度缩合 C 引起的,应特别注意。

【11】油浴用锅应根据材质不同定期强制更换,以防止石蜡渗漏引发火灾。

【12】硫酸亚铁铵溶液的标定:吸取 0.2 mol·L^{-1}重铬酸钾标准溶液 20 mL 于 150 mL 三角瓶中,加浓硫酸 3~5 mL 和邻菲罗啉指示剂 2~3 滴,用硫酸亚铁铵溶液滴定,根据硫酸亚铁铵溶液消耗量计算其准确浓度。

$$c = \frac{c_1 \cdot V_1}{V_2} \tag{10-2}$$

式中　c——硫酸亚铁铵标准溶液的浓度,mol·L^{-1};

　　　c_1——重铬酸钾标准溶液的浓度,mol·L^{-1};

　　　V_1——吸取的重铬酸钾标准溶液的体积,mL;

　　　V_2——滴定时消耗硫酸亚铁铵溶液的体积,mL。

【13】称样量应依据土壤有机质含量确定。一般地,土壤有机质含量 < 20 g·kg^{-1},20~70 g·kg^{-1},70~100 g·kg^{-1},100~150 g·kg^{-1}时,推荐对应的称样量为 0.4~0.5 g,0.2~0.3 g,0.1 g 和 0.05 g。

【14】称样前应根据土壤颜色和质地对土壤有机质含量范围进行预判,一般地颜色越深,质地越黏,有机质含量越高。

【15】油浴后的颜色应为黄色或黄中稍带绿色,如果以绿色为主,应减少称样量。

10.4　重铬酸钾容量法(稀释热法)

10.4.1　方法提要

稀释热法是利用浓硫酸和重铬酸钾迅速混合时产生的热来氧化有机质,以代替外加热法中的油浴加热,操作更加方便。由于产生的温度较低,该方法与干烧法对比可氧化 77% 的有机碳。

10.4.2　器材与试剂

(1)器材

三角瓶(500 ml)、滴定管。

(2)试剂

① 重铬酸钾标准溶液[$c((1/6K_2Cr_2O_7) = 1$ mol·L^{-1}]:溶液同 10.3.2。

② 重铬酸钾基准溶液[$c((1/6K_2Cr_2O_7) = 0.4$ mol·L^{-1}]:准确称取 $K_2Cr_2O_7$(分析纯,130 ℃烘干 3 h)19.613 2 g 于 250 烧杯中,用少量水溶解,将全部洗入 1 L 容量瓶中,加入浓 H_2SO_4 约 70 mL,冷却后定容至刻度,充分摇匀备用(其中浓硫酸浓度约为 2.5 mol·L^{-1}1/2 H_2SO_4)。

③ 硫酸亚铁溶液[$c(FeSO_4) = 0.5$ mol·L^{-1}]:称取 $FeSO_4·7H_2O$ 140 g 溶于水中,加入浓硫酸 15 mL,冷却稀释至 1 L,或称取 $Fe(NH_4)_2(SO_4)_2·6H_2O$ 196.4 g 溶解于含

有 200 mL 浓 H_2SO_4 的 800 mL 水中，稀释至 1 L。

④ 邻菲罗啉指示剂：同 10.3.2。

⑤ SiO_2。

10.4.3　操作步骤

（1）称样

称取土样 1 g 于 500 mL 三角瓶中。

（2）消化

准确加入 10 mL 1 mol·L^{-1}（1/6 $K_2Cr_2O_7$）溶液于土壤样品中，然后加入浓 H_2SO_4 20 mL，并在石棉板上放置约 30 min。

（3）稀释

加水稀释至 250 mL，冷却后加 3~4 滴邻菲罗啉指示剂。

（4）滴定

用 0.5 mol·L^{-1} $FeSO_4$ 标准溶液滴定至近终点。滴定过程中溶液颜色变化为橙红色、绿色、灰绿色和砖红色，由灰绿转为砖红色为突变点。

（5）空白试验

用同样的方法做 2~3 个空白测定（即不加土样）。记取 $FeSO_4$ 滴定毫升数（V_0），取其平均值。

10.4.4　结果计算

$$土壤有机碳(g·kg^{-1}) = [c(V_0 - V) \times 0.001 \times 3.0 \times 1.33/m] \times 1\,000 \qquad (10\text{-}3)$$
$$土壤有机质(g·kg^{-1}) = 土壤有机碳(g·kg^{-1}) \times 1.724 \qquad (10\text{-}4)$$

式中　1.33——氧化校正系数；

c——0.5 mol·L^{-1} $FeSO_4$ 标准溶液的浓度；

V_0——空白滴定用去 $FeSO_4$ 体积，mL；

V——样品滴定用去 $FeSO_4$ 体积，mL；

m——风干试样的质量；

3.0——1/4 碳原子的摩尔质量，g·mol^{-1}；

0.001——将毫升换算成升；

1 000——换算成每千克含量。

10.4.5　注意事项

【1】稀释热法适于室温 20 ℃以上的条件，温度过低时氧化率可能下降。

【2】若溶液加入重铬酸钾和浓硫酸后颜色呈绿色，表明称样过多，应减少称样量重做。

【3】要待样品冷却后再加指示剂。

【4】加浓 H_2SO_4 后，将三角瓶缓慢转动 1 min，以保证试剂与土壤充分作用，并在石棉板上放置约 30 min。

【5】$FeSO_4$ 溶液在空气中易被氧化，需临时配制或以标准 $K_2Cr_2O_7$ 溶液标定。

【6】该实验突变点为由灰绿突变为砖红，较难辨别，可通过调整光线或背景增强视觉分辩能力。

第 11 章

土壤氮

11.1 概述

11.1.1 土壤氮的功用

高等植物组织平均含氮素含量百分比为 2%~4%，氮是蛋白质(含氮 15%~19%)的基本成分。当植物缺氮时，植物的碳素同化能力降低，生长明显受到抑制，叶色呈灰绿、黄或者红色；同时叶子与树皮提前衰老，根系发育不良，林业生产上易出现的"小老树"。但是，若土壤氮素过高，常导致植物茎叶徒长，植物对干旱、低温和病虫害的抗性降低。

11.1.2 土壤氮的形态

土壤中的氮可分为有机态和无机态两种形态，二者之和称为土壤全氮(不包括土壤空气中的氮)。土壤中的氮绝大部分以有机态形式存在，大约占全氮量的 92%~98%，大部分是贮藏在土壤有机质中的含氮有机化合物(如蛋白质、氨基酸、腐殖质、生物碱等)。但有机态氮不能被植物直接吸收利用，必须通过土壤微生物的矿化作用才能转化为可以被植物吸收、利用的无机氮形态。有机态氮经过矿化作用最终形成了可以被植物直接吸收、利用的铵态氮(NH_4^+-N)和硝态氮(NO_3^--N)，二者均为水溶性。铵态氮主要为交换态，易被胶体吸附而不易流失，有时被固定在黏土矿物的晶格中而成为"固定态铵"，从而对植物无效；硝态氮是植物的速效养分和土壤溶液的主要成分，易随水流失。有机态氮的矿化作用随季节而变化，由于土壤质地不同，一年中一般有 1%~3% 的氮矿化为无机态氮供植物吸收利用。

无机态氮一般占全氮量的 1%~5%，容易淋失，也容易被植物和微生物吸收利用，在土壤中含量低。土壤中的无机态氮主要是铵态氮、硝态氮和少量亚硝态氮。硝态氮和铵态氮含量不稳定，因此用某一次的测定结果通常不能说明问题。

还有一部分氮(主要是铵离子)固定在矿物晶格内称为"固定态氮"。这种固定态氮一般不能为水或盐溶液提取，也较难被植物吸收利用。但是在某些土壤中(主要是含蛭石多的土壤)，固定态氮可占一定比例(占全氮的 3%~8%)，底土所占比例更高(占全氮的 9%~44%)。这些氮需要用氢氟酸-盐酸溶液破坏矿物晶格，才能使其释放。

11.1.3 土壤氮的含量

由于成土条件不同，不同类型以及同一类型中不同土壤之间全氮量的差异很大。一般说来，矿质土壤全氮量在 $0.2 \sim 5 \ g \cdot kg^{-1}$，有机土壤全氮量则可达 $10 \ g \cdot kg^{-1}$ 或更高。土壤氮素形态各异、种类繁多，各种形态氮的含量受微生物和环境因子作用而改变。从自然植被下主要土类表层有机质和氮素含量来看，以东北地区的黑土为最高（N，$2.56 \sim 6.95 \ g \cdot kg^{-1}$）。由黑土向西，经黑钙土、栗钙土、灰钙土，有机质和氮素的含量依次降低。灰钙土的氮素含量只有 $0.4 \sim 1.05 \ g \cdot kg^{-1}$。我国由北向南，各土类之间表土（$0 \sim 20 \ cm$）中氮素含量大致有下列的变化趋势：由暗棕壤（N，$1.68 \sim 3.64 \ g \cdot kg^{-1}$）经棕壤、褐土到黄棕壤（N，$0.6 \sim 1.48 \ g \cdot kg^{-1}$），含量明显降低，再向南到红壤、砖红壤（N，$0.9 \sim 3.05 \ g \cdot kg^{-1}$），含量又有升高。耕种土壤氮素含量一般比未耕种的土壤低得多，但变化趋势与自然土壤的情况大体一致。东北黑土地区耕种土壤的氮素含量最高（N，$1.5 \sim 3.48 \ g \cdot kg^{-1}$），其次是华南、西南和青藏地区，而以黄、淮、海地区和黄土高原地区为最低（N，$0.3 \sim 0.99 \ g \cdot kg^{-1}$）。总体上，我国耕种土壤的有机质的氮素含量不高，全氮量（N）一般为 $1 \sim 2.09 \ g \cdot kg^{-1}$。具体参见国家地球系统数据共享服务平台——土壤科学数据中心（http://soil.geodata.cn）。

氮的含量主要取决于气候条件、土壤质地和耕作管理，它与土壤中有机质含量的变化是一致的。气候因素是影响土壤氮含量的重要因素，温度和水分均能影响植物的生长和微生物的活动。随着温度的升高，土壤氮含量显著降低，温度主要影响微生物的活动，从而影响有机物质的分解。土壤质地是影响土壤全氮量的另一个重要因素，土壤中空气和水分的关系，以及土壤肥力均与土壤质地有关。另外，黏土矿物能与有机物结合，降低有机物质的分解速率，因此，黏土的氮含量高砂土数倍。

11.2　方法原理

11.2.1　土壤全氮

土壤全氮量的测定方法可分为干烧法和湿烧法两类。

干烧法是杜马斯（Dumas）于 1831 年创立的，又称为杜氏法。其基本过程是把样品放在燃烧管中，在 $600 \ ℃$ 以上的高温条件下与氧化铜一起燃烧，燃烧过程中产生的氧化氮气体通过灼热的铜还原为氮气（N_2），CO 通过氧化铜转化为 CO_2，使 N_2 和 CO_2 的混合气体通过浓的氢氧化钾溶液，以除去 CO_2，然后在氮素计中测定 N_2 体积。杜氏法费时且操作复杂，需要专门的器材，但测定的氮较为完全。目前已经将古老的杜氏测定器改造成自动化的定氮仪。使整个氮（或氮、碳）的分析工作向快速、简便和自动化方向发展。

湿烧法就是常用的开氏法，由丹麦人开道尔 1883 年在研究蛋白质变化时提出，后被用来测定各种形态的有机氮。开氏法所需设备简单易得，测定结果可靠，该法被广泛采用。开氏法原理是用浓硫酸消煮土样，借助加速剂氧化有机质，使有机氮转化为氨进入溶液，最后用标准酸滴定蒸馏出来的氨。土壤全氮的测定方法中湿烧法主要包括重铬酸钾-硫酸消化法、高氯酸-硫酸消化法、硒粉-硫酸铜-硫酸消化法、扩散吸收法等。

本文介绍采用半自动凯氏定氮仪测定土壤全氮的半微量开氏法(凯氏定氮法)。样品在加速剂的参与下,用浓硫酸消煮时,各种含氮有机化合物,经过复杂的高温分解反应,转化为氨与硫酸结合成硫酸铵。碱化后蒸馏出来的氨用硼酸吸收,以标准酸溶液滴定,求出土壤全氮量(不包括全部硝态氮)。

硝态和亚硝态氮的全氮测定,在样品消煮前,需先用强氧化剂(常用浓硫酸)将样品中的亚硝态氮氧化为硝态氮后,再用还原剂使全部硝态氮还原,转化成铵态氮。

强氧化剂能氧化有机化合物中的碳,生成 CO_2,从而分解有机质。

$$强氧化剂 + C \rightarrow CO_2 \uparrow + 其他产物$$

样品中的含氮有机化合物,水解成为氨基酸,氨基酸经脱氨作用,还原成氨,氨与酸结合成为铵盐留在溶液中。

11.2.2　土壤有效氮

土壤有效氮有以下 3 种化学测定方法。

(1)酸水解法

长期以来国内多用丘林的酸水解法测定土壤水解性氮。该法对于有机质含量较高的土壤,测定的结果与作物反应有良好的相关性,但对有机质缺乏的土壤,测定结果不十分理想,对于石灰性土壤更不适合,而且测定步骤冗长。

(2)碱解蒸馏法

具有较多的优点,适用于各种土壤,锌-硫酸亚铁还原剂能将硝态氮全部还原成铵态氮,并且水解、还原、蒸馏同时进行,加快了分析速度,提高了分析质量,结果有较好的重现性,且同作物氮素的相关性较好。

(3)碱解扩散法

碱解、还原、扩散、吸收各反应同时进行,操作简便,分析速度快,结果的重现性较好,而且与作物需氮的情况有一定的相关性。在扩散皿中,土壤于碱性条件和硫酸亚铁存在下进行水解还原,使易水解态氮和硝态氮转化为氨,并扩散且为硼酸溶液所吸收。硼酸溶液吸收液中的氨,用标准酸滴定,由此计算碱解氮的含量。

有学者比较了德国 Gerhaedf 公司产 VAP-45 全自动凯氏定氮蒸馏系统与扩散吸收法的测定结果,认为经改进的碱解蒸馏法简便、快速、准确,稳定性好,实用性强,可作为土壤碱解氮的测定方法。因此,本节着重介绍碱解蒸馏法。

现在测定土壤氮素矿化量的常用方法是室内培养法和田间原位氮素平衡模型法。室内培养法是通过模拟田间的实际情况,对土壤进行短期或长期的培养后来测定土壤的矿化量;田间氮素平衡模型法是计算土壤表观矿化氮量的方法,一般用来检验其他测定方法的检验准确性。目前,因为培养法理论依据较合理,因而更受到人们的青睐。

土壤矿化氮实验室常用方法为厌气培养法:用浸水保温法(water-logged incubation)处理土壤,利用厌氧微生物在一定温度下矿化土壤有机氮成为铵态氮(NH_4^+-N),再用 2 mol·L^{-1} 氯化钾溶液浸提,浸出液中的铵态氮(NH_4^+-N),用蒸馏法测定,从中减去土壤初始矿质氮(即原存在于土壤中的铵态氮(NH_4^+-N)和硝态氮(NO_3^--N))得土壤矿化氮含量。

11.3　土壤全氮的测定

11.3.1　方法提要

样品在加速剂的参与下,用浓硫酸消煮时,各种含氮有机化合物,经过复杂的高温分解反应转化为氨,然后与硫酸结合成硫酸铵,碱化后蒸馏出来的氨用硼酸吸收,以标准酸溶液滴定,求出土壤全氮量。

11.3.2　器材与试剂

(1)器材

分析天平(感量 0.000 1 g)、通风橱、控温消煮炉、消化管、弯颈小漏斗、凯氏定氮仪等。

(2)试剂

① 硫酸[$\rho(H_2SO_4) = 1.84$ g·mL^{-1},化学纯]。

② 高锰酸钾溶液(25 g 高锰酸钾溶于 500 mL 去离子水,贮于棕色瓶中)。

③ 1:1 硫酸溶液(硫酸与等体积水混合)。

④ 还原铁粉[磨细通过 0.149 mm 孔径筛(100 号)]。

⑤ 辛醇。

11.3.3　操作步骤

(1)称样

称取风干土样(通过孔径 0.149 mm 筛)1 g(准确至 0.000 1 g,含氮约 1 mg),将土样送入干燥的开氏瓶(或消煮管)底部。

(2)加液

对于不包括硝态氮和亚硝态氧的样品加少量无离子水(0.5 mL,加少量)湿润土样后,加入加速剂 2 g 和浓硫酸 5 mL,摇匀。

对于包括硝态氮和亚硝态氮的样品加高锰酸钾溶液 1 mL,摇动开氏瓶,缓缓加入1:1硫酸 2 mL,不断转动开氏瓶,然后放置 5 min,再加入 1 滴辛醇。通过长颈漏斗将0.5 g(还原铁粉送至开氏瓶底部,瓶口盖上小漏斗,转动开氏瓶,使铁粉与酸接触,剧烈反应约 5 min。

(3)消煮

对于不包括硝态氮和亚硝态氧的样品将开氏瓶倾斜置于 300 W 变温电炉上,用小火加热,待瓶内反应缓和时,加强火力使消煮的土液保持微沸,加热的部位不超过瓶中的液面,以防瓶壁温度过高而使铵盐受热分解,导致氮素损失。消煮的温度以硫酸蒸汽在瓶颈上部 1/3 处冷凝回流为宜。待消煮液和土粒全部变为灰白稍带绿色后,再继续消煮1 h。消煮完毕,冷却,待蒸馏。在消煮土样的同时,做两份空白测定,除不加土样外,其他操作皆与测定土样相同。

对于包括硝态氮和亚硝态氮的样品将开氏瓶置于电炉上缓缓加热 45 min（瓶内土液应保持微沸，以不引起大量水分蒸发为宜）。停火，待开氏瓶冷却后，通过长颈漏斗加加速剂 2 g 和浓硫酸 5 mL，摇匀。按上述①的步骤，消煮至土液全部变为黄绿色，再继续消煮 1 h。消煮完毕，冷却，待蒸馏。在消煮土样的同时，做两份空白测定。

（4）凯氏定氮仪定氮

吸入大试管 30 mL 蒸馏水，用定氮仪测定，得出全氮含量。（消煮后，需静置、冷却后，冲洗小漏斗内外壁以及消化管内管壁（冲洗体积不得大于 30 mL），使土样损失最小）。

11.3.4　结果计算

$$土壤全氮量(g \cdot kg^{-1}) = \frac{(V - V_0)c \times 14}{m} \tag{11-1}$$

式中　V——滴定试液时所用酸标准溶液的体积，mL；

　　　V_0——滴定空白时所用酸标准溶液的体积，mL；

　　　c——$(1/2\ H_2SO_4)$ 或 HCl 标准溶液浓度，$mol \cdot L^{-1}$；

　　　14——氮原子的摩尔质量，$g \cdot mol^{-1}$；

　　　m——烘干土样的质量，g。

两次平行测定结果允许绝对相差：

土壤全氮量 $>1\ g \cdot kg^{-1}$ 时，绝对相差不得超过 0.005%；含氮 $1\ g \cdot kg^{-1}$ 时绝对相差不得超过 0.004%；含氮 $<0.6\ g \cdot kg^{-1}$ 时，绝对相差不得超过 0.003%。

11.3.5　注意事项

【1】一般应使样品中含氮量 1.0 使样品中含氮量如果土壤含氮量在 2 $g \cdot kg^{-1}$ 以下，应称土样 1 g；含氮量在 2.0 量在土样在氮量绝者，应称土样 0.5 称土样样在；含氮量在 4 $g \cdot kg^{-1}$ 以上，应称土样 0.5 g。

【2】开氏法测定全氮的样品必须磨细通过孔径 0.149 mm 筛，以使有机质能充分被氧化分解。对于黏质土壤样品，在消煮前必须先加水湿润使土粒和有机质分散，以提高氮的测定效果。但对于砂质土壤样品，用水润湿与否并没有显著差别。

【3】将土样要送入干燥的开氏瓶（或消煮管）底部，避免损耗，若不慎瓶壁上沾有土壤，则在后续加液时需将瓶壁的土样冲洗至瓶底。

【4】甲基红—溴甲酚绿、硼酸指示剂宜现用现配。甲基红—溴甲酚绿指示剂最好在使用时与硼酸溶液混合，如混合过久则可能有终点不灵敏的现象发生。

【5】在消煮过程中需经常转动开氏瓶，使喷溅在瓶壁上的土粒及早回流到酸溶液中，特别是黏重土壤喷溅现象严重，更应注意。

【6】当土壤中有机质分解完毕，碳被氧化后，消煮液则呈现清澈的蓝绿色即"清亮"，因此，硫酸铜不仅起催化作用，也起指示作用。同时应该注意开氏法刚刚清亮并不表示所有的氮均已转化为铵，有机杂环态氮还未完全转化为铵态氮，因此，消煮液清亮后仍

需消煮一段时间，这个过程叫"后煮"。

【7】在半微量蒸馏中，冷凝管口不必插入硼酸溶液中，这样可防止倒吸，但在常量蒸馏中，由于含氮量较高，冷凝管须插入硼酸溶液，以免损失。

【8】硼酸的浓度和用量以能满足吸收 NH_3 为宜，大致可按每毫升 10 g · L^{-1} H_3BO_3 能吸收氮量为 0.46 mg 计算，例如，20 g · L^{-1} H_3BO_3 可按溶液 5 mL 最多可吸收的氮量为 $5 \times 2 \times 0.46 = 4.6$ mg。因此，可根据消煮液中含氮量估计硼酸的用量，适当多加。

【9】消煮液中铵盐加碱蒸馏，使氨逸出并被硼酸吸收，然后用标准酸液滴定。

11.4　土壤碱解氮测定

11.4.1　方法提要

锌-硫酸亚铁还原剂将硝态氮全部还原成铵态氮，并且水解、还原、蒸馏，盐酸滴定。

11.4.2　器材与试剂

（1）器材
定氮蒸馏仪、量筒、锥形瓶、分析天平（感量 0.001 g）、半微量滴定管等。

（2）试剂
① 氢氧化钠溶液[$c(NaOH) = 4$ mol · L^{-1}]：称取 160 g 化学纯 NaOH，溶于水中，定容至 1 L。

② 硼酸溶液（2%）：称取 20 g 硼酸溶液于 60 ℃的蒸馏水中，冷却后稀释至 1 L。

③ 定氮混合指示剂　分别取 0.1 g 甲基红和 0.5 g 溴甲酚绿，溶于 100 mL 95% 的酒精中，研磨后调节 pH 值至 4.5。

④ 盐酸溶液[$c(HCl) = 0.01$ mol · L^{-1}]：吸取 8.3 mL 浓 HCl 于盛有 80 mL 蒸馏水的烧杯中，冷却后定容至 100 mL，然后吸取 10 mL 该溶液（1 mol · L^{-1}）定容至 1 L，然后用 0.1 mol · L^{-1} 硼酸标准溶液标定。

⑤ 锌铁粉：称取 10 g 锌粉和 50 g $FeSO_4$ · $7H_2O$ 共同磨细，通过 0.25 mm 筛孔，贮于棕色瓶中备用（易氧化，只能保存 7 d）。

⑥ 液体石蜡油。

11.4.3　操作步骤

（1）取样
称取 1~5 g 过 2 mm 筛孔的风干土样（有机质含量高的样品称 0.5~1 g，精确至 0.001 g）。

（2）加液
加还原剂锌铁粉 1.2 g，置于小烧杯中，拌匀后倒入定氮蒸馏室，并用少量蒸馏水冲洗壁上面的样品，加 4 mol · L^{-1} NaOH 溶液 12 mL，液体石蜡油 1 mL（防止发泡），使蒸馏室内总体积达 50 mL 左右，此时剩余碱的浓度约为 1 mol·L^{-1}。

（3）制硼酸溶液

吸取 10 mL 2% 的硼酸溶液放入 150 mL 三角瓶中。置于冷凝管的承接管下，将管口浸入硼酸溶液中，以防氨损失。

（4）蒸馏

通气蒸馏，待三角瓶中溶液颜色由红变蓝时计时，继续蒸馏 10 min，并调节蒸汽大小，使三角瓶中溶液体积在 50 mL 左右，用少量蒸馏水冲洗浸入硼酸溶液中的承接管下端。

（5）滴定

取出后用 0.01 mol·L^{-1} 的盐酸滴定，颜色由蓝变至微红色即为终点。

（6）空白试验

除不加土样外，其他均与样品操作方法相同。

11.4.4　结果计算

$$水解性氮含量(\mathrm{mg \cdot kg^{-1}}) = \frac{(V - V_0)c \times 14}{m \cdot K} \times 1\,000 \tag{11-2}$$

式中　V——滴定样品消耗盐酸的体积，mL；

　　　V_0——滴定空白消耗盐酸的体积，mL；

　　　c——盐酸的摩尔浓度，mol·L^{-1}；

　　　m——风干土样质量，g；

　　　K——吸湿水系数，即将风干土换算成烘干土样的水分换算系数；

　　　14——氮原子的毫摩尔质量。

两次平行测定结果允许绝对相差为 5 mg·kg^{-1}。

11.4.5　注意事项

【1】样品必须过 0.25 mm 孔径的筛子，若样品太粗，易把蒸馏瓶中的管子堵塞。

【2】控制蒸汽流量，如果蒸汽太大，容易使碱液冲向定氮球，同时会使蒸馏液体积太大，结果偏高；如果蒸汽太小，会使水解不完全，蒸馏出的体积太小，致使结果偏低。所以必须调节蒸汽量，使其在 8 min 内蒸馏体积达 40 mL（其中有 10 mL 硼酸），不必检查蒸馏是否完全。

【3】加液体石蜡油是为了防止发泡，但开始蒸馏时速度要慢，否则泡沫也会冲进定氮球。

11.5　土壤矿化氮（生物培养法）

11.5.1　方法提要

用浸水保温法处理土壤，利用厌氧微生物在一定温度下矿化土壤有机氮成为铵态氮

（NH_4^+-N），再用 2 mol·L^{-1} KCl 溶液浸提，浸出液中的铵态氮（NH_4^+-N），用蒸馏法测定，从中减去上壤初始矿质氮（即原存在于土壤中的铵态氮（NH_4^+-N）和硝态氮（NO_3^--N）得土壤矿化氮含量。

11.5.2　器材与试剂

（1）器材

恒温生物培养箱、其余器材同铵、氨态氮的测定。

（2）试剂

① （1/2 H_2SO_4）标准溶液[c(1/2 H_2SO_4) = 0.02 mol·L^{-1}]：先配置 0.10 mol·L^{-1}（1/2 H_2SO_4）溶液，然后标定，在准确稀释而成。

② 氯化钾溶液[c(KCl) = 2.5 mol·L^{-1}]：称取 KCl（化学纯）186.4 g，溶于水定容 1 L。

③ $FeSO_4$-Zn 粉还原剂　将 $FeSO_4$·$7H_2O$（化学纯）50 g 和 Zn 粉 10 g 共同磨细（或分别磨细，分别保存，可数年不变，用时按比例混合）通过 60 号筛，存于棕色瓶备用。

11.5.3　操作步骤

11.5.3.1　土壤矿化氮和初始氮之和的测定

（1）称样

称取 20 目风干土样 20 g 置于 150 mL 三角瓶中。

（2）加液震荡

加蒸馏水 20 mL，摇匀。要求土样全部被水覆盖。加盖橡皮塞，置于 40 ℃ ±2 ℃ 恒温生物培养箱中培养 7d 取出，加 80 mL 2.5 mol·L^{-1} KCl 溶液，再用橡皮塞塞紧，在振荡机上振荡 30 min。

（3）过滤

取下立即过滤至 150 mL 三角瓶中。

（4）蒸馏

吸取滤液 10～20 mL 注入半微量定氮蒸馏器中，用少量水冲洗，先将盛有 20 g·L^{-1} 硼酸—指示剂溶液 10 mL 的三角瓶放在冷凝管下，然后再加 120 g·L^{-1} MgO 悬浊液 10 mL 于蒸馏器中，用少量水冲洗，随后封闭。再通蒸汽，待馏出液约达 40 mL 时（约 10 min），停止蒸馏。

（5）滴定

取下三角瓶用 0.02 mol·L^{-1}（1/2 H_2SO_4）标准液滴定。同时做空白试验。

11.5.3.2　土壤初始氮的测定

称样

称取过 20 目筛的风干土样 20 g 置于 250 mL 三角瓶中。

（2）加液震荡

加 2 mol · L⁻¹ KCl 溶液 100 mL，加塞振荡 30 min。

（3）过滤

过滤至 150 mL 三角瓶中。

（4）蒸馏

取滤液 30 ~ 40 mL 于半微量定氮蒸馏器中，并加入 $FeSO_4$-Zn 粉还原剂1.2 g，再加 400 g · L⁻¹NaOH 溶液 5 mL，立即封闭进样口。预先将盛有 20 g · L⁻¹ 硼酸指示剂溶液 10 mL 的三角瓶放在冷凝管下，再通蒸汽，待馏出液约达 40 mL 时（约10 min），停止蒸馏。

（5）滴定

取下三角瓶用 0.02 mol · L⁻¹（1/2 H_2SO_4）标准液滴定，同时做空白试验。

11.5.4 结果计算

$$土壤矿化氮与初始氮之和(mg \cdot kg^{-1}) = \frac{\varepsilon(V - V_0) \times 14 \times t_s}{m} \times 1\,000 \qquad (11\text{-}3)$$

$$土壤初始氮(mg \cdot kg^{-1}) = \frac{\varepsilon(V - V_0) \times 14 \times t_s}{m} \times 1\,000 \qquad (11\text{-}4)$$

式中　c——（1/2 H_2SO_4）标准溶液的浓度，0.02 mol · L⁻¹；

　　　V——样品滴定时用去（1/2 H_2SO_4）标准液体积，mL；

　　　V_0——空白试验滴定时用去（1/2 H_2SO_4）标准液体积，mL；

　　　t_s——分取倍数；

　　　14——氮原子的摩尔质量，g · mol⁻¹；

　　　m——样品质量，g；

　　　1 000——换算系数，g。

11.5.5 注意事项

【1】$FeSO_4$-Zn 粉还原剂，易氧化，只能保存 7 d。

【2】实验过程中应时刻注意保持密闭状态，防止进入氧气。

第 12 章

土壤磷

12.1 概述

12.1.1 土壤磷的作用及植物缺磷的症状

磷是植物体内合成糖、蛋白质、淀粉与脂肪不可缺少的重要元素，也是形成叶绿素所必需的重要元素。磷会刺激细胞分裂，关系到植物早期的生长。磷对于作物生长与分化有促进作用，特别是对根的生长、开花与结果的促进效果更为显著。磷充足时，可加速植物生长，使糖类合成多，有利于花苞的分化与形成，因此充足的磷元素供应对于采收果实的作物特别重要。

磷的缺乏在雨量多的地区最为普遍，特别是酸性、黏性或贫乏的白垩土壤，气候寒冷也会造成磷暂时缺乏。植物缺磷时，根系功能转弱，细胞分裂受到影响，植株生长受阻、叶片较小、叶色暗绿无光泽、部分作物老叶呈紫色，花芽分化与果实生长受阻，果实偏小且酸。

12.1.2 土壤磷的含量

地壳中磷的含量平均为 $2.8\ g \cdot kg^{-1}$（以 P_2O_5 计）。我国大多数土壤的含磷量在 $0.4 \sim 2.5\ g \cdot kg^{-1}$ 之间，不同类型土壤变幅很大。总体来看，我国自北而南或自西向东土壤含磷量呈递减趋势。以华南的砖红壤最低，东北的黑土、黑钙土和内蒙古的栗钙土最高。自然土壤含磷量高低取决于母质类型、有机质含量、地形部位、土壤酸碱性和剖面层次等多种因素。

12.1.3 土壤磷的形态

土壤中磷可分为两大类，即无机磷和有机磷。一般耕作土壤中，有机磷含量约占全磷的 25%~56%。在东北地区可达到 70% 以上，而在侵蚀严重的红壤中可能低于 10%。土壤有机磷的形态主要包括植素类、核酸类和磷脂类等。土壤中含磷无机物比较复杂，种类繁多，主要以正磷酸盐（2/3~3/4 以上）形式存在。

按溶解性可分为难溶性磷酸盐和易溶性磷酸盐。难溶性磷酸盐主要包括石灰性土壤中的磷酸钙盐（以 Ca-P 表示），酸性土壤中的磷酸铝（以 Al-P 表示）和磷酸铁（以 Fe-P 表示)等，同时还有部分闭蓄态磷(以 O-P 表示)。一般地，在风化程度较高的南方砖红壤、红壤中，以 O-P 的比例最大，最高可达 90% 以上，其次是 Fe-P，Al-P 和 Ca-P。在风化程度较低的北方石灰性土壤中，Ca-P 常 >60%，其次是 O-P，Fe-P 和 Al-P 含量极少。中性土壤中磷酸钙、磷酸铝和磷酸铁的比例大致为 1∶1∶1。易溶性磷酸盐类包括水溶性和弱酸溶性磷酸盐两种，前者主要为一价磷酸盐类，后者多存在于中性到弱酸性的土壤环境中。

12.1.4　土壤有效磷

土壤中能够为植物吸收利用的磷称为有效磷。土壤中的有效磷主要包括：

① 土壤溶液中的磷酸根离子。

② 包含在有机物中并较易分解的磷。

③ 磷酸盐固相矿物中能受土壤性质影响而溶解的磷酸根离子。

④ 交换吸附态磷酸根离子。

就有效磷数量而言，主要为②和③两种形态。土壤有效磷的概念不仅包含数量概念，还包括供应强度的意义，如释放的快慢(时间因素)、难易(能量因素)、溶液中磷的浓度(强度因素)和输送的速度(物理因素)等。

12.2　方法原理

土壤全磷量的测定方法有碳酸钠熔融法、$HClO_4$-H_2SO_4 消煮法、HF-$HClO_4$ 消煮法、氢氧化钠碱熔—钼锑抗比色法等。其中，氢氧化钠碱熔—钼锑抗比色法已列为我国国家标准法。土壤样品在银或镍坩埚中用氢氧化钠熔融，是分解土壤全磷比较完全和简便的方法，$NaCO_3$ 熔融法该法虽然操作步骤较烦琐，但样品分解完全，分解率能够达到全磷分析的要求，因此成为目前应用最普遍的方法，此法所得的消煮液可同时用于测定全磷和全氮。

到目前为止，还无法真正测定土壤有效磷的含量。通常所谓的土壤有效磷只是指某一特定方法所测定出的含磷量，只有测出的磷量和植物生长状况具有显著相关的情况下，这种测定才具有实际意义。因此，土壤有效磷并不是指土壤中某一特定形态的磷，它也不具有真正"含量"的概念，所以，应用不同的测定方法在同一土壤上可以得到不同的有效磷含量，因此土壤有效磷水平只是一个相对指标，在某种程度上具有统计学意义，而不是指土壤中"真正"有效磷的"绝对含量"。但这一指标在实际上有重大意义，它可以相对地说明土壤的供磷水平，可以作为一个判断是否施用磷肥的指标，亦可作为施肥(磷)推荐的一个方法。

测定土壤有效磷的方法按其测定原理大致可分为 4 类：

① 酸溶作用。

② 阴离子交换作用。

③ 阳离子络合或沉淀作用。

④ 阳离子水解作用。

这4种原理实际上要复杂的多,甚至一个方法可能包括几种作用原理,所以现有的测定有效磷的方法虽然有一些理论依据,但仍带有很大的"经验性"。因此,选择方法的基本依据仍然是各种方法在实际中的表现,即测定结果和植物生长状况的相关性。根据这一点来评价现有方法可以得出以下基本的印象:

(1)Olsen 法(NaHCO₃ 法)

在国内外都得到良好结果和广泛应用,它适用于中性、微酸性和石灰性土壤。

(2)Brayl 法(HCl + NH₄F)

在酸性土壤上效果良好。

(3)树脂法

测定结果和植物生长相关性甚高,应用甚广。

12.3　土壤全磷的测定(氢氧化钠熔融——钼锑抗比色法)

12.3.1　方法提要

土壤样品与氢氧化钠熔融,使土壤中含磷矿物及有机磷化合物全部转化为可溶性的正磷酸盐,用水和稀硫酸溶解熔块,在溶液中的磷酸根与钼锑抗显色剂反应,生成磷钼蓝,其颜色的深浅与磷的含量成正比,通过分光光度法定量测定。本标准适用于测定各类土壤全磷含量。

12.3.2　器材与试剂

(1)器材

土壤样品粉碎机、土壤筛(孔径 1 mm 和 0.149 mm)、分析天平(感量 0.000 1 g)、镍(或银)坩埚(容量≥30 mL)、高温电炉(温度可调 0 ~ 100 ℃)、分光光度计(要求包括700 nm 波长)、容量瓶(50 mL、100 mL、1 L)、移液管(5 mL、10 mL、15 mL、20 mL)、漏斗(直径7 cm)、烧杯(150 mL、100 mL)、玛瑙研钵。

(2)试剂

① 氢氧化钠。

② 无水乙醇。

③ 碳酸钠溶液[$c(NaCO_3) = 100$ g·L^{-1}]:10 g 无水碳酸钠溶于水后,稀释至100 mL,摇匀。

④ 硫酸溶液(50 mL·L^{-1}):吸取 5 mL 浓硫酸(95.0%~98.0%,比重 1.84)缓缓加入 90 mL 水中,冷却后加水至 100 mL。

⑤ 硫酸溶液[$c(H_2SO_4) = 3$ mol·L^{-1}]:量取 160 mL 浓硫酸缓缓加入到盛有 800 mL左右水的大烧杯中,不断搅拌,冷却后,再加水至 1 L。

⑥ 二硝基酚指示剂:称取0.2 g　2,6-二硝基酚溶于 100 mL 水中。

⑦ 酒石酸锑钾溶液[$c(酒石酸锑钾) = 5$ g·L^{-1}]:称取化学纯酒石酸锑钾 0.5 g 溶于 100 mL 水中。

⑧ 硫酸钼锑贮备液：量取 126 mL 浓硫酸，缓缓加入到 400 mL 水中，不断搅拌，冷却。另称取经磨细的钼酸铵 10 g 溶于温度约 60 ℃ 300 mL 水中，冷却。然后将硫酸溶液缓缓倒入钼酸铵溶液中，再加入 5 g·L^{-1} 酒石酸锑钾溶液 100 mL，冷却后，加水稀释至 1 000 mL，摇匀，贮于棕色试剂瓶中，此贮备液含钼酸铵浓度为 10 g·L^{-1}，H$_2$SO$_4$ 浓度为 2.25 mol·L^{-1}。

⑨ 钼锑抗显色剂：称取 1.5 g 抗坏血酸(旋光度 +21°~ +22°)溶于 100 mL 钼锑贮备液中。此溶液有效期不长，宜用时现配。

⑩ 磷标准贮备液：准确称取经 105 ℃ 下烘干 2 h 的磷酸二氢钾(优级纯)0.439 g，用水溶解后加入 5 mL 浓硫酸，然后加水定容至 1 L，该溶液含磷 100 mg·L^{-1}，放入冰箱可供长期使用。

⑪ 磷标准溶液[ρ(P) = 5 mg·L^{-1}]：准确吸取 5 mL 磷贮备液，放入 100 mL 容量瓶中，加水定容。该溶液用时现配。

12.3.3　操作步骤

(1)称样

准确称取风干样品 0.25 g，精确至 0.000 1 g

(2)消化

小心放至镍(或银)坩埚底部，切勿黏在壁上，加入无水乙醇 3~4 滴，湿润样品，在样品上平铺 2 g 氢氧化钠，将坩埚(处理大批样品时，暂放入大干燥器中以防吸潮)放入高温电炉，升温。当温度升至 400 ℃ 左右时，切断电源，暂停 15 min。然后继续升温至 720 ℃，并保持 15 min 至溶液清亮。

(3)转移

取出冷却，加入 10 mL 约 80 ℃ 的水，并用水多次洗坩埚，洗涤液也一并移入该容量瓶，冷却，定容。

(4)过滤

用无磷定量滤纸过滤或离心澄清。

(5)显色

准确吸取待测样品溶液 2~10 mL(含磷 0.04~1.0 μg)于 50 mL 容量瓶中，用水稀释至总体积约 3/5 处，加入二硝基酚指示剂 2~3 滴，并用 100 g·L^{-1} 碳酸钠溶液或 50 mL·L^{-1} 硫酸溶液调节溶液至刚呈微黄色，准确加入 5 mL 钼锑抗显色剂，摇匀，加水定容，室温 15 ℃ 以上条件放置 30 min。

(6)比色

显色的样品溶液在分光光度计上，用 700 nm 波长、1 cm 光径比色皿，以空白试验为参比液调节器材零点，进行比色测定，读取吸光度，从校准曲线上查得相应的含磷量。

(7)绘制校准曲线

分别准确吸取 5 mg·L^{-1} 磷标准溶液 0 mL、2 mL、4 mL、6 mL、8 mL、10 mL 于 50 mL 容量瓶中，同时加入与显色测定所用的样品溶液等体积的空白溶液二硝基酚指示剂 2~3 滴，并用 100 g·L⁻¹碳酸钠溶液或 50 mL·L⁻¹硫酸溶液调节溶液至刚呈微黄色，准确加入钼锑抗显色剂 5 mL，摇匀，加水定容，即得含磷量分别为 0 mg·L⁻¹、0.2 mg·L⁻¹、0.4 mg·L⁻¹、0.8 mg·L⁻¹、1.0 mg·L⁻¹的标准溶液系列。摇匀，于 15 ℃以上温度放置 30 min 后，在波长 700 nm 处，测定其吸光度，在方格坐标纸上以吸光度为纵坐标，磷浓度（mg·L⁻¹）为横坐标，绘制校准曲线。

12.3.4　结果计算

$$土壤全磷含量(g·kg^{-1}) = \rho \times \frac{V_1}{m} \times \frac{V_2}{V_3} \times 10^{-3} \times \frac{100}{100-H} \tag{12-1}$$

式中　ρ——从校准曲线上查得待测样品溶液中磷的质量浓度，g·kg⁻¹；

m——称样质量，g；

V_1——样品熔后的定容体积，mL；

V_2——显色时溶液定容的体积，mL；

10^{-3}——将 mg·L⁻¹浓度单位换算成的 kg 质量的换算系数；

$\frac{100}{100-H}$——将风干土变换为烘干土的转换系数；

H——风干土中水分含量百分数。

用两平行测定的结果的算术平均值表示，小数点后保留三位有效数字。允许差：平行测定结果的绝对相差不得超过 0.05 g·kg⁻¹。

12.3.5　注意事项

【1】称样量应根据土壤样品有机质含量高低适当调整，即有机质含量高时应少称，有机质含量低时应适当多称。

【2】用 NaOH 熔融样品时，首先应低温，带逐渐脱水后才能高温加热，以免出现溅跳现象。

【3】NaOH 熔块不可用沸水提取，否则会造成激烈的沸腾，导致溶液溅失发生危险。

【4】要求吸取待测液中含磷 5~25 μg。操作时可先吸取一定量的待测液，显色后观察颜色深度，据此估算吸取待测液的体积。

【5】钼锑抗显色法要求显色液中硫酸攻读为 0.23~0.33 mol·L⁻¹，过小显色快，但稳定时间短不利于比色，过大则显色变慢。

【6】钼锑抗法显色以 20~40 ℃为宜，如室温低于 20 ℃，可放置在 30~40 ℃烘箱中保温 30 min，取出冷却后比色。

【7】钼酸铵量的多少对显色深浅影响明显，因此显色剂的剂量应准确一致。

12.4　中性和石灰性土壤速效磷的测定（NaHCO₃ 法）

12.4.1　方法提要

石灰性土壤由于大量游离碳酸钙存在，不能用酸溶液来提有效磷。一般用碳酸盐的碱溶液。由于碳酸根的同离子效应，碳酸盐的碱溶液降低了碳酸钙的溶解度，也就降低了溶液中钙的浓度，这样就有利于磷酸钙盐的提取。同时由于碳酸盐的碱溶液也降低了铝和铁离子的活性，有利于磷酸铝和磷酸铁的提取。此外，碳酸氢钠碱溶液中存在着 OH^-、HCO_3^-、CO_3^{2-} 等阴离子，有利于吸附态磷的置换，因此 $NaHCO_3$ 不仅适用于石灰性土壤，也适应于中性和酸性土壤中速效磷的提取。待测液中的磷用钼锑抗试剂显色，用分光光度计测定。

12.4.2 器材与试剂

同 12.3.2。

12.4.3 操作步骤

（1）称样

称取通过 20 目筛的风干土样 2.5 g（精确至 0.001 g）于 150 mL 三角瓶（或大试管）中。

（2）浸提

加入 0.05 mol·L^{-1} $NaHCO_3$ 溶液 50 mL，再加一勺无磷活性炭，塞紧瓶塞，在振荡机上振荡 30 min。

（3）过滤

立即用无磷滤纸过滤，滤液承接于 100 mL 三角瓶中。

（4）转移

吸取滤液 10 mL（含磷量高时吸取 2.5~5.0 mL，同时应补加 0.05 mol·L^{-1} $NaHCO_3$ 溶液至 10 mL）于 150 mL 角瓶中，再用滴定管准确加入蒸馏水 35 mL，然后移液管加入钼锑抗试剂 5 mL，摇匀。

（5）比色

放置 30 min 后，在 700nm 波长处比色。以空白液的吸收值为 0，读出待测液的吸收值 A。

（6）标准曲线绘制

分别准确吸取 5 μg·mL^{-1} 磷标准溶液 0 mL、1 mL、2 mL、3 mL、4 mL、5 mL 于 150 mL 三角瓶中，再加入 0.05 mol·L^{-1} $NaHCO_3$ 10 mL，准确加水使各瓶的总体积达 45 mL，摇匀；最后加入钼锑抗试剂 5 mL，混匀显色。同待测液一样进行比色，绘制标准曲线。最后溶液中磷的浓度分别为 0 mg·L^{-1}、0.1 mg·L^{-1}、0.2 mg·L^{-1}、0.3 mg·L^{-1}、0.4 mg·L^{-1}、0.5 mg·L^{-1}。

12.4.4 结果计算

$$土壤中有效磷含量(mg \cdot kg^{-1}) = \frac{\rho \times V \times t_s}{m \times 10^3 \times K} \times 1000 \tag{12-2}$$

式中 ρ——从工作曲线上查得磷的质量浓度，μg·mL^{-1}；

m——风干土质量，g；

V——显色时溶液定容的体积，mL；

10^3——将 μg 换算成的，mg；

t_s——为分取倍数，即浸提液总体积与显色对吸取浸提液体积之比；

K——吸湿系数，即将风干土换算成烘干土样的水分换算系数；

1 000——换算成每千克含磷量。

12.4.5　注意事项

【1】本法浸提温度对测定结果影响很大。曾有学者采用不同方式校正该法浸提温度对测定结果的影响，但这些方法都是针对某些地区和某一条件下所得的结果，对于各地区不同土壤和条件不能完全适用，因此，必须严格控制浸提时的温度。一般要在室温（20~25 ℃）下进行，具体分析时，前后各批样品应在这个范围内选择一个固定温度以便对各批结果进行相互比较。最好在恒温振荡机上进行提取，显色温度（20 ℃左右）较易控制。

【2】定容时碳酸氢钠与水、钼锑抗显色剂反应产生大量二氧化碳，为防止液体外溢，应准确加入提取液、水和钼锑抗试剂（共计 50 mL）于三角瓶中，边定容边摇动。

【3】加入活性炭的目的是为了吸附溶液中其他杂色的影响，以避免对最后比色时的蓝色造成干扰。

【4】盛有风干土样的塑料瓶在加入浸提剂后，要盖紧瓶盖，摇匀后再震荡。

【5】要严格控制土液比、温度、振荡频率及震荡时间。在提取有效磷的过程中，克服非有效磷的溶解是测定成败的关键，因此土液比不能太大，震荡时间不能太长。

12.5　酸性土壤速效磷的测定（NH₄F-HCl 法）

12.5.1　方法提要

NH₄F-HCl 法主要提取酸溶性磷和吸附磷，包括大部分磷酸钙和一部分磷酸铝和磷酸铁。由于在酸性溶液中氟离子能与三价铝离子和铁离子形成络合物，促使磷酸铝和磷酸铁的溶解：

$$3NH_4F + 3HF + AlPO_4 \rightarrow H_3PO_4 + (NH_4)_3AlF_6$$

$$3NH_4F + 3HF + FePO_4 \rightarrow H_3PO_4 + (NH_4)_3FeF_6$$

溶液中磷与钼酸铵作用生成磷钼杂多酸，在一定酸度被 $SnCl_2$ 还原成磷钼蓝，蓝色深浅与磷的浓度成正比。

12.5.2　器材与试剂

（1）器材

往复振荡机、分光光度计或比色计。

（2）试剂

① 盐酸溶液[c(HCl) = 0.5 mol·L^{-1}]：20.2 mL 浓盐酸用蒸馏水稀释至 500 mL。

② 氟化铵溶液[c(NH$_4$F) = 1 mol·L^{-1}]：将 37 g NH$_4$F 溶于水中，稀释定容至 1 L，贮存在塑料瓶中。

③ 浸提液：分别吸取 1 mol·L^{-1} NH$_4$F 溶液 15 mL 和 0.5 mol·L^{-1} 盐酸溶液 25 mL，加入到 460 mL 蒸馏水中，此溶液即为 0.03 mol·L^{-1} NH$_4$F – 0.025 mol·L^{-1} HCl 溶液。

④ 钼酸铵试剂：溶解钼酸铵(NH$_4$)$_6$MoO$_{24}$·4H$_2$O 15 g 于 350 mL 蒸馏水中，徐徐加入 10 mol·mL^{-1} HCl 350 mL，并搅动，冷却后，加水稀释至 1 L，贮于棕色瓶中。

⑤ 氯化亚锡甘油溶液[ρ(SnCl$_2$) = 25 g·L^{-1}]：溶解 2.5 g SnCl$_2$·2H$_2$O 于 10 mL 浓盐酸中，待 SnCl$_2$ 全部溶解溶液透明后再加化学纯甘油 90 mL，混匀，贮存于棕色瓶中。

⑥ 磷标准溶液[ρ(P) = 50 μg·mL^{-1}]：吸取 50 μg·mL^{-1} 磷溶液 50 mL 于 250 mL 容量瓶中，加水稀释定容，即得 10 g·mL^{-1} 磷标准溶液。

12.5.3 操作步骤

（1）称样

称 1.0 g 土样，放入 20 mL 度管中。

（2）浸提

加入浸提液 7 mL，加塞振荡 10 min。

（3）过滤

用无磷干滤纸过滤。若滤液不澄清，可再次过滤。

（4）显色

吸取滤液 2 mL，加蒸馏水 6 mL 和钼酸铵试剂 2 mL，混匀后，加氯化亚锡甘油溶液 1 滴，再混匀。

（5）比色

在 5~15 min 内，在分光光度计上用 700 nm 波长进行比色。

（6）绘制标准曲线

分别准确吸取 10 g·mL^{-1} 磷标准溶液 2.5 mL、5 mL、10 mL、15 mL、20 mL 和 25 mL，放入 50 mL 容量瓶中，定容，配成 0.5 μg·mL^{-1}、1 μg·mL^{-1}、2 μg·mL^{-1}、3 μg·mL^{-1}、4 μg·mL^{-1}、5 μg·mL^{-1} 磷系列标准溶液。分别吸取系列标准溶液各 2 mL，加水 6 mL 和钼试剂 2 mL，再加 1 滴氯化亚锡甘油溶液进行显色，绘制标准曲线。

12.5.4 结果计算

$$土壤有效磷含量（mg·kg^{-1}）= \frac{\rho \times 10 \times 7}{m \times 2 \times 10^3} \times 1\,000 = \rho \times 35 \qquad (12\text{-}3)$$

式中 t_s——从标准曲线上查得磷的质量浓度，μg·mL^{-1}；

m——风干土质量，g；

10——显色时定容体积，mL；

7——浸提剂的体积，mL；

2——吸取滤液的体积，mL；

10^3——将微克换算成毫克的换算系数；

1 000——换算成每千克含磷量的换算系数。

12.5.5　注意事项

【1】氯化亚锡甘油溶液远比水溶液稳定，可贮存半年以上。但每隔 1~2 个月采用标准磷溶液检查其是否失效。

【2】加入钼酸铵试剂量要准确，因为显色溶液的体积较小（10 mL），钼酸铵试剂量容易改变溶液的酸度，影响显色。

【3】用 SnCl$_2$ 作为还原剂的钼蓝法，颜色不够稳定，但在 5~15 min 内颜色相对稳定，闭塞应在此时段内进行。

【4】在显色过程中氟化物可能产生干扰，可以加硼酸应对，但在大多数情况下并无此必要（少数酸性砂土除外）。

【5】过滤开始时，其滤液常常浑浊，故于滤液第一次倒入漏斗时，可将漏斗仍放在原来的瓶上。待其所滤出的液体澄清后，放在干燥清洁的瓶上进行过滤。

第 13 章

土壤钾

13.1 概述

13.1.1 土壤钾的功用

钾素是植物生长所需要的营养元素之一，土壤的供钾水平直接影响植物对钾素的吸收。一般土壤供钾能力主要取决于速效钾和缓效钾，土壤全钾的分析在肥力判定上意义不大，但通常情况下，全钾含量较高的土壤，其缓效性钾和速效钾的含量也相对较高。因此，测定土壤全钾含量可以了解土壤钾素的潜在供应能力，还可以作为确定钾肥施用量的参考。

作物缺钾时通常表现为是叶片衰老和叶缘发黄，进而变褐，焦枯似灼烧状；叶片上出现褐色斑点或斑块，但叶中部、叶脉和近叶脉处仍为绿色。随着缺钾程度的加剧，整个叶片变为红棕色或干枯状，坏死脱落；根系短而少，易早衰，严重时腐烂，易倒伏。作物缺少钾肥，就会得"软骨病"，易伏倒，常被病菌害虫侵害。

钾元素常被称为"品质元素"。它对作物产品质量的作用主要有：

① 能促使作物较好地利用氮，增加蛋白质的含量，并能促进糖分和淀粉的生成。

② 使核仁、种子、水果和块茎、块根增大，形状和色泽美观。

③ 提高油料作物的含油量，增加果实中维生素 C 的含量。

④ 加速水果、蔬菜和其他作物的成熟，使成熟期趋于一致。

⑤ 增强产品抗碰伤和抗自然腐烂能力，延长贮运期限。

⑥ 增加棉花、麻类作物纤维的强度、长度和细度，色泽纯度。

13.1.2 土壤钾的数量

我国土壤中全钾的含量一般在 $16.6\ g\cdot kg^{-1}$ 左右，高的可达 $24.9\sim33.2\ g\cdot kg^{-1}$，低的可至 $0.83\sim3.3\ g\cdot kg^{-1}$。西南地区因其土壤成土母质不均一、气候多雨等特点，全钾含量相差较大。华北、西北地区钾的含量变幅较小，而淮河长江以南地区则变幅较大。这是因为华北、西北地区成土母质均一和气候干旱，而淮河长江以南地区成土母质不均一和气候多雨。此外，土壤全钾量与黏土矿物类型有密切关系。一般来说 2∶1 型黏土矿物较 1∶1 型黏土矿物为高，特别是伊利石(一系列水化云母)高的土壤钾的含量较高。土壤中钾主要呈无机形态存在。按其对作物有效程度划分为速效钾(包括水溶性钾、交换性钾)、缓效性钾和相对无效钾 3 种,它们之间存在着动态平衡,调节着钾对植物的供应。具体参见国家地球系统数据共享服务平台——土壤科学数据中心(http://soil. geodata. cn)。

13.1.3 土壤钾的形态

土壤中钾的形态总体上可分为 4 种:

(1)矿物结合态

在云母、含钾长石之类原生矿物的结构组成中存在的钾,这种钾只有在这些矿物分解了才成为有效钾。

(2)层间态

暂时陷在膨胀性晶格黏粒(如伊利石和蒙脱石)层间的钾。

(3)可交换态

由带负电荷的土壤胶体静电吸附的交换性钾,它可用中性盐(醋酸铵)置换和提取。

(4)水溶态

即少量在土壤溶液中的钾离子。

土壤中钾主要呈矿物的结合形态,速效性钾(包括水溶性钾和交换性钾)只占全钾的 1% 左右。交换性钾和水溶性钾可迅速供给植物,每克土壤中含量从几十到几百毫克。通常交换性钾包括水溶性钾在内,这部分钾能很快地被植物吸收利用,故称为速效钾。缓效钾或称非交换性钾(间层钾),主要是次生矿物(如伊利石、蛭石、绿泥石等)所固定的钾。我国土壤缓效钾的含量一般在 $40 \sim 1\,400$ mg·kg^{-1},它占全钾的 1% ~ 10% 。缓效钾和速效钾之间存在着动态平衡,缓效钾是土壤速效钾的主要储备仓库,是土壤供钾潜力的指标。但缓效钾与相对无效钾之间没有明确界线,这种动态平衡愈向右方,植物有效性愈低。

13.2 方法原理

土壤全钾的测定主要分为两步:一是样品的分解;二是溶液中钾的测定。土壤全钾样品的分解,大体可以分为碱熔和酸溶两大类。碱熔法包括碳酸钠熔融法和氢氧化钠熔融法。碱熔法制备的待测液可同时用于全磷和全钾的测定。其中,碳酸钠碱熔法在国际上比较通用,但测定中要使用铂金坩埚,故一般实验室难以开展;氢氧化钠熔融法可用于银坩埚(或镍坩埚)代替铂金坩埚,适于一般实验室采用。酸溶解法主要采用氢氟酸-高氯酸法,此法需用全钠等多种元素,但结果相比碱熔法偏低,同时对坩埚的腐蚀性极大。溶液中钾的测定有质量法、容量法、比色法、比浊法、火焰光度计法、原子吸收法等,现在一般多采用火焰光度计法或原子吸收法。本实验着重介绍氢氧化钠碱熔——火焰光度计测定法。

用氢氧化钠熔融土壤与碳酸氢钠熔融土壤原理是一样的,即增加盐基成分,促进硅酸盐的分解,以利于各种元素的溶解。氢氧化钠熔点(321 ℃)比碳酸氢钠(853 ℃)低,可以在比较低的温度下分解土样，缩短熔化所需要的时间。

火焰光度法的基本原理是当样品溶液喷成雾状以气—液溶胶形式进入火焰后，溶剂蒸发掉而留下气—固溶胶，气—固溶胶中的固体颗粒在火焰中被熔化、蒸发为气体分子，继续加热又分解为中性原子(基态)，更进一步供给处于基态原子以足够能量，即可使基态原子的一个外层电子移至更高的能级(激发态)，当这种电子回到低能级时，发射出特定波长的光，成为该元素的特征之一。

速效钾的测定常采用乙酸铵作浸提剂，由于铵离子与钾离子的离子半径相似，以铵离子取代钾离子，能将土壤胶体表面的交换性钾和黏土矿物晶格层的非交换性钾分开，不受浸提时间和淋洗次数的影响，测定结果稳定。本法测定结果在非石灰性土壤中为交换性钾，在石灰性土壤中为交换性钾和水溶性钾。

13.3 土壤全钾的测定(氢氧化钠碱熔——火焰光度法)

13.3.1 方法提要

样品经碱熔后，难溶的硅酸盐分解成可溶性化合物，用酸溶解后可不经脱硅和去铁、铝等步骤，稀释后即可直接用火焰光度法测定。

13.3.2 器材与试剂

(1) 器材

茂福电炉、坩埚(银、镍或铁)、火焰光度计或原子吸收分光光度计。

(2) 试剂

① 无水酒精。

② 硫酸(1:3)溶液：取 1 体积浓 H_2SO_4 缓缓注入 3 体积水中混合。

③ 盐酸(1:1)溶液：$HCl[\rho(HCl) \approx 1.19 \ g \cdot mL^{-1}]$ 与水等体积混合。

④ 硫酸溶液$[c(H_2SO_4) = 0.2 \ mol \cdot L^{-1}]$。

⑤ 钾标准溶液$[c(K) = 100 \ \mu g \cdot mL^{-1}]$：准确称取 KCl(110 ℃烘 2 h)0.1907 g 溶解于水中，在容量瓶中定容至 1 L，贮于塑料瓶中。吸取 100 $\mu g \cdot mL^{-1}$钾标准溶液 2 mL、5 mL、10 mL、20 mL、40 mL、60 mL，分别放入 100 mL 容量瓶中加入与待测液中等量试剂成分，使标准溶液中离子成分与待测液相近[在配制标准系列溶液时应各加 0.4 g NaOH 和 1 mL(1:3)H_2SO_4 溶液]，用水定容到 100 mL。此为含钾分别为 2 $\mu g \cdot mL^{-1}$、5 $\mu g \cdot mL^{-1}$、10 $\mu g \cdot mL^{-1}$、20 $\mu g \cdot mL^{-1}$、40 $\mu g \cdot mL^{-1}$、60 $\mu g \cdot mL^{-1}$系列标准溶液。

13.3.3 操作步骤

(1) 称重

称取烘干土样(过 100 目筛)约 0.25 g 置于银或镍坩埚底部，用无水酒精稍湿润样品，然后加 NaOH 2 g 平铺于土样的表面，暂放在大干燥器中，以防吸湿。

（2）熔融

将坩埚加盖留一小缝放在高温电炉内，先以低温加热，然后逐渐升高温度至 450 ℃（避免坩埚内的 NaOH 和样品溢出），保持此温度 15 min，熔融完毕。

（3）定容

将坩埚冷却后，加入 10 mL 水，加热至 80 ℃左右，待熔块溶解后，再煮 5 min，转入 50 mL 容量瓶中，然后用少量 0.2 mol·L^{-1} H$_2$SO$_4$ 溶液清洗数次，一起倒入容量瓶内，使总体积约至 40 mL，再加（1:1）HCl 溶液 5 滴和 5 mL（1:3）H$_2$SO$_4$ 溶液，用水定容。

（4）过滤

此待测液可供磷和钾的测定用。

（5）测定

吸取待测液 5 mL 或 10 mL 于 50 mL 容量瓶中（钾的浓度控制在 10~30 μg·mL^{-1}），用水定容，直接在火焰光度计上测定，记录检流计的读数，然后从标准曲线上查得待测液中钾的浓度（μg·mL^{-1}）。

（6）标准曲线的绘制

将配制的钾标准系列溶液，以浓度最大的一个定到火焰光度计上检流计的满度（100），然后从稀到浓依序进行测定，记录检流计的读数。以检流计读数为纵坐标，钾的浓度（μg·mL^{-1}）为横坐标绘制标准曲线图。

13.3.4 结果计算

$$土壤全钾量(g·kg^{-1}) = \frac{\rho × 测读液的定容体积 × 分取倍数}{m × 10^6} × 1\ 000 \qquad (13-1)$$

式中 t_s——从标准曲线上查得待测液中钾的质量浓度，μg·mL^{-1}；

m——烘干样品质量，g；

10^6——将微克换算成克的换算系数。

样品含钾量等于 10 g·g^{-1}时，两次平行测定结果允许差为 0.5 g·g^{-1}。

13.3.5 注意事项

【1】土壤和 NaOH 的比例为 1:8，当土样用量增加时，NaOH 用量也需相应增加。

【2】熔块冷却后应凝结呈淡蓝色或蓝绿色，如熔块呈棕黑色则表示还没有熔好，必须再熔一次。

【3】如在熔块还未完全冷却时加水，可不必继续在电炉上加热至 80 ℃，放置过夜自溶解即可。

【4】加入 H$_2$SO$_4$ 的量视 NaOH 用量多少而定，目的是中和多余的 NaOH，使溶液呈酸性（酸的浓度约 0.15 mol·L^{-1} H$_2$SO$_4$），硅得以沉淀。

【5】火焰温度要适当，温度过低灵敏度下降，温度太高则碱金属电离严重，影响测量的线性关系。

【6】在普通电炉上加热时，应待熔融物全部熔成流体后摇动坩埚，然后开始计算时

间，15 min 后当熔融物呈均匀流体时停止加热，转动坩埚，使熔融物均匀地附在坩埚壁上。

【7】注意在测定完毕之后，用蒸馏水喷雾清洗 5 min，洗去多余的盐或酸，使喷雾器保持良好的使用状态。

13.4 土壤速效钾测定（原子发射光度法）

13.4.1 方法提要

土样以乙酸铵浸提剂浸提，铵离子与土壤胶体表面的钾离子交换，连同水溶性钾离子一起进入溶液，原子发射光度法测定钾元素含量。

13.4.2 器材与试剂

（1）器材

原子吸收分光光度计（发射部分）或火焰光度计、振荡机、锥形瓶（200 mL）、容量瓶（100 mL）。

（2）试剂

① 乙酸铵浸提剂 $[c(CH_3COONH_4)=1\ mol\cdot L^{-1}]$：称取 77.1 g 乙酸铵溶于近 1 L 水中，如 pH 值不是 7.0，则用氢氧化铵（1+1）或乙酸（1+1）调节至 pH 值至 7.0，再加水稀释至 1 L。

② 钾标准溶液：称取在 105 ℃烘 2 h 的 0.190 7 g 氯化钾（精确至 0.000 1 g），溶于 1 L 1 mol·L^{-1} 乙酸铵浸提剂中，此溶液 1 mL 含 100 μg 钾元素。

13.4.3 操作步骤

（1）称样

称取通过 2 mm 筛孔的风干土样 5 g（精确至 0.000 1 g）置于 200 mL 锥形瓶中。

（2）浸提

加入 50 mL 乙酸铵浸提剂，加塞振荡 30 min。

（3）过滤

用慢速滤纸过滤至 100 mL 容量瓶中。

（4）洗涤

用乙酸铵浸提剂洗涤，再以乙酸铵浸提剂稀释至刻度，摇匀。

（5）空白对比

同时做空白试验。

（6）测定

在选定工作条件的原子吸收分光光度计（发射部分）或火焰光度计上，于 766.5 nm 波长处（火焰光度计用钾滤光片）测定发射强度，从标准曲线上查得相应的钾元素含量。

（7）标准曲线绘制

分别取 0 mg、0.2 mg、0.5 mg、1 mg、2 mg、4 mg 钾标准溶液置于100 mL容量瓶中，用乙酸铵浸提剂稀释至刻度，摇匀，在相同条件下测定发射强度，绘制标准曲线。

13.4.4 结果计算

$$\omega_{\mathrm{K}} = \frac{c}{m \times K \times 10^3} \times 1\,000 \tag{13-2}$$

式中　ω_{K}——速效钾量，$\mathrm{mg \cdot g^{-1}}$；

　　　c——从标准曲线上查得速效钾量，$\mu\mathrm{g}$；

　　　m——风干土样质量，g；

　　　K——吸湿水系数，风干土样换算成烘干土样的水分换算系数。

13.4.5 注意事项

【1】乙酸铵提取剂的酸碱度必须为中性的。

【2】钾标准溶液配置后不能放置过久，以免生霉变质，影响测定结果。

【3】土样加入乙酸铵溶液后，不宜放置过久，否则可能有一部分矿物钾转入溶液中，使速效钾测定值偏高。

【4】为了抵消乙酸铵干扰的影响，标准钾溶液也需要用 $1\ \mathrm{mol \cdot L^{-1}}$ 乙酸铵配制。

【5】若样品含量过高需要稀释时，应采用乙酸铵浸提剂稀释定容，以消除基体效应。

第 14 章

土壤硫

14.1 概述

14.1.1 土壤硫的功用

硫是所有植物生长发育不可缺少的营养元素之一，在植物生长发育及代谢过程中具有重要的生理功能，是生命物质的结构组分，并且参与生物体内许多重要的生化反应。缺硫条件下植物的生长会严重受阻，甚至导致枯萎、死亡。因此，硫又被称为是继氮、磷、钾之后第四位植物生长必需的营养元素。

20 世纪 60 年代以来，世界各地，例如，亚洲、大洋洲、非洲和北美洲纷纷报道土壤缺硫情况，其中缺硫分布较广的国家和地区有澳大利亚、新西兰、南美洲和北美洲以及非洲和亚洲的热带地区。作物缺硫将导致经济作物和粮食作物产量降低，影响该地区的经济发展。所以，硫在土壤中的含量愈来愈受到人们的重视，硫的分析成为重要的常规检测项目之一。

14.1.2 土壤硫的形态

除某些盐碱土外，土壤中的硫大部分呈有机态存在（硫常与碳、氮结合）。据测定，南方水稻土、红黄壤有机硫含量占全硫的 85%~94%，无机硫仅占 6%~15%。只有北方某些石灰性土壤（楼土、绵土、潮土和滨海盐土）无机硫含量较高，可占全硫的39.4%~61.8%。

土壤无机硫主要有 3 种类型：

① 难溶性硫酸盐。常以硫酸钙和碳酸钙共沉淀的形式存在。

② 易溶性硫酸盐。

③ 吸附性硫酸盐。

我国南方酸性土壤无机硫以吸附和易溶性硫酸盐为主；而北方石灰性土壤则以难溶性和易溶性硫酸盐为主。华北平原的潮土和黄土高原的楼土和绵土，无机硫约占全硫的40%~45%，其中易溶性硫和难容性硫各占一半。滨海盐土易溶性硫含量较高，占全硫的 41.7%。土壤中难溶性无机硫含量常与碳酸钙含量呈正相关，可见这部分硫是和土壤碳酸钙共沉淀的。

14.1.3 土壤硫的数量

硫在地壳中含量大约为 $0.6 \ g \cdot kg^{-1}$。我国主要土类全硫含量在 $0.11 \sim 0.49 \ g \cdot kg^{-1}$（表14-1）。除盐土和自然植被较好地区的土壤含硫较高外，在耕地中以黑土硫含量最高，水稻土和北方旱地（潮土、棕壤、褐土、楼土、绵土、栗钙土及灰钙土）含量次之，南方红壤旱地含量最低。在一般情况下，土壤全硫在剖面中的分布和土壤有机质的分布相似，表土含量最高，随着土层深度加大而逐渐减少。

表14-1 我国主要类型土壤硫和有机质的含量

土壤类型	全硫含量($g \cdot kg^{-1}$)	有机质含量（$g \cdot kg^{-1}$）
红壤（自然植被）	0.146 ± 0.011	37.4 ± 13.7
红壤（耕地）	0.105 ± 0.027	16.9 ± 7.8
黄壤（自然植被）	0.337 ± 0.050	84.7 ± 101.1
南方水稻土	0.240 ± 0.014	24.6 ± 10.0
东北黑土	0.336 ± 0.060	56.7 ± 25.5
棕壤褐土	0.132 ± 0.046	35.4 ± 20.7
栗钙土、灰钙土	0.147 ± 0.023	24.2 ± 9.1
西北楼土、绵土	0.158 ± 0.022	10.4 ± 4.2
黄淮海潮土	0.156 ± 0.020	9.7 ± 4.8
滨海盐土	0.343 ± 0.061	11.9 ± 1.8
高山草毡土	0.490 ± 0.125	82.9 ± 37.6

耕作土壤的全硫含量在 $0 \sim 0.6 \ g \cdot kg^{-1}$ 范围内，一般在 $0.1 \sim 0.5 \ g \cdot kg^{-1}$。我国南方水稻土经常淹水，有机质分解缓慢，有利于土壤养分的积累，且稻田施肥往往高于旱地，因此水稻土的全硫含量一般高于同地区的旱作土壤。经测定，我国南方8省126个稻田表土的全硫平均含量为 $0.252 \ g \cdot kg^{-1}$。76个水田表土与22个旱地表土比较，水田全硫含量比旱地平均高44.5%，有效硫含量平均高20%（表14-2）。

表14-2 南方水稻土和旱地含硫量比较

成土母质类型	有效硫（$mg \cdot kg^{-1}$）		全硫（$g \cdot kg^{-1}$）	
	水田	旱地	水田	旱地
花岗岩	16	12.2	0.27	0.18
第四纪红色黏土	18.9	30.2	0.27	0.2
沉积岩	22.8	12.9	0.27	0.17
近代河流冲积物	14.6	7.8	0.16	0.13
湖积物	38.6	—	0.28	—
平均	19.8	16.5	0.25	0.17

14.1.4 影响土壤硫含量的因素

我国土壤全硫含量的分布受温度、降雨量和土壤有机质等因素的影响。东南部高温多雨，土壤中无机硫易淋失，因此，南方的浙、赣、闽北、滇中和鄂、桂等地的丘陵山区常存在缺硫现象。而西北部的干旱和半干旱地区，土壤中积累较多的无机硫。

有效硫(可溶性硫和吸附性硫)的分布，随土壤性质的不同而有较大的变化。南方红壤富含 1:1 黏土矿物、水合氧化铁和水合氧化铝，在酸性条件下这些矿物对 SO_4^{2-} 的吸附能力较强。由于雨水的淋洗作用，在土层的下部往往可以积累较多的吸附态硫。如砖红壤地区的林地，这种现象特别明显。因此，在研究土壤供硫能力时，除考虑耕层外，也应注意硫在整个剖面中的分布。

14.2 方法原理

土壤硫可以测定以下 5 种类型：
① 可溶性硫酸盐。
② 可溶性 + 吸附性硫酸盐。
③ 可溶性硫 + 吸附性硫 + 易分解的有机硫。
④ 全硫。
⑤ 有机硫。

其中以第②类和第③类最能说明土壤硫的供应状况，测定结果与生物效应的相关性较好，但一般根据需要只测土壤全硫和有效硫，即第③类。

14.2.1 土壤全硫

土壤全硫的测定有两类方法。一是将硫氧化成 SO_4^{2-} 或 SO_2；另一方法是将它转化成 S^{2-}。较早的方法是在钻坩埚中用 Na_2CO_3 和 Na_2O_2 熔融土壤。此法的优点是适合于所有土壤，但步骤繁琐。Butter(1959)建议以 $Mg(NO_3)_2$ 氧化土壤，用 $BaSO_4$ 比浊，测定的方法较简便，重现性好，平均变异系数小(3.1%)。另一方法是将土壤样品直接放在管式高温电炉中燃烧，释出的 SO_2 用碘量法测定。土壤样品在 1 250 ℃的管式高温电炉中通入空气流进行燃烧，使样品中的有机硫或硫酸盐中的硫均形成 SO_2 逸出，用稀盐酸溶液吸收成为亚硫酸，用标准碘酸钾溶液滴定，终点是生成的碘分子与指示剂淀粉形成蓝色吸附物质，从而计算得全硫含量。本法适用于 $0 \sim 200$ g·kg^{-1} 全硫含量测定。此法的特点是比较快速，但不适用于精密测定，所需管式高温电炉也不易购置。近年来快速、简便的元素分析仪也有所应用。

14.2.2 土壤有效硫

土壤有效硫的测定分两类：
① 酸性土壤用 $Ca(H_2PO_4)_2$ 浸提剂，浸出的硫与田间试验效应的相关性较好。

② 中性和石灰性土壤则用 $CaCl_2$ 溶液浸提。

土壤浸出液中的硫一般用快速的 $BaSO_4$ 比浊法测定。

酸性土壤用 $Ca(H_2PO_4)_2$-CH_3COOH 浸提剂提取,除能提取酸溶性硫酸盐以外,$H_2PO_4^-$ 还能置换出吸附性 SO_4^{2-},而 Ca^{2+} 能抑制土壤有机质的浸出,可获得清亮的浸出液,浸出液用 H_2O_2 去除有机质后,即可用 $BaSO_4$ 比浊法测定硫含量。

测定土壤有效硫(易溶性硫、吸附性硫和和部分有机态硫)通常用 $Ca(H_2PO_4)_2$-CH_3COOH 溶液或 $CaCl_2$ 溶液作提取剂。前者适用于酸性土壤,后者适用于中性和石灰性土壤。

本文着重介绍燃烧碘量法测定全硫和磷酸盐-乙酸浸提——硫酸钡比浊法测定有效硫。

14.3 土壤全硫的测定(燃烧碘量法)

14.3.1 方法提要

先测定空气中的含硫量作为空白对照,然后再连续测定样品并通过计算得到全硫含量。

14.3.2 器材与试剂

(1)器材

天平、土壤筛、不锈钢钩、温管式电炉、燃烧法测定土壤含硫的装置(图 14-1)。

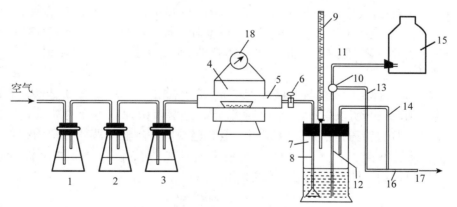

图 14-1 燃烧法测定硫的装置

1. 盛有 $50\ g \cdot L^{-1}$ 硫酸铜溶液的洗气瓶 2. 盛有 $50\ g \cdot L^{-1}$ 高锰酸钾溶液的洗气瓶 3. 盛有浓硫酸的洗气瓶 4. 管式电炉 5. 燃烧管和燃烧舟 6. 二通活塞 7. 吸收瓶 8. 圆形玻璃漏斗 9. 滴定管 10. 三通活塞 11、13、14. 橡皮管 12. 玻璃管 15. 盛吸收液的下口瓶 16、17. 玻璃抽气管(或真空泵)和废液排出口 18. 铂铑温度计

燃烧法测定硫含量装置的使用说明:当器材完全装好且经检查不漏气后,关闭活塞 6,用玻璃抽气管或真空泵进行抽气,转动活塞 10,使玻璃管 12 与橡皮管 11 连通,此时瓶 15 中的吸收液流入吸收瓶 7 中,流入约 50 mL 后关闭活塞 10,打开活塞 6,调节抽

气管抽气速度，直至有均匀小气泡缓缓不断从包有尼龙布的玻璃漏斗口冒出为止。此时即可燃烧样品和进行滴定。当需要排出滴定废液时，打开活塞10，使玻璃管12和橡皮管13连通，捏紧橡皮管14，废液即由玻璃管12经橡皮管13排出。

（2）试剂

① 盐酸—甘薯淀粉吸收液　于500 mL正在沸腾的0.05 mol·L^{-1}盐酸中，加200 mL 10 g·L^{-1}甘薯淀粉溶液，搅匀（甘薯淀粉指示剂比普通淀粉指示剂终点明显，特别适用于低硫的测定）。该吸收液使用不宜超过15 d。

② 重铬酸钾（1/6 K$_2$Cr$_2$O$_7$）标准溶液[c（1/6 K$_2$Cr$_2$O$_7$）= 0.05 mol·L^{-1}]：称取2.451 6 g在130 ℃烘过3 h的重铬酸钾（K$_2$Cr$_2$O$_7$，分析纯）于烧杯中，加少量水溶解后，移入1 L容量瓶中，用水稀释至刻度，摇匀。

③ 硫代硫酸钠标准溶液[c（Na$_2$S$_2$O$_3$·7H$_2$O）= 0.05 mol·L^{-1}]：称取14.21 g硫代硫酸钠（Na$_2$S$_2$O$_3$·7H$_2$O，分析纯）溶于200 mL水中，加入0.2 g无水碳酸钠（Na$_2$CO$_3$，分析纯），待完全溶解，再以水定容至1 L。放置数天后，以重铬酸钾标准溶液标定，其标定方法如下：

吸取0.05 mol·L^{-1}重铬酸钾（1/6 K$_2$Cr$_2$O$_7$）标准溶液25 mL于150 mL锥形瓶中，加入1 g碘化钾（KI，分析纯），溶解后加入5 mL 1∶1盐酸，放置暗处5 min，取出以等体积水稀释。用待标定的硫代硫酸钠溶液滴定至溶液由棕红色褪到淡黄色，即加入2 mL 10 g·L^{-1}甘薯淀粉指示剂（1 g甘薯淀粉溶于100 mL沸水中）继续滴定至蓝色褪去，溶液呈无色即为终点，记下硫代硫酸钠用量，计算其浓度。

④ 碘酸钾标准溶液[c（KIO$_3$）= 0.01 mol·L^{-1}]：称取2.14 g碘酸钾（KIO$_3$，分析纯）溶解于含有4 g碘化钾（KI，分析纯）和1 g氢氧化钾（KOH，分析纯）的热溶液中，冷却后用水定容至1 L，摇匀。此溶液如需稀释至低浓度时，同样也用4 g·L^{-1}碘化钾和1 g·L^{-1}氢氧化钾溶液稀释。测定低硫样品时，可将碘酸钾标准溶液稀释10倍后使用。

标定方法为：

吸取25 mL待标定的碘酸钾溶液于150 mL锥形瓶中，加5 mL 1∶1盐酸，立即以刚标定过的相当浓度的硫代硫酸钠标准溶液滴定，至溶液由棕红色变为淡黄色，再加入2 mL 10 g·L^{-1}甘薯淀粉指示剂，继续滴定至蓝色减褪，溶液呈淡蓝色即为终点。滴定近终点时，因蓝色褪去较慢，硫代硫酸钠溶液需要慢慢滴入，每加1滴，就摇动10~20 s，以免过量。计算滴定度，公式如下：

$$T = \frac{c \times V_1 \times 32.06}{25} \tag{14-1}$$

式中　T——碘酸钾标准溶液对硫的滴定度，mg·mL^{-1}；

c——硫代硫酸钠标准溶液的浓度，mol·L^{-1}；

V_1——消耗硫代硫酸钠标准溶液的体积，mL；

32.06——硫原子的摩尔质量，g·mol^{-1}；

25——待标定碘酸钾溶液的体积，mL。

⑤ 高锰酸钾溶液[ρ（KMnO$_4$）= 50 g·L^{-1}]：称取5 g高锰酸钾（分析纯）溶于100 mL 50 g·L^{-1}的碳酸氢钠溶液中。

⑥ 硫酸铜溶液[$\rho(CuSO_4 \cdot 5H_2O) = 50 \text{ g} \cdot L^{-1}$]：称取 5 g 硫酸铜(分析纯)溶于 100 mL 水中。

14.3.3 操作步骤

（1）空白对照测定

将有硅碳棒的高温管式电炉预先升温到 1 250 ℃左右，在吸收瓶中加入 80 mL 盐酸-甘薯淀粉吸收液，用抽气法(可用抽气管或真空泵抽气)调节气流速度，使空气顺序通过盛有硫酸铜溶液(50 g·L^{-1}，用于除去空气中可能存在的硫化氢)、高锰酸钾溶液(50 g·L^{-1}，用于除去还原性气体)，以及浓硫酸的三个洗气瓶，然后进入燃烧管，再进入盐酸-甘薯淀粉吸收液的底部，最后进入抽气真空泵。用碘酸钾标准溶液滴定吸收液，使之从无色变为浅蓝色(2~3 min 不褪色)，测定空气中含硫气体的含量。

（2）称样

称 0.5~1.5 g(精确至 0.000 1 g)通过 0.149 mm 筛孔的土壤样品(样品质量视土壤含硫量而定)。

（3）放样

打开燃烧管的进气端，将盛有土壤样品的燃烧舟，用耐高温的不锈钢钩送入燃烧管的最热处，迅速把燃烧管与其进气端重新接紧。

（4）滴定

样品中的含硫化合物经燃烧而释放出二氧化硫气体，随流动的空气进入吸收液，立即不断地用碘酸钾标准溶液滴定(用刻度 0.05 mL 的 10 mL 滴定管)，使吸收液始终保持浅蓝色(决不可使溶液变为无色)，如 2~3 min 不褪色即达终点，记下碘酸钾标准液的用量。测定一个样品一般只需 5~6 min。

（5）连续测定样品

打开燃烧管的进气端，用不锈钢钩取出测定过的燃烧舟，并将另一装有土壤样品的燃烧舟送入燃烧管中，继续进行下一个样品的测定，而不需要换吸收液(如果吸收瓶中的吸收液太多时，可转动活塞，适当抽走一部分吸收液，并补加盐酸—甘薯淀粉吸收液)。

14.3.4 结果计算

$$S \text{ 含量}(g \cdot kg^{-1}) = \frac{G \times V \times T}{m} = \frac{1.05 \times V \times T}{m} \tag{14-2}$$

$$SO_3^{2-} \text{ 含量}(g \cdot kg^{-1}) = S \text{ 含量}(g \cdot kg^{-1}) \times 2.497 \tag{14-3}$$

式中　G——经验校正常数，1.05；

　　　V——滴定时用去碘酸钾标准溶液体积，mL；

　　　T——碘酸钾标准溶液对硫的滴定度，mg·mL^{-1}；

　　　m——烘干土样质量，g；

　　　2.497——由硫换算成三氧化硫的系数。

14.3.5　注意事项

【1】要随时检查整个器材装置有无漏气现象。通空气时，气流不能太快，否则二氧化硫吸收不完全。

【2】燃烧管要保持清洁，同时燃烧管的位置要固定不变，不能随意转动。器材装置中所用的橡皮管和橡皮塞均需预先在 250 g·L^{-1}氢氧化钠溶液中煮过，借以除去可能混入的硫。

【3】吸收装置中的圆形玻璃漏斗口上应包有耐酸的尼龙布，以便使冒出的气泡细小均匀，使二氧化硫吸收完全。

【4】测定过程中必须控制温度为 1 250 ℃±50 ℃。低于此值时，则燃烧分解不完全影响测定结果；超过此值时，则硅碳棒易烧坏。燃烧不宜连续 6 h 以上，否则易损坏。

【5】通空气流的目的是帮助高温氧化燃烧，以有利于分解样品中的硫酸盐，若通氧气则效果更佳。

【6】为了促使样品中全硫更好地分解，可加入助熔剂。助熔剂以无水钒酸为好，用量 0.1 g，也可用 0.25 g 锡粉。

【7】试验证明，本法所得全硫结果只相当于实际含量的 95% 左右，其原因是某些硫酸盐（如硫酸钡）在短时间内不能分解完全，故必须乘以经验校正常数。

14.4　土壤有效硫的测定（磷酸盐-乙酸浸提——硫酸钡比浊法）

14.4.1　方法提要

浸提土样，并将其中的少量有机质用过氧化氢去除，然后用比浊法测定 SO_4^{2-} 含量。

14.4.2　器材与试剂

（1）器材

天平、土壤筛、三角瓶、分光光度计、振荡机、电热板或沙浴、分光光度计、磁力搅拌器。

（2）试剂

① 浸提剂：磷酸盐-乙酸浸提剂（用于酸性土壤）：2.04 g Ca(H$_2$PO$_4$)$_2$·H$_2$O 溶于 1 L 乙酸溶液[c(CH$_3$COOH) = 2 mol·L^{-1}]中；氯化钙浸提剂（用于中性和石灰性土壤）：称取氯化钙（CaCl$_2$，分析纯）1.5 g 溶于水，稀释至 1 L。

② 过氧化氢（30%，分析纯）。

③ （1:4）盐酸溶液：一份浓盐酸与四份水混合。

④ 0.25% 阿拉伯胶水溶液：称取阿拉伯胶 0.25 g 溶于水，稀释至 1 L。

⑤ BaCl$_2$·2H$_2$O 晶粒：将 BaCL$_2$·2H$_2$O 颗粒研细，筛取 0.25～0.5 mm 部分。

⑥ 硫标准溶液[ρ(S) = 100 mg·L^{-1}]：0.543 6 g 硫酸钾（K$_2$SO$_4$，化学纯）溶于水，

定容至1 L。

14.4.3 操作步骤

（1）称样

称取通过 2 mm 筛的风干土样 10 g(精确至 0.01 g)于 100 mL 三角瓶中。

（2）浸提

加 50 mL 浸提剂在 20~25 ℃条件下振荡 1 h，过滤。

（3）氧化

吸取滤液 25 mL 于 100 mL 三角瓶中，在电热板或沙浴上加热，加 3~5 滴过氧化氢氧化有机质。

（4）定容

待有机质分解完全后，继续煮沸以除尽过剩的 H_2O_2，加入 1 mL(1:4)HCl 得到清亮的溶液。将全部溶液转入 25 mL 容量瓶中，三角瓶用水洗涤数次，加入 2 mL 0.25% 阿拉伯胶，用水定容。

（5）比浊

转入 150 mL 烧杯，加 $BaCl_2 \cdot 2H_2O$ 晶粒 1 g，于磁力搅拌器上搅拌 1 min，在 5~30 min 内，在分光光度计上用 3 cm 比色槽在波长 440 nm 处比浊。在测定样品的同时，应做空白试验。

（6）标准曲线绘制

将硫标准备液用浸提剂稀释为 10 mg·L^{-1}，再分别吸取 0 mL、1 mL、3 mL、5 mL、8 mL、10 mL 和 12 mL 分别放入 25 mL 容量瓶，加入 1 mL (1:4)HCl 和 2 mL 0.25% 阿拉伯胶溶液，用水定容，得到 0 mg·L^{-1}、0.4 mg·L^{-1}、1.2 mg·L^{-1}、2.0 mg·L^{-1}、3.2 mg·L^{-1}、4.0 mg·L^{-1} 和 4.8 mg·L^{-1} 硫标准系列。同操作步骤(5)比浊，然后绘制标准曲线。

14.4.4 结果计算

$$土壤有效硫(S)含量(mg \cdot kg^{-1}) = \frac{\rho \times V \times t_s}{m} \qquad (14-4)$$

式中　ρ——从标准曲线上查得硫的浓度，mg·L^{-1}；

　　　m——土壤样品质量，g；

　　　V——比浊体积，mL；

　　　t_s——分取倍数。

两次平行测定结果的允许差为 2 mg·kg^{-1}。

14.4.5 注意事项

【1】鉴于标准曲线在浓度低的一端不成直线。为了提高测定的可靠性，可在样品溶液和标准系列中都添加等量的 SO_4^{2-}、使硫浓度提高至 1 mg·L^{-1}（加入 10 mg·L^{-1} 硫标

准液 2.5 mL）。

【2】CO_3^{2-} 对此法有干扰，因此必须加盐酸酸化使其成微酸性。

【3】若水样含有少许色度或微混，可用空白处理（水样加同体积的蒸馏水代替氯化钡）测定吸光度，然后从样品吸光度中减去。

第 15 章

土壤碳酸钙

15.1 概述

15.1.1 土壤碳酸钙的作用及植物缺碳酸钙症状

植物生长在碳酸钙含量较高的土壤中出现的最主要营养失调症是缺铁失绿，此外，植物还会出现缺锌、锰、钾等现象。

15.1.2 土壤碳酸钙的形态

碳酸钙俗称灰石、石灰石、石粉、大理石、方解石，是一种无机化合物，化学式是 $CaCO_3$，呈中性，基本上不溶于水，溶于酸。它是地球上的常见物质，广泛存在于霰石、方解石、白垩、石灰岩、大理石等岩石内，也是动物骨骼和贝类外壳的主要成分。碳酸钙是重要的建筑材料，工业上用途甚广。

15.1.3 影响土壤碳酸钙含量的因素

土壤碳酸盐含量是土壤分类和用土改土的重要依据。在石灰性土壤中，碳酸钙在土壤剖面中的淋溶和淀积状况是判断土壤形成和肥力特性的主要标志。随石灰含量的不同，土壤 pH 值在 6.5~8.5 间变化；在中性、酸性非石灰性土壤中，由于农业生产措施的影响也常含有一定的碳酸盐。土壤中碳酸盐主要成分是碳酸钙，它对土壤的淋溶程度、土壤的发育程度、土壤的盐基饱和度、土壤吸附的阳离子种类、土壤结构、土壤酸碱度、养分状况和土壤胶体性状等有着显著的影响。在土壤分析工作中，有很多项目的方法选择首先取决于碳酸盐的含量。土壤中碳酸钙的含量不仅能反应土壤的一般特征，而且可以据此判断和估计土壤中矿物营养元素存在的情况。对于盐渍化土壤而言，还可以了解碱化的程度，同时也可以作为其他的分析项目必要的参考。因此，此项分析不仅是判断土壤基本性状和肥力水平的需要，也是其他各项分析方法选择的基础。

15.1.4 土壤碳酸钙的检测

在土壤测定中常先检定土壤的石灰反应，这不仅是因为土壤中碳酸盐容易检定和估量，而且土壤中碳酸钙的含量会影响许多重金属元素在土壤环境中的反应。如镉在碱性土壤中易形成难溶性氢氧化物，毒性降低；铬、镉等重金属在碱性土壤中的环境容量比在酸性土壤中高。

15. 2　方法原理

15. 2. 1　气量法

适用于石灰性土壤中碳酸钙的测定。气量法主要是通过测量土壤中的碳酸盐与盐酸作用产生的二氧化碳体积，根据二氧化碳在一定气温和气压下的密度，计算二氧化碳的质量，再换算为土壤碳酸钙的含量。

15. 2. 2　中和滴定法

适用于石灰性土壤中碳酸钙的测定。土壤中的碳酸钙与过量的盐酸标准溶液反应，剩余的酸用氢氧化钠标准溶液滴定，以酚酞为指示剂，由净消耗的盐酸标准溶液的量计算土壤碳酸钙的含量。此法只能测得近似结果，因为所加的酸不仅能与碳酸盐作用，还能与其他物质发生反应。由于酸与土壤矿物质作用，特别是在加热过程中会使许多物质分解或溶解，而使滤液中含有胶体物质，当用碱回滴时，使滤液具有比较强的缓冲作用，而使酚酞颜色变化迟钝，终点不易辨别，在加热情况下进行滴定会使情况改善。

15. 3　石灰性土壤碳酸钙的测定（气量法）

15. 3. 1　方法提要

土壤中的碳酸盐（主要是碳酸钙）与盐酸作用产生 CO_2，以气量法测出 CO_2 的体积，进而计算出相对 $CaCO_3$ 的量。反应式如下：

$$CaCO_3 + 2HCl = CaCl_2 + CO_2 \uparrow + H_2O$$

15. 3. 2　器材与试剂

（1）器材

气量法测定装置（图 15-1）等。

（2）试剂

① 盐酸溶液 $[c(HCl) = 3 \ mol \cdot L^{-1}]$：取 250 mL 盐酸 $[\rho(HCl) = 1.19 \ g \cdot mL^{-1}]$，加水稀释至 1 L。

② 量气管溶液：每 100 mL 水中加 1 mL 盐酸 $[\rho(HCl) = 1.19 \ g \cdot mL^{-1}]$ 和几滴甲基红指示剂。

③ 甲基红指示剂：称取 0.1 g 甲基红溶于 100 mL 950 mL $\cdot L^{-1}$ 乙醇溶液中。

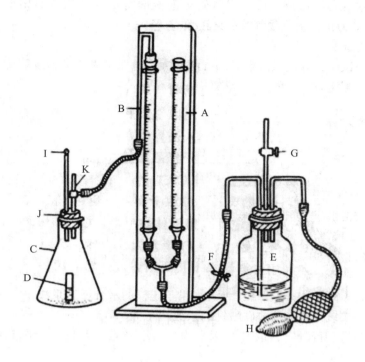

图 15-1　气量法测定 CaCO₃ 的装置

A. 气量管　B. 气量管　C. 三角瓶　D. 试管　E. 广口瓶　F. 夹子
G. 活塞1　H. 打气球　I. 温度计　J. 橡皮塞　K. 活塞2

15.3.3　操作步骤

（1）验漏

装配器材，并检查整个系统是否漏气。

（2）称样

称取通过 0.149 mm 筛孔的风干土样 0.5~10 g（精确至 0.01 g，约含碳酸钙 0.05~0.40 g），置于 250 mL 锥形瓶中，用少量水润湿土样、瓶壁和瓶口。

（3）加液

向固定在橡皮塞上的弯曲小试管（弯曲处有小孔）中加入 10 mL 3 mol·L⁻¹盐酸溶液，然后将小试管放入锥形瓶中，塞紧。

（4）测定初始值

转动三通活塞使反应瓶和量气管均与外界相通，用水准器中的量气管溶液调节量气管的液面近于零点，记录初读数。

（5）充分反应

转动三通活塞，使反应瓶与量气管相通而与外部隔绝，用坩埚钳夹住反应瓶颈部，将反应瓶倾斜，使小试管内的盐酸溶液分 2~3 次倒出与土样作用。充分摇动反应瓶，并随时向下移动水准器，保持其中的量气管溶液液面与量气管的液面相平，直至液面在1 min内不再下降为止，记录量气管的终读数。

（6）空白试验

同时做空白试验，并记录测定时的气温和气压，在二氧化碳密度表中查出二氧化碳密度以校正土样测定时产生的二氧化碳体积。

15.3.4 结果计算

$$\omega_{CaCO_3} = \frac{(V_1 - V_0) \times d \times 2.27}{m \times K \times 10^6} \times 1\,000 \tag{15-1}$$

式中 ω_{CaCO_3}——碳酸钙量，$g \cdot kg^{-1}$；

V——土样测定时读得的体积，mL；

V_0——空白试验时读得的体积，mL；

d——经过水汽压校正后的二氧化碳的密度，$\mu g \cdot mL^{-1}$；

m——风干土样质量，g；

K——吸湿水系数，风干土样换算成烘干土样的水分换算系数；

2.27——二氧化碳换算成碳酸钙的系数。

试样进行两份平行测定，取其算术平均值，取整数。两份平行测定结果允许差按表 15-1 规定。

表 15-1 碳酸钙测定允许差

碳酸钙量（$g \cdot kg^{-1}$）	允许差量（$g \cdot kg^{-1}$）
> 100	> 10
10 ~ 100	2 ~ 10
< 10	< 2

15.3.5 注意事项

【1】土壤中的碳酸盐以碳酸钙为主，但也有少量以碳酸钙 – 碳酸镁和水溶性碳酸盐或碳酸氢盐等形态存在，不论其存在形式如何，都将土壤碳酸盐含量表示为 $CaCO_3$（$g \cdot kg^{-1}$）。

【2】气量法测定装置漏气检查方法：将反应瓶塞紧，转动三通活塞使反应瓶仅与量气管相通而与外部隔绝，打开水准器活塞，抬高水准器，使其液面高出或低于量气管液面刻度 10 mL 左右，然后关闭水准器活塞，10 ~ 20 min 后观察。如位差有变化，说明装置系统漏气，须涂抹肥皂水找出漏气处，再涂以熔化的石蜡密封。

【3】必要时，在称样前可先做半定量试验，以确定称样量。方法：取少量土样放在比色瓷板的穴中，加 2 ~ 3 滴 3 $mol \cdot L^{-1}$ 盐酸溶液，如无明显气泡，表明碳酸钙含量小于 10 $g \cdot kg^{-1}$，可称样 10 g；如有明显气泡又持续一定时间，碳酸钙含量在 10 ~ 30 $g \cdot kg^{-1}$，可称样 5 g；如发泡激烈但不持久，碳酸钙含量在 30 ~ 50 $g \cdot kg^{-1}$，可称样2 g；如发泡很激烈且持久并溢出穴外，碳酸钙含量在 50 $g \cdot kg^{-1}$ 以上，可称样 1 g 或 0.5 g。

【4】用水润湿样品和反应瓶内壁可使瓶内水汽压达到平衡,并可缓冲碳酸钙与盐酸作用产生热量的影响;湿润瓶口可使橡皮塞与瓶口接触紧密,不致漏气。

【5】操作中应尽量避免用手直接接触反应瓶,以防手温使瓶中气体膨胀,影响结果。

【6】小试管中的盐酸应分 2 ~ 3 次倒出,防止碳酸钙含量过高时二氧化碳发泡过于激烈,样品溅在瓶壁上,或使量气管中的压力骤增而致漏气。

【7】测定过程中要随时调整水准器与量气管中量气管溶液液面,使保持水平,勿使相差太大,这样量气管中二氧化碳压力才能与大气压相近。

15.4 石灰性土壤碳酸钙的测定(中和滴定法)

15.4.1 方法提要

用过量的盐酸与土壤中碳酸盐作用,剩余酸用氢氧化钠标准溶液滴定,计算出土壤中碳酸盐含量。

15.4.2 器材与试剂

(1)器材

高型烧杯(100 mL)、滴定管、容量瓶(100 mL)等。

(2)试剂

① 氢氧化钠标准溶液$[c(NaOH) = 0.25$ mol $\cdot$ L$^{-1}]$:称取 10 g 氢氧化钠,用煮沸后刚冷却的水(不含 CO_2)溶解,并稀释至 1 L。

标定方法为:称取 12.764 g 于 110 ℃烘干的邻苯二甲酸氢钾($KHC_8H_4O_4$)(精确至0.000 1 g),用少量水溶解,再加水稀释至 250 mL,得 0.25 mol $\cdot$ L^{-1}邻苯二甲酸氢钾标准溶液。吸取25 mL邻苯二甲酸氢钾标准溶液置于 150 mL 锥形瓶中,加 1 ~ 2 滴酚酞指示剂,用氢氧化钠标准溶液滴定至溶液由无色变为微红色,并在 30 s 内不褪色为止。同时做空白试验。氢氧化钠标准溶液的浓度按下式计算:

$$c = \frac{c_1 \times V_1}{V_2 - V_0} \tag{15-2}$$

式中 c——氢氧化钠标准溶液浓度,mol $\cdot$ L^{-1};

c_1——邻苯二甲酸氢钾标准溶液浓度,mol $\cdot$ L^{-1};

V_1——邻苯二甲酸氢钾标准溶液体积,mL;

V_2——氢氧化钠标准溶液用量,mL;

V_0——空白试验消耗氢氧化钠标准溶液体积,mL。

② 酚酞指示剂:称取 1 g 酚酞溶于 20 mL 乙醇中,再加入 80 mL 水。

③ 盐酸标准溶液$[c(HCl) = 0.5$ mol $\cdot$ L$^{-1}]$:取 43 mL 盐酸$[\rho(HCl) = 1.19$ g $\cdot$ mL$^{-1}]$加水稀释至 1 L。

标定:吸取 20 mL 盐酸标准溶液置于 150 mL 锥形瓶中,加 1 ~ 2 滴酚酞指示剂,用氢氧化钠标准溶液滴定至溶液由无色变为微红色,并在 30 s 内不褪色为止。盐酸标准溶液的浓度按下式计算：

$$c = \frac{c_1 \times V_1}{V}$$

(15-3)

式中 c——盐酸标准溶液浓度，$mol \cdot L^{-1}$；

V——盐酸标准溶液体积，mL；

c_1——氢氧化钠标准溶液浓度，$mol \cdot L^{-1}$；

V_1——氢氧化钠标准溶液用量，mL。

15.4.3 操作步骤

（1）称样

称取通过 0.149 mm 筛孔的风干土样 3~10 g（含碳酸钙 0.2~0.4 g，精确至 0.01 g），置于 100 mL 高型烧杯中。

（2）待测液的制备

向高型烧杯中加入 20 mL 0.5 $mol \cdot L^{-1}$盐酸标准溶液，盖上表面皿，用玻璃棒搅拌，驱赶出产生的二氧化碳。

（3）移液

冷却后将溶液移入 100 mL 容量瓶，并用水冲洗土样和烧杯 5~6 次，再用水稀释至刻度，摇匀。

（4）滴定

吸取 50 mL 较清的溶液置于 150 mL 锥形瓶中，加入 2 滴酚酞指示剂，用 0.25 $mol \cdot L^{-1}$氢氧化钠标准溶液滴定剩余的盐酸至溶液变为微红色，并在 30 s 内不褪色为止。

15.4.4 结果计算

$$\omega_{(CaCO_3)} = \frac{\left(c_1 \times \frac{1}{2}V_1 - c_2 \times V_2\right) \times 50 \times t_s \times 10^{-3}}{m \times K} \times 1\,000$$

(15-4)

式中 ω_{CaCO_3}——碳酸钙量，$g \cdot kg^{-1}$；

c_1——盐酸标准溶液浓度，$mol \cdot L^{-1}$；

V_1——盐酸标准溶液体积，mL；

c_2——氢氧化钠标准溶液浓度，$mol \cdot L^{-1}$；

V_2——氢氧化钠标准溶液用量，mL；

1/2——滴定时吸取溶液的体积是总体积的 1/2；

50——1/2 碳酸钙分子的摩尔质量，$g \cdot moL^{-1}$；

10^{-3}——将 mL 换算成 L 的系数；

t_s——分取倍数（溶液总体积 100 mL/吸取溶液体积 mL）；

m——风干土样质量，g；

K——风干土样换算成烘干土样的水分换算系数。

试样进行两份平行测定,取其算术平均值,取整数。两份平行测定结果允许差按表规定。

15.4.5   注意事项

【1】加入盐酸以过量25%~100%为宜。不足或太多将使测定结果偏低或偏高。

【2】本法因盐酸不仅与碳酸钙作用,而且还有其他副反应产生,如交换性盐基被氢离子交换,某些碱土金属的硅酸盐也被分解等,致使测定结果常偏高。土样中铁、铝等氧化物溶解时消耗盐酸,并不导致误差,因为在滴定至酚酞终点时,这些铁、铝仍需消耗等量的标准氢氧化钠溶液而沉淀。

【3】土样含碳酸钙30 g·kg^{-1}以下时,称取土样10 g;30~50 g·kg^{-1}时,称取土样5 g;50~120 g·kg^{-1}时,称取土样3 g;大于120 g·kg^{-1}时,须酌量少称。

【4】土样不一定要完全转入容量瓶,但必须将酸洗净,可用倾泻法洗涤烧杯和土样5~6次。

【5】反应时加入的盐酸量必须使碳酸钙中和而有适当剩余,最后回滴时所消耗的0.25 mol·L^{-1}氢氧化钠标准溶液应在4~10 mL之间。如少于4 mL或多于10 mL,应适当减少或增加称样量。

第 16 章

土壤微量元素测定

16.1　概述

16.1.1　土壤微量元素的来源与形态

微量元素指自然界中广泛存在的含量很低的化学元素，如铜、锰、锌等。铁虽然是土壤中的大量元素，但在植物体内含量很低，且其在土壤中的有效态含量也很低，所以也被视为微量元素。土壤中微量元素的来源包括自然来源和人为来源。自然来源主要来自于成土母质。人为来源主要是施肥，尤其是施用微量元素肥料，其次是磷肥，磷肥中的微量元素含量较多，视磷矿所含杂质而有所不同。其他如各种沉降物、火山烟尘、灌溉水、大气沉降、城市垃圾以及污水污泥等也是土壤中微量元素的来源途径。

土壤中微量元素虽然含量低，但化学特性很复杂，尤其是多价态元素铁和锰，很少有它们纯的化合物存在于自然土壤中，往往是在土壤中通过一些复杂的反应，如沉淀、吸附、解吸、氧化还原、复合等转化成不同的形态存在于土壤中。在地球化学和土壤科学领域较多应用 A. Tessier 和 L. M. Shuman 提出的形态划分方法，该方法将微量元素的形态分为交换态（Ex－）、碳酸盐结合态（Ca－）、有机结合态（Om－）、氧化物结合态（Ox－）和矿物态（Min－）。其中土壤中交换态微量元素借助库仑力吸附于土粒表面，主要位于腐殖质或黏粒矿物等土壤活性组分的交换位点上，对环境变化非常敏感，可通过离子交换解吸进入溶液，水溶态包含在该形态内，能被植物吸收，有效性较大。碳酸盐结合态微量元素对土壤环境条件尤其是 pH 值最敏感，可溶于弱酸，故当 pH 值下降时易转化为交换态，从而可以很好地补充土壤中有效态微量元素的含量，相反，pH 值升高则生成碳酸盐。有机结合态微量元素主要存在于土壤中活的生物体、动植物残体、腐殖质和土壤颗粒表面的有机胶结物中，在土壤中常被有机质络合或螯合。有机结合态微量元素需在有机物分解后才能释放出来。该形态含量与土壤中微量元素的活性密切相关。铁锰氧化物结合态和残渣态有效性相对较低。因此，从植物营养或土壤环境的角度，合理地选择提取剂或提取方法以区分微量元素的不同形态是微量元素分析的重要环节。

16.1.2　土壤微量元素含量及其分布

土壤中除了某些微量元素的含量稍高外，其余元素的含量范围一般为十万分之几到百万分之几,有的甚至少于百万分之一。土壤中微量元素的含量主要是由成土母质和土壤类型决定,变幅可达 100 倍甚至超过 1 000 倍(见表 16-1),而常量元素的含量在各类土壤中的变幅很小,基本不会超过 5 倍。

表 16-1　我国土壤微量元素的含量

元　素	全国范围($mg \cdot kg^{-1}$)	全量平均($mg \cdot kg^{-1}$)	有效态($mg \cdot kg^{-1}$)
硼	痕量~500	64	0.0~5(水溶性硼)
钼	0.1~6.0	1.7	0.02~0.5(Tamm-Mo)
锌	3~790	100	0.1~4(DTPA-Zn)
铜	3~300	22	0.2~4(DTPA-Cu)
锰	42~5 000	74	—

16.1.3　影响土壤微量元素含量的因素

影响土壤中微量元素有效性的土壤条件包括土壤酸碱度、氧化还原电位、土壤通透性和水分状况等,其中以土壤的酸碱度影响最大。土壤中的铁、锌、锰、硼的有效性随土壤 pH 值的升高而降低,而钼的有效性则呈相反的趋势。所以,石灰性土壤中常出现铁、锌、锰、硼的缺乏现象,而酸性土壤易出现钼的缺乏,其使用石灰有时会引起硼锰等的"诱发性缺乏"现象。

16.1.4　土壤微量元素的作用及植物缺磷症状

土壤中影响作物生长的微量元素含量在缺乏、适量和致毒量间的范围较窄。因此,土壤中微量元素的供应不仅有供应不足的问题,也有供应过多造成毒害的问题。因此明确土壤中微量元素的含量、分布、形态和转化的规律,有助于正确判断土壤中微量元素的供给情况。作物必需的微量元素有硼、锰、铜、锌、铁、钼等。随着高浓度化肥施用的增多和有机肥投入的减少,作物发生微量元素缺乏的情况愈来愈普遍。微量元素的缺乏有时会降低作物产量,严重时甚至颗粒无收。

16.1.4.1　硼

土壤中大部分硼存在于土壤矿物(如电气石)的晶体结构中。土壤中硼的主要来源(各种母质)不同,其含硼量相差也会很大。除母质影响外,还与气候、土壤质地、有机质含量有关。一般土壤中的硼存在随黏粒和有机质含量的增加而增加的趋势。硼是一种比较容易淋失的微量元素,因此,干旱地区土壤中硼的含量一般较高,一般在 30 $mg \cdot kg^{-1}$ 以上;而南方土壤中硼的含量较低,有的少于 10 $mg \cdot kg^{-1}$。我国土壤中硼含量总体呈现由北向南逐渐降低的趋势。此外,由于受海水的影响,滨海地区冲积土的含硼量比内陆地区要高。土壤的硼主要以硼酸(H_3BO_3)的形式被植物吸收。硼对植物的生殖过程有重要的影响,与花粉形成、花粉管萌发和受精也有密切关系。缺硼时,花药和花丝萎缩,花粉发育不良。油菜和小麦出现的"花而不实"现象就与植物硼酸缺乏有关。缺硼时根尖、茎尖的生长点停止生长，侧根、侧芽大量萌发，其后侧根、侧芽的生长点死亡，从而形成簇生状。甜菜的褐腐病、马铃薯的卷叶病和苹果的缩果病等都是缺硼所致。

16.1.4.2　铜和锌

土壤中的铜和锌一般以下列几种形态存在：以游离态或复合态离子形式存在于土壤溶液中的水溶态；以非专性（交换态）或专性吸附在土壤黏粒的阳离子；主要与碳酸盐和铝、铁、锰水化氧化物结合的闭蓄态阳离子；存在于生物残体和活的有机体中有机态；存在于原生和次生矿物晶格结构中的矿物态。它们在各种形态中的相对分配比例则取决于矿物种类结构、母质、土壤有机质含量等。

土壤中的铜主要来自原生矿物，存在于矿物的结晶格内。我国土壤中全铜的含量一般在 $4 \sim 150$ mg · kg^{-1}，平均约为 22 mg · kg^{-1}，接近世界土壤含铜量的平均水平（20 mg · kg^{-1}）。全铜含量与土壤母质类型、腐殖质的量、成土过程和培肥条件有关。一般基性岩发育的土壤含铜量多于酸性岩，沉积岩中以砂岩含铜最少。铜参与植物的光合作用，以 Cu^{2+} 和 Cu^{+} 的形式被植物吸收，它可以畅通无阻地催化植物的氧化还原反应，从而促进碳水化合物和蛋白质的代谢，使植物抗寒、抗旱能力大为增强；在叶绿体中含有较多的铜，因此铜与叶绿素形成有关；铜还具有提高叶绿素稳定性的能力，避免叶绿素过早遭受破坏，这有利于叶片更好地进行光合作用。缺铜时，叶绿素减少，叶片出现失绿现象，幼叶的叶尖因缺绿而黄化并干枯，最后叶片脱落；还会使繁殖器官的发育受到影响。

我国土壤中的全锌含量为 $3 \sim 709$ mg · kg^{-1}，平均含量约在 100 mg · kg^{-1}，比世界土壤的平均含锌量（50 mg · kg^{-1}）高出 1 倍。土壤含锌量与成土母质中的矿物种类及风化程度有关。一般岩浆岩、安山岩和火山灰等风化物含锌量最低。在沉积岩和沉积物，页岩和黏板岩的风化物含锌量最高，其次是湖积物及冲击黏土，而以砂岩的含锌量最低。锌以 Zn^{2+} 的形式被植物吸收，在氮素代谢中，锌能很好地控制植物体内有机氮和无机氮的比例，大大提高抗干旱、抗低温的能力，促进枝叶健康生长；锌参与叶绿素生成、防止叶绿素的降解和形成碳水化合物等反应。果树缺锌在我国南北方均有所见，除叶片失绿外，在枝条尖端常出现小叶和簇生现象，称为"小叶病"。严重时枝条死亡，产量下降。在北方常见有苹果树和桃树缺锌，而南方柑橘缺锌现象较普遍。此外，梨、李、杏、樱桃、葡萄等也可能发生缺锌的现象。水稻缺锌表现为"稻缩苗"；玉米缺锌，叶片出现沿中脉的失绿带与红色斑状褪色现象。

16.1.4.3　锰

土壤中的锰以 3 种氧化态存在（Mn^{2+}、Mn^{3+} 和 Mn^{4+}），另外还以螯合状态存在。我国全锰含量比较丰富，但变化幅度比较大具体参见国家地球系统数据共享服务平台——土壤科学数据中心（http：//soil. geodata. cn）。一般在 $100 \sim 5\,000$ mg · kg^{-1}，平均为 850 mg · kg^{-1}。我国土壤中的全锰含量为 $42 \sim 3\,000$ mg · kg^{-1}，平均含量约在 710 mg · kg^{-1}。土壤中锰的总含量因母质的种类、质地、成土过程、土壤的酸度以及有机质的积累程度等而有所不同，其中母质的影响尤为明显。土壤中锰的形态十分复杂，而且变化性强。土壤中的锰主要以 Mn^{2+} 的状态被植物吸收。锰具有参与光分解，提高植物的呼吸强度，促进碳水化合物的水解等功能。缺锰症状首先出现在幼叶上，缺乏时叶肉失绿，严重时失绿面积扩大，表现为叶脉间黄化，有时出现一系列的黑褐色斑点而停止生长。在高有机质土壤和锰含量较低的中性到碱性土壤中最常发生。缺锰的水稻叶片（水培）叶脉间断失绿，出现棕褐色小斑点，严重时斑点连成条状，扩大成斑块。

16.1.4.4 钼

土壤中钼以钼酸盐（MoO_4^{2-}）和硫化钼（MoS_2）的形式存在。全钼含量很少，一般在 $0.1 \sim 10$ mg·kg^{-1} 之间，平均为 2 mg·kg^{-1}。有的土壤中的全钼的含量较高，如有些泥炭土中钼的含量高达 $20 \sim 30$ mg·kg^{-1}，有的甚至超过 100 mg·kg^{-1}。土壤中钼的平均含量与地壳的平均含量（2.3 mg·kg^{-1}）基本一致。我国土壤的含钼全量范围为 $0.1 \sim 7.0$ mg·kg^{-1}，平均为 1.7 mg·kg^{-1}。我国各地区和主要土壤类型的钼含量也有较大差异。东北地区各种森林土和白浆土的含钼量最为丰富，为 $1.3 \sim 6$ mg·kg^{-1}；其次是草甸土、黑土、黑钙土和褐色土，为 $0.2 \sim 5.0$ mg·kg^{-1}；碱土和盐土为 $0.5 \sim 2.0$ mg·kg^{-1}；栗钙土 $0.1 \sim 1.2$ mg·kg^{-1}；砂土最低，仅 $0.1 \sim 0.7$ mg·kg^{-1}。华中地区的红壤为 $0.36 \sim 0.86$ mg·kg^{-1}；江苏南部的黄棕壤和水稻土含钼量为 $0.27 \sim 1.83$ mg·kg^{-1}，其中以白土含钼量最低，只有 $0.34 \sim 0.53$ mg·kg^{-1}。植物对钼的需求量低于其他任何矿质元素，因此，至今仍未明了植物吸收钼的形式以及钼在植物细胞内的变化方式。高等植物的硝酸还原酶和具有生物固氮作用的固氮酶都是含钼的蛋白，充足的钼肥能大大提高固氮能力，提高植物蛋白质含量。钼还能促进光合作用的强度，以及消除酸性土壤中活性铝在植物体内累积而产生的毒害作用。作物缺钼的共同表现是植株矮小，生长受抑制，叶片失绿，枯萎以至坏死。

16.2 方法原理

测定土壤微量元素的方法近年来发展较快，以前常用比色法（比色计或分光光度计）测定，由于该法灵敏度低，操作过程较繁，试剂用量大等缺点，目前应用较少。现代器材分析方法能够将土壤和植物微量元素进行大量、快速、准确的自动化分析。很多繁琐的比色分析方法多被器材分析方法替代，从而省略了分离、浓缩和萃取等繁琐手续。目前除了个别元素用比色分析外，大部分都采用原子吸收分光光度法（AAS）、极谱分析、X 光荧光分析、中子活化分析等方法。特别是电感耦合高频等离子体发射光谱法（ICP-AES）的应用，不仅进一步提高了自动化程度，而且扩大了元素的测定范围，其中在农业上有重要意义的非金属元素和原子吸收分光光度法较难测定的元素如硼，磷等均可应用 ICP 进行分析。ICP 国内外均广泛应用于各测试领域，它能同时测定多个元素，具有快速、准确、简便的特点，是理想的测试手段。本节主要介绍用 AAS 法测定土壤全硼、有效硼和用 ICP 法测定其他微量元素。

（1）土壤全硼的测定

采用姜黄素光度法来测定土壤的全硼含量。试样经碳酸钠熔融，水提取，加稀硫酸使熔块溶解，制备成 pH 值为 6.0~6.8 待测溶液。在氯化钙碱性介质中，硼与姜黄素螯合形成玫瑰红色的玫瑰花青苷，用乙醇溶解。于波长 550 nm 处测量吸光度，含量高时则改用波长 580 nm 或 600 nm 测量吸光度。

（2）土壤有效硼的测定

采用姜黄素光度法来测定土壤中的有效硼。土壤用热水浸提出的硼，浸提液中硼在草酸作用下与姜黄素反应，经脱水生成玫瑰红色的络合物。用乙醇溶解后，于 550 nm 波长处测量其吸光度。硼含量在 $0.0025 \sim 0.05 \ \mu g \cdot mL^{-1}$ 范围，符合朗伯-比尔定律。

（3）ICP 法同时测定 Fe、Mn、Cu、Zn、Mo 等元素的含量

用 $HF - HNO_3 - HClO_4$ 消煮土壤试样，HF 破坏了硅酸盐的晶格，形成 SiF_4，并挥发掉，从而消除了土壤中 Si 对被测定元素的干扰。土样消煮完全后，用 1∶1 HNO_3 溶液溶解，制成待测液可直接用 ICP-AES 法同时测定 Fe、Mn、Cu、Zn、Mo 等元素。

16.3　土壤全硼的测定

16.3.1　方法提要

土壤样品经碳酸钠熔融后，制备成熔液，加乙醇溶解，过滤。溶液中的硼用姜黄素比色法测定。

16.3.2　器材与试剂

（1）器材

分光光度计、石英烧杯、石英容量瓶等（玻璃器皿中含硼，所以测硼时应用石英器皿或聚四氟乙烯制的器皿）。

（2）试剂

① 无水碳酸钠。

② 硫酸 $[c(1/2 \ H_2SO_4) = 4 \ mol \cdot L^{-1}]$。

③ 乙醇（v/v 95%）。

④ 姜黄素-草酸溶液：称取 0.04 g 姜黄素和 5 g 草酸（$H_2C_2O_4 \cdot 2H_2O$）溶于无水乙醇中，加 4.2 mL 盐酸（1∶1），移入 100 mL 石英容量瓶中，用乙醇稀释至刻度，摇匀。姜黄素容易分解，应现用现配，应贮存在冰箱中。

⑤ 饱和氢氧化钙溶液：氧化钙（CaO）溶于水中至饱和。

⑥ 硼标准贮备溶液 $[c(B) = 100 \ \mu g \cdot mL^{-1}]$：称取 0.572 g 经 40~50 ℃烘 2 h 的硼酸（H_3BO_3，光谱纯）加 10 mL 水，温热溶解，移入 1 L 石英容量瓶中，稀释至刻度，摇匀。此溶液 1 mL 含 100 μg 硼。

16.3.3 操作步骤

（1）称样

称取 0.5 g（过 100 目筛）风干土壤试样，精确至 0.0001 g，置于 30 mL 铂坩埚中。

（2）熔融

加入 3 g 无水碳酸钠，用聚四氟乙烯尖头棒搅拌混匀。将坩埚放入高温炉中于 950 ℃熔融 30 min。

（3）转液

熔融完毕后，将坩埚取出，稍冷，把熔融物放入 200 mL 石英烧杯中，加 50 mL 水，盖上表面皿。用约 15 mL 4 mol·L^{-1} 硫酸洗铂坩埚，溶液转入烧杯内，应控制 pH 值处于 6.0~6.8 之间。

（4）制备待测液

将烧杯内容物洗入 100 mL 石英容量瓶中，用水稀释至刻度，摇匀制备成待测溶液。

（5）蒸发

吸取 5 mL 待测液和 4 mL 姜黄素-草酸溶液放入瓷蒸发皿（$\phi = 7.5$ cm）中，加入少许饱和氢氧化钙溶液使呈碱性，在 55 ℃±3 ℃水浴上将溶剂全部蒸发，然后把蒸发皿移入 55 ℃±3 ℃干燥箱中，继续干燥 15 min。

（6）加液溶解

用移液管往坩埚内加 20 mL 乙醇，用带橡皮头的聚四氟乙烯棒擦搅残渣，使其充分溶解。

（7）过滤

将溶液过滤入 20 mL 石英带塞比色管中，或用干滤纸直接过滤入 1 cm 吸收皿内。

（8）测量吸光度

于波长 550 nm 处测量吸光。若吸光度过大，改用 180 nm 或 600 nm 波长测量吸光度。由标准曲线上查得硼的量。

（9）标准曲线的绘制

将硼标准溶液（100 μg·mL^{-1}）用与待测液相同操作的空白试验溶液逐级稀释成 ρ（B）分别为 0 μg·mL^{-1}、0.2 μg·mL^{-1}、0.4 μg·mL^{-1}、0.6 μg·mL^{-1}、0.8 μg·mL^{-1}、1.0 μg·mL^{-1} 的标准溶液，再分别取 1 mL 放入瓷蒸发皿内制备成 ρ（B）分别为 0 μg·mL^{-1}、0.01 μg·mL^{-1}、0.02 μg·mL^{-1}、0.03 μg·mL^{-1}、0.04 μg·mL^{-1}、0.05 μg·mL^{-1} 标准系列溶液，进行显色，测量吸光度，并绘制标准曲线。

（10）空白试验

随同试样的分析步骤进行空白试验。标准曲线系列溶液用空白试验溶液稀释。

16.3.4 结果计算

按下式计算全硼的含量，以质量分数表示：

$$\omega_B = \frac{\rho \times V \times t_s}{m \times K} \tag{16-1}$$

式中 ω_B——全硼的质量分数，$mg \cdot kg^{-1}$；

ρ——从工作曲线上查得测定液中硼的质量浓度，$\mu g \cdot mL^{-1}$；

V——比色溶液的体积，mL；

t_s——分取倍数；

m——试样质量，g；

K——水分系数。

平行测定结果允许相对相差≤15%。

16.3.5 注意事项

【1】硬质玻璃中常含有硼，试剂、试样溶液不应与所使用的玻璃器皿长时间接触，应尽量储藏在塑料器皿中。

【2】用姜黄素与待测液中硼进行显色以前，必须对干扰物质进行分离。用于土壤水溶性硼的测定要除去 NO_3^-（见土壤水溶性硼的测定）。

【3】测硼应严格控制显色条件，如蒸发时间、蒸发温度、蒸发速度、空气流动速度等，每批测定都要尽量一致。

【4】显色过程不要中途停顿，更不要在加入姜黄素以后停顿，以免影响结果的准确性。

【5】由于乙醇易挥发，会导致测定体积改变，故应用带盖的比色杯比色，比色工作应尽可能快速，同时应另作空白试验，即在不加试样，其他条件和操作过程完全相同的情况下测定的空白值从分析结果中扣除。

16.4 土壤有效硼的测定

16.4.1 方法提要

土样经沸水浸提 5 min，浸出液中的硼用姜黄素比色法测定。

16.4.2 器材与试剂

（1）器材

分光光度计、玻璃器皿中含硼，测硼应用石英器皿或聚四氟乙烯、聚乙烯制的器皿（实验中所用玻璃器皿使用前应用盐酸浸泡 2~4 h，然后用水和蒸馏水冲洗干净并晾干后使用）。

（2）试剂

① 95% 乙醇。

② 硫酸镁溶液[ρ（$MgSO_4 \cdot 7H_2O$）= 100 $g \cdot L^{-1}$]：10 g $MgSO_4 \cdot 7H_2O$ 溶于 100 mL 水中。

③ 姜黄素-草酸溶液：称取 0.04 g 姜黄素和 5 g 草酸（优级纯）溶于 100 mL 95% 乙醇中。贮于石英容量瓶或塑料瓶中，黑纸包容量瓶。此溶液在使用前一天配制好，密闭好

存放在冰箱中可使用 7 d。

④ 硼标准贮备溶液$[c(B) = 100\ \mu g \cdot mL^{-1}]$：称取 0.572 g 经 40 ~ 50 ℃ 烘 2 h 的硼酸(H_3BO_3，色谱纯)溶于水中，温热溶解后，移入 1 L 石英容量瓶中，稀释至刻度，摇匀。此溶液 1 mL 含 100 μg 硼。

⑤ 硼标准溶液$[c(B) = 10\ \mu g \cdot mL^{-1}]$：将硼标准贮备溶液稀释 10 倍，配制成 1 mL 含 10 μg 硼标准溶液。

16.4.3 操作步骤

(1)称样

称取 10 g(过 2 mm 筛)风干土样，精确至 0.001 g，置于 250 mL 石英锥形瓶中。

(2)煮沸

按 1 : 2 土水比加 20 mL 水，连接冷凝管，文火煮沸 5 min。

(3)制备待测液

立即移开热源，继续回流冷凝 5 min(准确计时)，取下锥形瓶，加入 2 滴硫酸镁溶液，摇匀后立即过滤，将瓶内悬浮液一次倾入慢速滤纸漏斗上，滤液承接于聚乙烯瓶内。同一试样做两个平行测定。

(4)蒸发

移取 1 mL 滤液于 50 mL 蒸发皿中(石英或聚乙烯制品)，加 4 mL 姜黄素-草酸溶液，在恒温水浴上 55 ℃ ± 3 ℃ 蒸发至干，自呈现玫瑰红色时开始计时继续烘焙 15 min。

(5)加液溶解

取下蒸发皿冷却到室温，加入 20 mL 95% 乙醇，用橡胶淀帚擦洗皿壁，使内容物完全溶解。

(6)过滤

用慢速滤纸干过滤到具塞比色管(石英或塑料)中，溶液放置时间不要超过 3 h。

(7)测量吸光度

以 95% 乙醇为参比溶液，在分光光度计上于 550 nm 波长处，用 1 cm 吸收皿，测量吸光度。

(8)标准曲线的绘制

吸取 0 mL、0.5 mL、1 mL、2 mL、3 mL、4 mL、5 mL 硼标准溶液($10\ \mu g \cdot mL^{-1}$)于 50 mL 石英容量瓶中，用水稀释至刻度，摇匀。配制成 $0\ \mu g \cdot mL^{-1}$、$0.1\ \mu g \cdot mL^{-1}$、$0.2\ \mu g \cdot mL^{-1}$、$0.4\ \mu g \cdot mL^{-1}$、$0.6\ \mu g \cdot mL^{-1}$、$0.8\ \mu g \cdot mL^{-1}$、$1\ \mu g \cdot mL^{-1}$ 标准溶液置于 50 mL 蒸发皿内，进行显色测量吸光度并绘制标准曲线。

(9)空白试验

随同试样的分析步骤做空白试验。

16.4.4 结果计算

按下式计算有效硼的含量，以质量分数表示：

$$\omega_{有效硼} = \frac{(\rho - \rho_0) \times V \times t_s}{m \times K} \tag{16-2}$$

式中　$\omega_{有效硼}$——有效硼的质量分数，$mg \cdot kg^{-1}$或$\mu g \cdot g^{-1}$；

ρ——测定液中有效硼的质量浓度，$\mu g \cdot mL^{-1}$；

ρ_0——试样空白溶液中有效硼的质量浓度，$\mu g \cdot mL^{-1}$；

V——测定液体积，mL；

t_s——分取倍数；

m——试样质量，g；

K——水分系数。

允许偏差按下表16-2规定：

表16-2　允许偏差表

测定值($mg \cdot kg^{-1}$或$\mu g \cdot g^{-1}$)	绝对偏差($mg \cdot kg^{-1}$或$\mu g \cdot g^{-1}$)	相对偏差(%)
<10	<1.5	13~20
10~50	<5	11~13
50~100	<8	9~11
100~300	<15	5~9

16.4.5　注意事项

【1】若土壤中NO_3^-含量超过$20\ \mu g \cdot g^{-1}$时，会对显色有干扰，需吸取一定量的滤液加饱和氢氧化钙溶液，放在水浴上蒸干后灼烧破坏NO_3^-，然后用$0.1\ mol \cdot L^{-1}$盐酸溶解残渣，再进行显色。

【2】待测液、空白溶液及标准系列溶液的显色条件(如温度、容器的种类与体积、蒸发的速度)必须严格保持一致。

【3】由于乙醇易挥发，比色时需快速进行。

【4】土壤中的水溶液硼含量过低，比色困难，可以准确吸取较多的溶液，移入蒸发皿中，加少许饱和$Ca(OH)_2$溶液使之呈碱性，在水浴上蒸发干。加入适当体积(例如$5\ mL$)的$0.1\ mol \cdot L^{-1}$HCl溶解。吸取$1\ mL$进行比色。由于待测液的酸碱度对显色有很大影响，所以标准样品的测定也应同样处理。

16.5　ICP-AES 法同时测定 Fe、Mn、Cu、Zn、Mo 等的全量

16.5.1　方法提要

土壤样品经过消煮，制备成待测液可直接用 ICP-AES 法同时测定 Fe、Mn、Cu、Zn、Mo 等元素。

16.5.2　器材与试剂

（1）器材

美国 Jarrel-Ash 公司生产的 ICPA-9000 型多道直读光谱仪、铂坩埚或聚四氯乙烯坩埚、电热板。

光谱条件设置：正向功率 1.1 kW，反射功率 <5 W，工作气体为氢气，载气流量 0.6 L·min^{-1}，冷却气体流量 15 L·min^{-1}，观察高度 15 cm，曝光时间 7 s，样品提升量 1.5 mL·min^{-1}。取两次测定值得平均值（选择最佳测定条件需经条件实验）。

（2）试剂

① HNO$_3$（优级纯）。

② HF（优级纯）。

③ HClO$_4$（优级纯）。

④ 标准溶液配制：

a. 用两次去离子水配制 1∶1HNO$_3$ 溶液，为 Cu、Zn 的低标。

b. HF-HNO$_3$-HClO$_4$ 的消煮液蒸干，加 1 mL 1∶1 HNO$_3$ 转移至 25 mL 容量瓶中定容，即空白溶液，为 Fe、Mn、Mo 元素器材标准化的低标。

c. Cu、Zn 标准液的配制：用 Cu、Zn 光谱纯试剂分别制备 1 mg·mL^{-1}Cu、Zn 贮备液。在测定时，再配制成 10 μg·mL^{-1}Cu 和 1 mg·mL^{-1}Zn 的混合标准液（用 50 g·L^{-1}的硝酸稀释配制）。该溶液为器材标准化 Cu、Zn 元素的高标。

d. Fe、Mn、Mo 标准溶液的配制：用土壤标准样品或水系沉积物标准样品与待测样品相同处理制成的溶液，其 Fe、Mn、Mo 的推荐值为相应元素器材标准化的高标。

16.5.3　操作步骤

（1）称样

称取研磨通过 0.149 nm 尼龙筛的均匀土壤试样 0.1 g 于 30 mL 铂坩埚中（或聚四氟乙烯坩埚）。

（2）消煮

用两次去离子水润湿土壤，然后加入 7 mL HF 溶液和 1 mL 浓 HNO$_3$ 溶液，在电热板上消煮蒸发近干时取下坩埚。冷却后，沿坩埚壁再加 5 mL HF 溶液，继续消煮近干，取下坩埚。冷却后，加入 2 mL HNO$_3$，继续消煮到不再冒白烟，坩埚内残渣呈均匀的浅色（若消煮不完全则呈凹凸状）。

（3）制备待测液

取下坩埚，加入 1∶1 HNO$_3$ 1 mL。加热溶解残渣，至溶液完全澄清后（若溶液仍然浑浊，说明土壤消煮不完全，需加 HF 继续消煮）转移到 25 mL GG-17 号玻璃制成的容量瓶中，定容摇匀后立即转移到聚乙烯小瓶中备用。

（4）测定

用配置好的高、低标准溶液，建立 ACT（分析样品用的软件程序）进行器材标准化。

然后，将待测液直接用 ICP-AES 法，同时测定 Fe、Mn、Cu、Zn、Mo 各元素，经计算机收集并处理各元素的分析数据后打印出各元素的分析结果。

16.5.4 注意事项

【1】消煮液的酸必须按顺序加入，3 种酸不可同时加入消煮，温度也不可过高，否则 HF 挥发过快，土壤消煮不完全。

【2】消煮液用量因土而异，富含铁、铝的红壤及砖红壤，HF 用量要加大并增加消煮次数，否则硅铝酸盐分解不完全，会导致结果偏低。

【3】消煮后期加入 $HClO_4$ 赶走 HF 时，内容物不可烧得过干。要使内容物处于强氧化环境中，并有氯离子存在，这样有助于金属的溶解，否则有些内容物不能溶解在硝酸溶液中，会使结果偏低。

【4】GG-17 号玻璃器皿不应含锌。

16.6 ICP-AES 法同时测定有效态 Fe、Mn、Cu、Zn 的含量

16.6.1 方法提要

用 pH 值为 7.3 的 DTPA(二乙烯三胺五乙酸)-$CaCl_2$-TEA(三乙醇胺)浸提剂，提取提取石灰性或中性土壤中的有效态 Fe、Mn、Cu、Zn。浸提液离心过滤后直接用 ICP-AES 法测定 Fe、Mn、Cu、Zn 的含量。

16.6.2 器材与试剂

(1)器材

同 16.5.2。

(2)试剂

① DTPA 浸提剂：称取 DTPA (二乙烯三胺五乙酸，$C_{14}H_{23}N_3O_{10}$，优级纯)1.967 g 置于 1 L 容量瓶中，加入 TEA(三乙醇胺，$C_6H_{15}NO_3$，优级纯)13.3 mL，加二次去离子水 950 mL，再加 1.47 g 无水氯化钙($CaCl_2$，优级纯)，用盐酸溶液 $[c(HCl) = 6\ mol \cdot L^{-1}]$ 调节 pH 值至 7.3，然后定容。

② 标准溶液：用光谱纯试剂分别配置 $1\ g \cdot L^{-1}$ 的 Fe、Mn、Cu、Zn 元素的储备液。测定时，用 DTPA 浸提剂稀释配置 Fe、Mn、Cu、Zn 元素 $10\ mg \cdot L^{-1}$ 混合标准溶液为高标溶液，DTPA 浸提剂溶液为低标溶液。

16.6.3 操作步骤

(1)称样

称取 10 g 过 2 mm 尼龙筛的粉干土样于 150 mL 聚乙烯塑料瓶中。

(2)浸提

加入 20 mL DTPA 浸提剂，在 25 ℃下振荡 2 h，过滤备用。

（3）测定

用 ICP - AES 同时测定滤液中 Fe、Mn、Cu、Zn 元素的含量。

16.6.4 注意事项

【1】DTPA 浸提是一个非平衡体系，所有影响土壤与 DTPA 反应速率的因子都会影响微量元素的提取量。因此，提取条件必须标准化，如土壤粉碎程度、振荡时间、振荡强度、浸出液的酸碱度、提取温度等都应严格控制。

【2】DTPA 浸提液适用于中性和石灰性土壤，若土壤为酸性，可采用盐酸溶液 $[c(\text{HCl}) = 0.1 \text{ mol} \cdot \text{L}^{-1}]$ 浸提。测定时的高标和低标同样用盐酸浸提剂配制。

第 17 章

土壤 pH 值、EC 值和 Eh 值

17.1 概述

17.1.1 土壤酸碱度 pH 值

酸碱度是土壤重要的基本性质之一，是土壤形成过程和熟化培肥过程的一个指标。酸碱度对土壤中养分存在的形态和有效性、土壤的理化性质、微生物活动以及植物生长发育都有很大的影响。

由于大多数植物必需营养元素的有效性与土壤 pH 值有关，根据土壤 pH 值可以相当可靠地评估土壤中养分的有效状况。总的来看，土壤对植物生长所必需的大多数营养元素，于 pH 值在 6～7 范围内有效度最高。土壤中的细菌(硝化细菌、固氮菌纤维分解细菌和放线菌等)适宜于中性和微碱性环境，在此条件下，其活动旺盛，有机质分解快，固氮作用强，因而土壤有效氮供应较好；而在强酸性土壤中，其活性急剧下降，此时真菌活动占优势，土壤有效氮供应不足，还可能会有硝态氮(NO_2^-)的积累。此外，各类土壤中所含的盐基种类和数量取决于它们的酸碱性，而各类土壤的酸碱性与特定的生物、气候、地形、母质以及成土过程的时间等均有密切的关系。

土壤 pH 值是土壤溶液中氢离子活度的负对数，可用水处理土壤制成悬浊液进行测定。土壤 pH 值的测定方法可分为电位法和比色法两大类。比色法因其结果准确度较低，一般用于田间速测；电位法具有准确、快速、方便和数据重现性好等优点，因而各个土壤分析实验室一般采用电位法。

17.1.2 土壤电导率 EC 值

土壤中的水溶性盐是强电介质，其水溶液具有导电作用，导电能力的强弱可用电导率表示。在一定浓度范围内，溶液的含盐量与电导率呈正相关，含盐量愈高，溶液的渗透压愈大，电导率也愈大，土壤水浸出液的电导率可用电导仪测定。

17.1.3 土壤氧化还原电位 Eh 值

土壤氧化还原电位是土壤氧化还原状况的指标。土壤中进行着多种复杂的化学和生物化学过程，其中氧化还原作用占有重要的地位。土壤空气中氧含量的高低强烈地影响着土壤溶液的氧化还原状况和土壤的成土过程，特别是水稻土的形成与氧化还原条件直

接有关。在还原条件下有机氮矿化可使铵态氮积累和硝态氮消失，并使土壤磷的有效性提高。故测定土壤的氧化还原电位，有助于了解土壤的通气、还原程度。

17.2 方法原理

17.2.1 土壤 pH 值

土壤 pH 值的测定一般采用无二氧化碳的蒸馏水作浸提剂；酸性土壤由于交换性氢离子和铝离子的存在，采用氯化钾溶液作浸提剂；中性和碱性土壤，为了减少盐类差异带来的误差，采用氯化钙溶液作浸提剂。浸提剂与土壤的比例通常为 2.5∶1，盐土采用 5∶1，枯枝落叶层或泥炭层采用 10∶1。浸提液经平衡后，用酸度计测定 pH 值。

17.2.2 土壤 EC 值

电导率仪测量电导率的原理是将两块平行的极板，放到被测溶液中，在极板的两端加上一定的电势(通常为正弦波电压)，然后测量极板间流过的电流，根据欧姆定律，电导率(G)—电阻(R)的倒数，由导体本身决定。

17.2.3 土壤 Eh 值

测定氧化还原电位的常用方法是铂电极直接测定法，该法是所用铂电极本身难以腐蚀、溶解，可作为一种电子传导体。当铂电极与介质(土壤、水)接触时，土壤或水中的可溶性氧化剂或还原剂，将从铂电极上接受电子或给予电子，直至在铂电极上建立起一个平衡电位，即该体系的氧化还原电位。由于单个电极电位是无法测得的，故需与另一个电极电位固定的参比电极(饱和甘汞电极)构成电池，用电位计测量电池电动势，然后计算出铂电极上建立的平衡电位，即氧化还原电位 Eh 值。

17.3 土壤 pH 值的测定

17.3.1 方法提要

用电位法测定土壤 pH 值，是将 pH 值玻璃电极和甘汞电极插入土壤悬浊液或浸出液中，测定其电动势值，再换算成 pH 值。

17.3.2 器材与试剂

(1)器材

酸度计、玻璃电极、饱和甘汞电极。

(2)试剂

① 标准缓冲溶液(pH = 4.01)：称取 10.21 g 在 105 ℃ 烘过的苯二甲酸氢钾($KHC_8H_4O_4$)，精确至 0.01 g，用水溶解后，加水稀释至 1 L。

② 标准缓冲溶液(pH=6.87):称取 3.39 g 在 105 ℃烘过的磷酸二氢钾(KH_2PO_4)和 3.53 g 无水磷酸氢二钠(Na_2HPO_4),精确至 0.01 g,用水溶解后,加水稀释至 1 L。

③ 标准缓冲溶液(pH=9.18):称取 3.80 g 硼砂($Na_2B_4O_7 \cdot 10H_2O$),精确至 0.01 g,用无二氧化碳的水溶解后,加水稀释至 1 L。此溶液的 pH 值易于变化,应注意保存。

④ 氯化钾溶液[$c(KCl)=1.0 \text{ mol} \cdot L^{-1}$]:称取 74.6 g 氯化钾,精确至 0.1 g,用 400 mL 水溶解,此溶液 pH 值应在 5.5~6.0,然后加水稀释至 1 L。

⑤ 氯化钙溶液[$c(CaCl_2)=0.01 \text{ mol} \cdot L^{-1}$]:称取 147.02 g 氯化钙,精确至 0.01 g,用 200 mL 水溶解后,加水稀释至 1 L,即为 1.0 mol $\cdot L^{-1}$ 氯化钙溶液。吸取 10 mL 1.0 mol $\cdot L^{-1}$ 氯化钙溶液置于 500 mL 烧杯中,加入 400 mL 水,搅匀后用少量氢氧化钙或盐酸调节 pH 值为 6.0 左右,再加水稀释至 1 L,即为 0.01 mol $\cdot L^{-1}$ 氯化钙溶液。

17.3.3 操作步骤

(1)取样

称取通过 2 mm 筛孔的风干土样 10 g(精确至 0.01 g)置于 50 mL 高型烧杯中,

(2)待测溶液的制备

加入 25 mL 无二氧化碳水或 25 mL 1 mol $\cdot L^{-1}$ 氯化钾溶液(酸性土壤)或 25 mL 0.01 mol $\cdot L^{-1}$ 氯化钙溶液(中性或碱性土壤)。枯枝落叶层或泥炭层土壤称取 5 g 试样(精确至 0.01 g),加入 50 mL 水或 50 mL 1 mol $\cdot L^{-1}$ 氯化钾溶液(酸性土壤)或 50 mL 0.01 mol $\cdot L^{-1}$ 氯化钙溶液(中性或碱性土壤)。用玻璃棒剧烈搅动或磁力搅拌器搅动 1~2 min,静置 30 min,此时应避免空气中氨或挥发性酸等的影响。

(3)器材校正

将玻璃电极和饱和甘汞电极插入与土壤浸提液 pH 值接近的标准缓冲溶液中,使标准缓冲溶液 pH 值与酸度计标度上的 pH 值相一致。然后移出电极,用水冲洗,再用滤纸吸干后插入另一 pH 值相近的标准缓冲溶液中,调节检查酸度计的读数,最后移出电极,用水冲洗,滤纸吸干后待用。

(4)测定

将玻璃电极的球泡浸入待测土样的下部悬浮液中,并轻轻摇动,然后将饱和甘汞电极插入上部清液中,待酸度计读数稳定后,记录待测液的 pH 值。每个试样测完后,立即用水冲洗电极,并用滤纸吸干后再测定其他试样。精确测定时,每测定 5~6 个试样后,需要将饱和甘汞电极的顶端,在饱和氯化钾溶液中浸泡一下,以保持顶端部分为氯化钾溶液所饱和,然后用标准缓冲溶液重新校正器材。

17.3.4 结果计算

酸度计可直接读出 pH 值,不需要换算。

样品进行两份平行测定,取其算术平均值,取一位小数。两份平行 pH 值测定结果允许差为 0.1。如采用精密酸度计,允许差为 0.02(pH 值)。

17.3.5　注意事项

【1】玻璃电极注意事项：

a. 干放的电极使用前在 0.1 mol·L^{-1} 盐酸溶液或水中浸泡 17 h 以上，使之活化。

b. 电极球泡部分极易破损，使用时必须谨慎，最好加用套管保护。

c. 电极使用时应先轻轻震动电极，使其内部溶液流入球泡部分，防止气泡的存在。

d. 电极不用时可保存在水中，长期不用可放在干燥的纸盒内。

e. 电极表面不能沾有油污，忌用浓硫酸或铬酸洗涤电极表面。不宜在强碱、含氟介质或黏土等胶体体系中停放过久，以免损坏电极或引起电极反应迟钝。

【2】饱和甘汞电极注意事项：

a. 电极应随时由电极侧口补充饱和氯化钾的内溶液和氯化钾固体，不用时可存放在饱和氯化钾溶液中或前端用橡皮套套紧置于干燥处。

b. 使用时要将电极侧口的小橡皮塞拔下，让氯化钾溶液维持一定的流速。

c. 不要长时间浸在待测溶液中，以防流出的氯化钾污染待测溶液。

d. 不要直接接触能侵蚀汞和甘汞的溶液，如浓度大的硫化物溶液。此时应改用双液接的盐桥，在外套管内灌注氯化钾溶液。也可用琼脂盐桥(制备方法：称取 3 g 优等琼脂和 10 g 氯化钾置于 150 mL 烧杯中，加入 100 mL 水，在水浴上加热溶解，再用滴管将琼脂溶液灌注于直径约为 4 mm 的 U 形管中，中间要无气泡，两端要灌满，然后浸泡在 1 mol·L^{-1} 氯化钾溶液中)。

【3】土壤试样不宜磨得过细，以通过 2 mm 筛孔为宜。试样应保存在磨口瓶中，防止空气中氨和其他挥发性气体的影响。

【4】加水或氯化钾、氯化钙后的平衡时间对 pH 值的测定有影响，且随土壤类型而异。平衡快者，1 min 即达平衡；慢者可长达 1 h。一般平衡 30 min 是合适的。

【5】玻璃电极插入土壤悬浮液后应轻微摇动，以除去玻璃表面的水膜，加速平衡，这对缓冲性弱和 pH 值较高的土壤尤为重要。

【6】饱和甘汞电极要插在上部清液中，以减少由于土壤悬浮液影响液接电位而造成的误差。

17.4　土壤电导率 EC 值的测定

17.4.1　方法提要

电导率仪测量电导率的原理是将两块平行的极板放到被测溶液中，在极板的两端加上一定的电势(通常为正弦波电压)，然后测量极板间流过的电流。

17.4.2　器材与试剂

(1)器材

电导仪、铂电极、温度计。

（2）试剂

氯化钾标准溶液 $[c(KCl) = 0.2\ mol \cdot L^{-1}]$：称取 1.491 g（精确至 0.000 1 g）于 105 ℃烘 4 h 的氯化钾溶于无二氧化碳的水中，并稀释至 1 L。

17.4.3　操作步骤

（1）称样

称取通过 2 mm 筛孔的风干土样 50 g（精确至 0.001 g）置于干燥的 500 mL 锥形瓶中。

（2）待测液的制备

加入 250 mL 无二氧化碳的水。

（3）振荡

加塞，放在振荡机上振荡 3 min。

（4）过滤

干过滤或离心分离，取得清亮的待测浸出溶液，也可以按照水溶性盐分（全盐量）的测定（质量法）制备得到清亮溶液。

（5）对比

同时做空白试验。

（6）调节器材

将铂电极引线接到电导仪相应的接线柱上，接通电源，打开电源开关，调节电导仪至工作状态。

（7）测量

将铂电极用待测液冲洗几次后插入待测液中，打开测量开关，读取电导数值取出铂电极，用水冲洗，用滤纸吸干，再做下一土样的测定，同时测量待测液温度。

17.4.4　结果计算

按下式计算 25 ℃时 1∶5 土壤水浸出液的电导率：

$$L = C \times f_t \times K \tag{17-1}$$

式中　L——25 ℃时 1∶5 土壤水浸出液的电导率，$mS \cdot cm^{-1}$；

　　　C——测得的电导值，$mS \cdot cm^{-1}$；

　　　f_t——温度校正系数；

　　　K——电极常数（电导仪上如有补偿装置，则不需乘电极常数）。

17.4.5　注意事项

【1】电导法测定全盐量时，最好用清亮的待测液。如用悬浊液，应先澄清，并在测定时不再搅动，以免损坏电极的铂黑层。

【2】溶液的电导率不仅与溶液的离子浓度和离子负荷有关，而且受溶液的温度、电极常数等因素的影响。离子电导度随温度而变，大多数离子每增加 1 ℃，电导值增加约 2%，所以需将不同温度下测得的电导值换算成 25 ℃时的电导值。温度校正系数按下式

计算:

$$f_t = \frac{1}{1 + a(t - t_0)} \qquad (17\text{-}2)$$

式中　f_t——温度校正系数;

　　　a——温度校正值,一般取 0.02;

　　　t_0——25 ℃;

　　　t——测定时待测液温度,℃。

【3】电极常数的测定方法:电极的铂片面积与间距不一定是标准的,因此必须测定电极常数,可用铂电极测量已知电导率的氯化钾标准溶液,算出铂电极的电极常数。

$$K = \frac{L}{C} \qquad (17\text{-}3)$$

式中　K——电极常数;

　　　L——氯化钾标准溶液的电导率,$mS \cdot cm^{-1}$;

　　　C——测得氯化钾标准溶液的电导值,$mS \cdot cm^{-1}$。

在不同温度时,氯化钾标准溶液的电导率见表 17-1。

表 17-1　氯化钾标准溶液($0.02\ mol \cdot L^{-1}$)在不同温度下的电导率

温度 t (℃)	电导率 L ($mS \cdot cm^{-1}$)	温度 t_1 (℃)	电导率 L ($mS \cdot cm^{-1}$)	温度 t_1 (℃)	电导率 L ($mS \cdot cm^{-1}$)	温度 t_1 (℃)	电导率 L ($mS \cdot cm^{-1}$)
11	2.043	16	2.294	21	2.553	26	2.819
12	2.093	17	2.345	22	2.606	27	2.873
13	2.142	18	2.397	23	2.659	28	2.927
14	2.193	19	2.449	24	2.712	29	2.981
15	2.243	20	2.501	25	2.765	30	3.096

【4】电导法比质量法简便快速,测定结果直接以电导率($mS \cdot cm^{-1}$ 或 $\mu S \cdot cm^{-1}$)表示,不必换算成全盐量($g \cdot kg^{-1}$)。1:5 土水比浸出液的电导率与土壤全盐量和作物生长关系不少单位正在研究。如新疆农垦局通过对南疆盐土 1:5 水浸出液的电导率与土壤盐渍化等级研究提出的指标是:电导率($mS \cdot cm^{-1}$)小于 1.8 为非盐渍土,1.8~2.0 为疑似盐渍土,大于 2.0 为盐渍化土。

【5】为确保测量精度,电极测量前、后应用去离子水(小于 0.5 $\mu S \cdot cm^{-1}$)或蒸馏水冲洗,使读数归零。

17.5　土壤 Eh 值的测定

17.5.1　方法提要

测定氧化还原电位的常用方法是铂电极直接测定法,方法是基于铂电极本身难以腐蚀、溶解,可作为一种电子传导体的特性。

17.5.2   器材与试剂

（1）器材

电位计（毫伏计）或 pH 值计（离子计）、电极架（可将电极固定在架子上，并可上下移动）、铂电极（将直径为 0.5~1 mm、长为 10~13 mm 的铂丝，封接在一根内径为 3~4 mm、长为 10~15 cm、热膨胀系数接近于铂的玻璃管的一端，并露出 5~10 mm。铂电极用前要检查铂丝与玻璃管封接处有无裂缝，并用脱膜溶液作表面处理）、饱和甘汞电极、温度计。

（2）试剂

① 酸性重铬酸钾洗液：称取 50 g 重铬酸钾，加入 100 mL 水，加热溶解，冷却后在搅拌下慢慢加入 900 mL 硫酸$[\rho(H_2SO_4) = 1.84\ g \cdot mL^{-1}]$。

② 脱膜溶液：量取 8.5 mL 盐酸$[(\rho(HCl) = 1.19\ g \cdot mL^{-1}]$置于 400 mL 水中，再加入 2.92 g 氯化钠，溶解后加水稀释至 500 mL。

③ 氧化还原标准缓冲溶液：在 30 mL pH 值 4.01 的缓冲溶液中，加入少量氢醌固体粉末，使溶液中有不溶的固体存在。

④ 缓冲溶液（pH = 4.01）：称取 10.21 g 在 105 ℃ 烘过的苯二甲酸氢钾（$KHC_8H_4O_4$），精确至 0.01 g，用水溶解后，加水稀释至 1 L。

⑤ 饱和氯化钾溶液   称取 35 g 氯化钾，溶于 100 mL 水中。

⑥ 亚硫酸钠。

17.5.3   操作步骤

（1）调零

测定前，先将电位计或 pH 值计选择开关拨向"mV"档，将铂电极接在正极位上，饱和甘汞电极接在负极位上，接通电源开关，调节调零钮至零位，关闭电源开关。

（2）测定

将两电极插入土壤中，开启电源开关，平衡 2 min 或 10 min 后，记录正或负的电位值（mV），关闭电源开关。为了换算和 pH 值校正的需要，还需同时测定温度和 pH 值。

17.5.4   结果计算

当读数为正值时按式（1）计算氧化还原电位，当读数为负值时按式（2）计算氧化还原电位：

$$Eh = Ee + Ed \cdots\cdots \quad (17\text{-}4)$$

$$Eh = Ee - Ed \cdots\cdots \quad (17\text{-}5)$$

式中 Eh——土壤氧化还原电位，mV；

Ee——不同温度时饱和甘汞电极的标准电位值（由表 17-2 查得，mV）；

Ed——测得的电位值，mV。

表 17-2　饱和甘汞电极在不同温度时的标准电位值

温度(℃)	电位(mV)	温度(℃)	电位(mV)
0	260	24	244
5	257	26	243
10	254	28	242
12	252	30	240
14	251	35	237
16	250	40	234
18	248	45	231
20	247	50	227
22	246		

由于在很多氧化还原反应中，有 H^+ 参与，因此一定的氧化还原体系的 Eh 值与 pH 值之间具有特定的相应变化关系。在不同 pH 值测得的土壤 Eh 值要换算成同一 pH 值时的 Eh 值，作比较时必须根据因 pH 值改变而引起 Eh 值相应的变化进行校正，通常用 ΔEh/ΔpH 值作为校正因子。虽然此校正因子的实际数值因体系种类和体系间相互作用的不同而有较大变化，但在一般的土壤肥力和水分条件下，土壤又不处于强烈的还原状况时，通常以 pH 值每升高一个单位，Eh 值则降低 60 mV(30 ℃)作为校正因子，即 ΔEh/ΔpH = −60 mV，反之亦然。例如土壤 pH = 5 时，测得 Ed = 300 mV，换算成 pH = 7 时，土壤的 Eh 值为 300 mV − (7 − 5) × 60 mV = 180 mV。如不校正，必须注明测定时土壤的 pH 值。

多份试样进行平行测定时，取其算术平均值，取整数。多份平行测定结果允许差为 1 mV。

17.5.5　注意事项

【1】铂电极表面处理方法：将铂电极浸入 25 mL 脱膜溶液中，加热至微沸，加入少量亚硫酸钠(100 mL 溶液中加 0.2 g 左右)，继续保温并维持溶液体积不变约 30 min，冷却后，电极用水洗净。如在室温下进行，则需浸泡半天以上，中间还要加同量的亚硫酸钠 2~3 次。脏的或用久的铂电极在作脱膜处理前，最好先用酸性重铬酸钾洗液浸泡 30 min。表面处理完毕后，铂电极还需在氧化还原标准缓冲溶液中检验电极电位是否准确，可将铂电极和甘汞电极插入氧化还原标准缓冲溶液中，测定其组成的电池的电动势。

【2】饱和甘汞电极在多次测定后，除将饱和甘汞电极前端擦干净外，最好再在氯化钾饱和溶液中浸泡一下，以恢复盐桥液接状态。如用于测定某些污染土壤(如含大量硫化物)，应改用双液接盐桥，在外套管内灌注氯化钾饱和溶液。

【3】在野外测定时，可将两电极直接插入土中，两者距离要尽量靠近。为抓紧时间，一般平衡 2 min 后读数，但测定误差较大。在室内测定时，应将平衡时间延长至 10 min，使之充分平衡，5 min 的电位值变动不超过 1 mV。

【4】测点的重复次数要根据所要代表的范围和土壤均匀的程度而定，一般重复测定 5 次。在进行重复测定时，取出的铂电极要用水洗净，再用滤纸吸干，然后再作测定。在饱和甘汞电极移位时，其前端盐桥（指与土壤接触的前端砂芯）处应洗干净，并在氯化钾饱和溶液中稍加浸泡。

【5】测量时，电极的测试部分必须同时浸没。

第 18 章

土壤可溶性盐总量

18.1 概述

18.1.1 分析意义

　　土壤水溶性盐是盐碱土的一个重要属性，是限制作物生长的障碍因素。我国盐碱土的分布广，面积大，类型多。干旱、半干旱地区盐渍化土壤中的可溶性盐以水溶性的氯化物和硫酸盐为主。滨海地区由于受海水浸渍，生成滨海盐土，所含盐分以氯化物为主。在我国南方沿海(福建、广东、广西等地)还分布着一种反酸盐土。土壤(及地下水)中水溶性盐的分析，是研究盐渍土盐分动态的重要方法，对了解盐分对种子发芽和作物生长的影响以及拟订改良措施都是十分必要的。土壤水溶性盐分的测定可以达到：

　　① 了解水盐动态及其对作物的危害，为土壤盐分的预测、预报提供参考，以便采取有力措施，保证作物正常生长。

　　② 了解综合治理盐渍土的措施所产生的效果。

　　③ 根据土壤含盐量及其组成进行盐渍土分类，并进行合理规划，以达到合理种植、合理灌溉及合理排水的目的。

　　④ 进行灌溉水的品质鉴定，测定灌溉水中的盐分含量，以便合理利用水利资源，开垦荒地，防止土壤盐渍化。

18.1.2 土壤可溶性盐对植物产生毒害的原因

　　① 高浓度的盐分降低了土壤水势，植物不能吸水，甚至体内水分外渗，因而盐害常表现为生理干旱。

　　② 作物过多吸收某些盐类离子后，引起中毒或生理功能失调。如 Na^+、Cl^-、Mg^{2+}、SO_4^{2-} 等离子含量过高，会引起 K^+、HPO_4^{2-} 或 NO_3^- 等离子的缺乏。

　　③ 土壤内交换性钠过多时，由于钠离子具有分散土粒的作用，土壤孔隙被堵塞，结构变坏，通透性差，微生物活动减弱，土壤肥力显著下降。

　　④ 土壤 pH 值过高，易导致某些有效养分如磷、铁等转变为无效态，植物不能吸收利用。

18.1.3 分类指标与分级标准

盐碱土是一种统称，包括盐土、碱土、和盐碱土。美国农业部盐碱土研究室以饱和土浆电导率和土壤的 pH 值与交换性钠指标为依据，对盐碱土进行分类（表 18-1）。

表 18-1 盐碱土分级指标

分 级	电导率 （dS/m）	pH 值	交换性钠占比 （%）	水溶性 Na 占比 （%）
盐土	>4	<8.5	<15	<50
盐碱土	>4	<8.5	<15	<50
碱土	<4	>8.5	>15	>50

我国滨海盐土则以盐分总含量为指标进行分类，轻度盐化土、中度盐化土、强度盐化土和盐土的盐分总含量对应区间分布为 $1 \sim 2 \ \text{g} \cdot \text{kg}^{-1}$，$2 \sim 4 \ \text{g} \cdot \text{kg}^{-1}$，$4 \sim 6 \ \text{g} \cdot \text{kg}^{-1}$ 和 $>6 \ \text{g} \cdot \text{kg}^{-1}$。分析土壤盐分的同时，需要对地下水进行鉴定（表 18-2）。当地下水矿化度达到 $2 \ \text{g} \cdot \text{L}^{-1}$ 时，土壤比较容易盐渍化。所以，地下水矿化度大小可以作为土壤盐渍化程度和改良难易的依据。

表 18-2 地下水矿化度分级标准

类 别	矿化度（$\text{g} \cdot \text{L}^{-1}$）	水质
淡水	<1	优质水
弱矿化水	1~2	可用于灌溉
半咸水	2~3	一般不宜用于灌溉
咸水	>3	不宜用于灌溉

18.2 方法原理

土壤水溶性盐的测定主要分为两步：
① 水溶性盐的浸提。
② 浸出液中盐分浓度的测定。

18.2.1 浸提过程影响分析

制备盐渍土水浸出液的水土比例有多种，例如 1∶1、2∶1、5∶1、10∶1 和饱和土浆浸出液等。一般来讲，水土比例愈大，分析操作愈容易，但对作物生长的相关性差。因此，为了研究盐分对植物生长的影响，最好在田间湿度情况下获得土壤溶液；如果研究土壤中盐分的运动规律或某种改良措施对盐分变化的影响，则可用较大的水土比（5∶1）浸提水溶性盐。浸出液中各种盐分的绝对含量和相对含量受水土比例的影响很大，有些成分随水分的增加而增加，有些则相反。一般来讲，全盐量是随水分的增加而增加。含石膏的土壤用 5∶1 的水土比例浸提出来的 Ca^{2+} 和 SO_4^{2-} 数量是用 1∶1 的水土比的 5 倍，这是因为水的增加使石膏的溶解量增加；又如含碳酸钙的盐碱土，水的增加，Na^+ 和 HCO_3^- 的量也增加。Na^+ 的增加是因为 $CaCO_3$ 溶解，Ca^{2+} 把胶体上 Na^+ 置换下来的结果。5∶1 的水土比浸出液中的 Na^+ 比 1∶1 浸出液中的高 2 倍，Cl^- 和 NO_3^- 变化不大。对碱化土壤来说，用高的水土比例浸提对 Na^+ 的测定影响较大，故 1∶1 水土比浸出液更适用于碱土化学性质分析方面的研究。水土比例、振荡时间和浸提方式对盐分的溶出量都有一定的影响。试验证明，如 $Ca(HCO_3)_2$ 和 $CaSO_4$ 这样的中等溶性和难溶性盐，随着水土比例的增大和浸泡时间的延长，溶出量也逐渐增大，致使水溶性盐的分析结果产生误差。为了使各地分析资料便于相互交流比较，必须采用统一的水土比例、振荡时间和提取方法，并在资料交流时应加以说明。

18.2.2　浸出液盐分浓度测定

可用质量法、电导法和离子加和法。离子加和法即测出全部的阴阳离子，计算其总和即为盐分总量。

质量法是经典方法，即将浸提液蒸干后称取盐分质量，除以土重即为盐分总量。该方法操作过程较为繁琐，同时有几个问题不易解决：

① 烘干残渣中通常含有少量硅酸盐胶体和未除尽的有机质，造成正误差；

② HCO_3^- 在加热过程中将转化为 CO_3^{2-}，其质量约减轻一半；

③ 当浸出液中含有大量 Ca^{2+}、Mg^{2+} 和 Cl^- 时，蒸干后形成吸湿性强的 $CaCl_2$ 和 $MgCl_2$，难以烘干至恒重，同时 $MgCl_2$ 在加热时易水解成碱式盐而减少质量，造成负误差。

电导法即采用电导率仪测定浸出液的导电能力。土壤水溶性盐是强电解质，其水溶液具有导电作用，在一定的浓度范围内，溶液的含盐量与电导率呈正相关。

18.3　质量法测定总盐量

18.3.1　方法提要

准确吸取一定量的土壤水浸出液，蒸干去除有机质后，在 105 ℃下烘干至恒重，即可计算出水溶性盐总量。

18.3.2　器材与试剂

（1）器材

振荡机、离心机、锥形瓶（500 mL、250 mL）、布氏漏斗和抽滤瓶、玻璃蒸发皿（质量不超过 20 g）。

（2）试剂

过氧化氢（1∶1）：过氧化氢（H_2O_2，化学纯）与水等体积混合。

18.3.3　操作步骤

（1）称样

称取通过 2 mm 筛孔的风干土样 50 g（精确至 0.001 g），置于干燥的 500 mL 锥形瓶中。

（2）浸提

加入 250 mL 去二氧化碳蒸馏水，加塞振荡 3 min。

（3）过滤

易获得澄清液的采用普通漏斗或布氏漏斗过滤，较难滤清的可离心后过滤，滤液必须澄清。该滤液可用于含盐量和阴阳离子含量测定。

（4）蒸发

吸取 50 mL 清亮的浸出液，置于已在 105～110 ℃烘至恒量的玻璃蒸发皿中，放在水浴上蒸干。

（5）除尽有机质

用小滴管缓慢加入少量过氧化氢，转动蒸发皿，使与干涸物充分接触，再继续蒸干。如此重复用过氧化氢处理，直至有机质氧化除尽，干涸物呈白色为止。

（6）烘干

将玻璃蒸发皿置于 105～110 ℃烘箱中烘 2 h，在干燥器中冷却 30 min 后称量，直至恒量（两次称量差值不超过 1 mg）为止。

18.3.4　结果计算

按下式计算土壤水溶性盐分（全盐量）量：

$$全盐量(g \cdot kg^{-1}) = \frac{(m_2 - m_1) \times t_s}{m \times K} \times 1\,000 \tag{18-1}$$

式中　m_1——玻璃蒸发皿质量，g；

m_2——全盐量加玻璃蒸发皿质量，g；

t_s——分取倍数（浸出液体积 250 mL／吸取溶液体积 mL）；

m——风干土样质量，g；

K——吸湿水系数，风干土样换算成烘干土样的水分换算系数。

试样进行两份平行测定，取其算术平均值，取两位小数。两份平行测定结果允许差按表 18-3 规定。

表 18-3　全盐量测定允许差

全盐量(g·kg⁻¹)	允许差(g·kg⁻¹)
>5.0	<5
2.0～5.0	5～10
0.5～2.0	10～15
<0.5	15～20

18.3.5 注意事项

【1】蒸馏水中的 CO_2 可能影响碳酸盐的溶解度，相应地影响水浸出液的盐分数量。因此应采用去 CO_2 蒸馏水提取样品，其制作方法是煮沸 30 min 以上后冷却。

【2】水土比、振荡时间和浸提温度等都影响盐分溶解程度，因此需严格控制。

【3】盐量测定时，吸取浸出液的量应视土壤盐分量而定，当盐分量小于 5 g·kg^{-1} 时，可吸取 50～100 mL。

【4】蒸干时应在水浴上进行，防止浸提液沸腾造成盐分损失。

【5】加过氧化氢除去有机质时，每次加入量只要使干涸物湿润即可，以免过氧化氢分解时泡沫过多而使盐分溅失。

【6】应以残渣是否完全变白作为有机质是否完全去除的标准；有时溶液中由于铁的存在生成氧化铁而表现为黄色。

【7】若因残渣吸水很难烘干至恒重时，可加入 10 mL 碳酸钠溶液（20 g·L^{-1}），使钙、镁的氯化物和硫酸盐转化为碳酸盐、氯化钠和硫酸钠等。称得恒重后应减去加入的碳酸钠的质量。

【8】电导法参照 17.4 电导率测定。

【9】含盐量与土壤盐渍化程度密切相关，土壤盐渍化程度分级见表 18-4。

表 18-4　土壤盐渍化程度分级

盐渍化程度	可溶性盐总量(%)	氯化物 Cl$^-$ 含量(%)	硫酸盐 SO$_4^{2-}$ 含量(%)	作物表现
非盐渍化	<0.3	<0.02	<0.1	正常
弱盐渍化	0.3～0.5	0.02～0.04	0.1～0.3	不良
中度盐渍化	0.5～1.0	0.04～0.1	0.3～0.4	困难
强度盐渍化	1.0～2.2	0.1～0.2	0.4～0.6	死亡
盐土	>2.2	>0.2	>0.6	死亡

第 19 章

土壤阴阳离子分析

19.1　概述

　　土壤阴、阳离子分析是盐渍化土壤类型、程度及其改良的重要依据。盐渍化土是盐土和碱土以及各种盐化、碱化土壤的总称。盐土是指土壤中可溶性盐含量达到对作物生长有显著危害的土类。盐分含量指标因不同盐分组成而异。碱土是指土壤中含有危害植物生长和改变土壤性质的多量交换性钠。

19.1.1　盐化过程及盐分分布特征

　　盐化过程是指地表水、地下水以及母质中含有的盐分，在强烈的蒸发作用下，通过土体毛管水的垂直和水平移动逐渐向地表积聚的过程。中国盐渍土的积盐过程可细分为：

　　① 地下水影响下的盐分积累作用。

　　② 海水浸渍影响下的盐分积累作用。

　　③ 地下水和地表水渍涝共同影响下的盐分积累作用。

　　④ 含盐地表径流影响下的盐分积累作用（洪积积盐）。

　　⑤ 残余积盐作用。

　　⑥ 碱化-盐化作用。

　　水盐运动过程中，各种盐类依溶解度不同，在土体中的淀积具有一定的时间顺序，使盐分在剖面中具有垂直分异。在地下水借毛管作用向地表运动的过程中，随着水分蒸发，土壤溶液的盐分总浓度增加，溶解度最小的硅酸化合物首先达到饱和，进而沉淀在紧接地下水的底土中，随后溶液为重碳酸盐饱和，开始形成碳酸钙沉淀，再后是石膏发生沉淀，所以在剖面中在碳酸钙淀积层之上常有石膏层。易溶性盐类（包括氯化物和硫酸钠、镁）由于溶解度高，较难达到饱和，一直移动到表土，在水分大量蒸发后才沉淀下来，形成第 3 个盐分聚积层。因此，表层通常为混合积盐层。在地下水位高（1 m 左右）的情况下，石膏也可能与其他可溶盐一起累积于地表。因此，在底土易累积溶解度最小的盐类，包括 R_2O_3、SiO_2、$CaMg(CO_3)_2$、$CaCO_3$、$CaSO_4$ 和 Na_2SO_4 等。其他的盐类由于具有较高的溶解度，且溶解度随温度而变，因此具有明显的季节性累积特点，一般累积于土壤的表层。

19.1.2 碱化过程

碱化过程是指交换性钠不断进入土壤吸收性复合体的过程，又称为钠质化过程。碱土的形成必须具备两个条件：一是有显著数量的钠离子进入土壤胶体；二是土壤胶体上交换性钠的水解。阳离子交换作用在碱化过程中起重要作用，特别是 Na-Ca 离子交换是碱化过程的核心。碱化过程通常通过苏打（Na_2CO_3）积盐、积盐与脱盐频繁交替以及盐土脱盐等途径进行。

土壤阴阳离子分析包括阳离子（K^+、Na^+、Ca^{2+}、Mg^{2+}）和阴离子（Cl^-、SO_4^{2-}、HCO_3^-、CO_3）分析，又称八大离子分析，是研究土壤盐分及离子运动变化规律，区分土壤盐渍化程度和类型，制定土壤盐渍化利用和防治措施的基础测试内容。

19.2 方法原理

在盐土中常有大量 HCO_3^-，而在盐碱土或碱土中不仅有 HCO_3^-，也有 CO_3。浸出液中 HCO_3^-、CO_3 的测定多采用双指示剂中和滴定，先用酚酞指示剂，以 H_2SO_4 标准溶液滴定中和一半量的 CO_3^{2-}；再加入甲基橙指示剂，继续滴定中和全部的 HCO_3^- 和 CO_3，计算测得 HCO_3^-、CO_3。滴定后的溶液可继续测定 Cl^-。

Cl^- 是盐渍土中普遍存在的离子，常用硝酸银容量法测定。在中性到微碱性（$pH = 6.5 \sim 10.5$）的水浸出液中 Cl^- 的测定，采用 $AgNO_3$ 标准溶液滴定，以 K_2CrO_4 为指示剂，于滴定当点前生成 AgCl 白色沉淀，滴定当点后开始生成砖红色 $AgCrO_4$ 沉淀，指示滴定终点。盐渍土中一般不含有对本法测定有干扰的 Pb^{2+}、Ba^{2+}、AsO_4、CrO_4 等离子，因此本法可广泛应用。

容量法适用于土壤中等含量水溶性盐分（SO_4^{2-}）的测定，适宜测定范围为 $20 \sim 300 \ \mu g \cdot mL^{-1}$。先用过量的 $BaCl_2$ 溶液使土样水浸出液中的 SO_4^{2-} 沉淀完全，过量的 Ba^{2+} 连同浸出液中原有的 Ca^{2+} 和 Mg^{2+}，在 pH 值为 10.0 条件下，用 EDTA 标准溶液滴定，由沉淀消耗的 Ba^{2+} 量计算 SO_4^{2-} 量。加入一定量 Mg^{2+}，可使滴定终点清晰。

容量法适用于土壤水溶性盐分（Ca^{2+}、Mg^{2+}）的测定。取一份土样水浸出液，调节溶液 $pH > 12.0$ 使 Mg^{2+} 沉淀为 $Mg(OH)_2$，用 EDTA 标准溶液滴定 Ca^{2+} 量。另取一份土样水浸出液，调节溶液 pH 值至 10.0，用 EDTA 标准溶液滴定 Ca^{2+}、Mg^{2+} 合量，由 Ca^{2+}、Mg^{2+} 合量减去 Ca^{2+} 量，即得 Mg^{2+} 量。

19.3 碳酸根、重碳酸根的测定

19.3.1 方法提要

土壤水浸出液的碱度主要决定于碱金属和碱土金属的碳酸盐及重碳酸盐。溶液中同时存在碳酸根和重碳酸根时，可以应用双指示剂进行滴定。

$$2Na_2CO_3 + H_2SO_4 = 2NaHCO_3 + Na_2SO_4 \, (pH = 8.3 \text{ 为酚酞终点})$$

$$2NaHCO_3 + H_2SO_4 = Na_2SO_4 + 2CO_2 + 2H_2O \, (pH = 4.1 \text{ 为溴酚蓝终点})$$

由标准酸在两步操作中的用量可分别求得土壤中 CO_3^{2-} 和 HCO_3^- 的含量。滴定时标准酸如果采用 H_2SO_4，则滴定后的溶液可以继续测定 Cl^- 的含量。对于质地黏重，碱度较高或有机质含量高的土壤，会使溶液呈黄棕色，终点很难确定，可采用电位滴定法（即采用电位计指示滴定终点）。

19.3.2 器材与试剂

（1）器材

锥形瓶（150 mL）、滴定管。

（2）试剂

① 硫酸标准溶液 $[c(H_2SO_4) = 0.02 \text{ mol} \cdot L^{-1}]$：量取 1.4 mL 硫酸 $[\rho(H_2SO_4) = 1.84 \text{ g} \cdot mL^{-1}]$，加至 500 mL 无二氧化碳的水中，浓度约为 0.1 mol·L^{-1}。再将此溶液用无二氧化碳的水稀释 5 倍得到 0.02 mol·L^{-1} 硫酸标准溶液。

标定方法：称取已在 180~200 ℃ 烘 4 h 的无水碳酸钠 Na_2CO_3 0.03 g（精确至 0.000 1 g），置于 150 mL 锥形瓶中，加入 30 mL 无二氧化碳的水溶解，加入 2 滴甲基橙指示剂，用 0.02 mol·L^{-1} 硫酸标准溶液滴定至溶液由黄色变为橙红色为止。按下式计算硫酸标准溶液浓度：

$$C = \frac{m}{V \times 0.053} \tag{19-1}$$

式中　c——硫酸标准溶液浓度，mol·L^{-1}；

　　　m——无水碳酸钠质量，g；

　　　V——硫酸标准溶液用量，mL；

　　　0.053——1/2 碳酸钠分子的毫摩尔质量，g·$mmol^{-1}$。

② 甲基橙指示剂：称取 0.1 g 甲基橙，溶于 100 mL 水中。

③ 酚酞指示剂：称取 1 g 酚酞，溶于 100 mL 无水乙醇中。

④ 无水碳酸钠。

19.3.3 操作步骤

（1）移液

吸取 25 mL 浸出液置于 150 mL 锥形瓶中。

（2）显色

加入 1 滴酚酞指示剂。如溶液不呈粉红色，表示无碳酸根存在，应继续测定重碳酸根。

（3）滴定

向溶液中加入 2 滴甲基橙指示剂，继续用 0.02 mol·L^{-1} 硫酸标准溶液滴定至溶液刚由黄色突变为橙红色为止。

19.3.4 结果计算

土壤水溶性盐分(碳酸根)量按式(19-2)或式(19-3)计算,土壤水溶性盐分(重碳酸根)量按式(19-4)或式(19-5)计算:

$$碳酸根量(cmol \cdot kg^{-1}) = \frac{2V_1 \times c \times t_s}{m \times K \times 10} \times 1\,000 \quad (19\text{-}2)$$

$$碳酸根量(g \cdot kg^{-1}) = 碳酸根量(cmol \cdot kg^{-1}) \times 0.03 \times 10 \quad (19\text{-}3)$$

$$碳酸氢根量(cmol \cdot kg^{-1}) = \frac{(V_2 - V_1) \times c \times t_s}{m \times K \times 10} \times 1\,000 \quad (19\text{-}4)$$

$$碳酸氢根量(g \cdot kg^{-1}) = 碳酸氢根量(cmol \cdot kg^{-1}) \times 0.061 \times 10 \quad (19\text{-}5)$$

式中　V_1——酚酞指示剂变色时硫酸标准溶液用量,mL;

V_2——甲基橙指示剂变色时硫酸标准溶液用量,mL;

c——硫酸标准溶液浓度,mol $\cdot$ L^{-1};

t_s——分取倍数(浸出液体积 250 mL/吸取溶液体积 mL);

m——风干土样质量,g;

K——吸湿水系数,风干土样换算成烘干土样的水分换算系数;

0.03——1/2 碳酸根的摩尔质量,kg $\cdot$ mol^{-1};

0.061——重碳酸根的摩尔质量,kg $\cdot$ mol^{-1};

2——将 mol 换算成 mol(1 $\cdot$ 2CO^{-1})。

样品进行两份平行测定,取其算术平均值,取两位小数。两份平行测定结果允许差按表 19-1 规定。

表 19-1　平行测定允许相对偏差

碳酸根量(cmol $\cdot$ kg^{-1})	重碳酸根量(cmol $\cdot$ kg^{-1})	允许相对偏差(%)
>2.5	>5.0	<3
0.5~2.5	1.0~5.0	3~5
0.25~0.5	0.5~1.0	5~10
<0.25	<0.5	10~15

19.3.5 注意事项

【1】碳酸根和重碳酸根的测定必须在过滤后立即进行,不宜放置过夜,否则由于浸出液吸收或释出二氧化碳而产生误差。滴定碳酸根的等当点 pH 值应为 8.3,此时酚酞呈微粉红色;如滴定至完全无色,pH 值已小于 7.7。如对滴定终点的辨认有困难,可用酸度计测定 pH 值配合判断终点。

【2】用硫酸标准溶液滴定碳酸根和重碳酸根后的溶液,可继续滴定氯离子,但应先用 0.01 mol $\cdot$ L^{-1} 碳酸氢钠溶液(约加 2~3 滴)将此溶液调节 pH 值接近 7,溶液呈纯黄色以后才能继续滴定氯离子。

【3】试样不宜在空气中放置过久，以免吸收空气中的二氧化碳而影响分析结果。

【4】以酚酞为指示剂进行滴定时，滴定速度不要过快，应不断摇动，以防止局部酸度过大，使碳酸钠直接生成二氧化碳逸出，造成碳酸钠分析结果偏低。

【5】临近终点时，要充分摇动，以防形成二氧化碳过饱和溶液而使终点提前到达。

19.4　氯离子的测定（硝酸银容量法）

19.4.1　方法提要

用标准硝酸银（$AgNO_3$）溶液滴定水样，与水样中的氯离子形成氯化银（AgCl）沉淀，以铬酸钾为指示剂，当 Cl^- 沉淀完毕后，Ag^+ 与 CrO_4^{2-} 形成红色沉淀指示终点的到达，根据 $AgNO_3$ 的用量便可算出 Cl^- 的浓度。反应式为：

$$2Ag^+ + CrO_4^{2-} = Ag_2CrO_4 ↓（红色）$$

19.4.2　器材与试剂

（1）器材

锥形瓶（150 mL）、容量瓶（1 L）、滴定管。

（2）试剂

① 硝酸银标准溶液 $[c(AgNO_3) = 0.02 \ mol \cdot L^{-1}]$：称取 6.8 g 硝酸银（$AgNO_3$）溶于水，再加水稀释至 1 L，保存于棕色瓶中。

② 氯化钠标准溶液 $[c(NaCl) = 0.02 \ mol \cdot L^{-1}]$：称取经 105 ℃烘干的氯化钠（NaCl）1.168 8 g，精确至 0.000 1 g，加水溶解后，再加水稀释至 1 L。

③ 铬酸钾指示剂：称取 5 g 铬酸钾（K_2CrO_4）溶于水，逐滴加入 1 $mol \cdot L^{-1}$ 硝酸银溶液至刚有砖红色沉淀生成为止。放置过夜后，过滤，再加水稀释至 100 mL。

④ 碳酸氢钠溶液 $[c(NaOH) = 0.02 \ mol \cdot L^{-1}]$：称取 1.7 g 碳酸氢钠溶于水中，再加水稀释至 1 L。

19.4.3　操作步骤

（1）pH 值调节

向滴定过碳酸根和重碳酸根的土样浸出液中逐滴加入 0.02 $mol \cdot L^{-1}$ 碳酸氢钠溶液（约 3 滴）至溶液刚变为黄色（pH = 7.0）。

（2）滴定

加入 5 滴铬酸钾指示剂，用硝酸银标准溶液滴定至生成的砖红色沉淀不再消失为止。

19.4.4　结果计算

土壤水溶性盐分（氯离子）量按式（19-6）或式（19-7）计算：

$$氯离子（Cl^-）量（cmol \cdot kg^{-1}）= \frac{V \times C \times t_s}{m \times K \times 10} \times 1\,000 \tag{19-6}$$

$$氯离子（Cl^-）量（g \cdot kg^{-1}）= 氯根量（cmol \cdot kg^{-1}）\times 0.035\,5 \times 10 \tag{19-7}$$

式中　V——硝酸银标准溶液用量，mL；

c——硝酸银标准溶液浓度，$mol \cdot L^{-1}$；

t_s——分取倍数（浸出液体积 250 mL/吸取溶液体积 mL）；

m——风干土样质量，g；

K——吸湿水系数，风干土样换算成烘干土样的水分换算系数；

0.035 5——氯离子的摩尔质量，$kg \cdot mol^{-1}$。

样品进行两份平行测定，取其算术平均值，取两位小数。两份平行测定结果允许差按表 19-2 规定。

表 19-2　氯离子测定允许差

氯离子量（$cmol \cdot kg^{-1}$）	允许相对偏差（%）
>5.0	<3
1.0~5.0	3~5
0.5~1.0	5~10
<0.5	10~15

19.4.5　注意事项

【1】本法测定时溶液的 pH 值应在 6.5~10.5 之间。铬酸银能溶于酸，故溶液 pH 值不能低于 6.5；如 pH>10.0，则会生成氧化银黑色沉淀。所以滴定前，应用碳酸氢钠溶液调节溶液 pH=7.0 左右。

【2】本法对氯离子含量较低的土样滴定终点不明显，可改用电位滴定法。

【3】在配置硝酸银时要用蒸馏水，以防自来水中原有氯离子的影响。

【4】土壤浸出液中含亚硫酸盐、硫化物时，可使银离子生成硫化银，影响测定，应加入 1 mL 3% 的双氧水消除。

【5】土壤浸出液中如含有季铵盐时，可先加入 $0.02\ mol \cdot L^{-1}$ 四苯硼钠溶液 1~2 mL 消除干扰后再测定。

19.5　硫酸根的测定(容量法)

19.5.1　方法提要

在土壤浸出液中加入钡镁混合液，将溶液中的 Ba^{2+} 完全沉淀并过量，过量的和加入的 Mg^{2+} 连同浸出液中原有的 Ca^{2+}，用 EDTA-Na_2 标准溶液滴定，由沉淀 SO_4^{2-} 净消耗的 Ba^{2+} 量，计算浸出液中的 SO_4^{2-}。添加一定量的 Mg^{2+}，可使滴定终点清晰。

19.5.2　器材与试剂

（1）器材

锥形瓶（150 mL）、试管（直径 2 cm）。

（2）试剂

① 盐酸溶液。

② 氯化铵-氢氧化铵缓冲溶液（pH = 10.0）：称取 67.5 g 氯化铵，溶于水中，加入 570 mL 新开瓶的氢氧化铵$[\rho(NH_3 \cdot H_2O) = 0.9\ g \cdot mL^{-1}]$，再加水稀释至 1 L。防止吸收空气中的二氧化碳，最好贮存于塑料瓶中。

③ EDTA-Na$_2$ 标准溶液$[c(EDTA\text{-}Na_2) = 0.02\ mol \cdot L^{-1}]$：称取已在 80 ℃烘干 2 h 的乙二胺四乙酸二钠 7.445 g（精确至 0.000 1 g），溶于 1 L 水中。

④ 钡镁混合溶液：称取 1.22 g 氯化钡（$BaCl_2 \cdot 2H_2O$）和 1.02 g 氯化镁（$MgCl_2 \cdot 6H_2O$）溶于水，再加水稀释至 500 mL。此溶液钡和镁离子浓度种各为 0.01 mol · mL^{-1}，每毫升约可沉淀 1 mg 硫酸根；

⑤ 酸性铬蓝 K-萘酚绿 B 指示剂：先将 50 g 烘干的氯化钠研细，再分别将 0.5 g 酸性铬蓝 K 和 1 g 萘酚绿 B 研细，然后将三者混合均匀，贮于棕色瓶中，保存于干燥器中。

⑥ 氯化钡溶液：称取 5 g 氯化钡溶于 100 mL 水中。

⑦ 硫酸根标准溶液$[\rho(SO_4^{2-}) = 500\ \mu g \cdot L^{-1}]$：称取 0.226 8 g 硫酸钾（$K_2SO_4$）（精确至 0.000 1 g），加水溶解，再加水稀释至 250 mL。

19.5.3　操作步骤

（1）含量预判

吸取 5 mL 浸出液置于试管中，加入 2 滴盐酸溶液和 5 滴氯化钡溶液，立即混匀，观察混浊情况或与硫酸根标准浊液比浊，估测硫酸根的大致含量，按表 19-3 选择适宜的测定方法和吸取浸出液的体积，以及容量法中钡镁混合溶液的用量。

表 19-3　测定方法的选择和条件控制

加氯化钡后浑浊情况	SO$_4^{2-}$ 浓度（$\mu g \cdot mL^{-1}$）	浸出液体积（mL）	混合液用量（mL）	浸出液处理	适用方法
几分钟后微浑浊	10～25	25	5	不需处理	比浊法
立即显微浑浊	25～50	25	5	不需处理	比浊法、容量法
立即浑浊	50～100	25	5	需稀释	容量法
立即有沉淀	100～200	25	10	需稀释	容量法
立即有大量沉淀	>200	10	>5	需大量稀释	容量法、质量法

（2）预处理

根据预测结果，吸取一定量的浸出液置于 150 mL 锥形瓶中，加蒸馏水稀释至 25 mL），加入 8 滴盐酸（1∶4）溶液，加热至沸。准确加入一定量的钡镁混合溶液（应过量 50%～100%，使硫酸钡沉淀后，溶液中钡离子浓度达到 0.002 5 mol · L^{-1} 以上），继续煮沸 5 min，冷却后放置 2 h 以上。

（3）第一次滴定

向溶液中加入 2 mL 缓冲溶液，再加 3~5 滴酸性铬蓝 K-萘酚绿 B 指示剂，充分摇匀后，立即用 EDTA-Na$_2$ 标准溶液滴定至红色突变为纯蓝色为止。

（4）第二次滴定

另取 25 mL 水置于 150 mL 锥形瓶中，加入 8 滴盐酸(1∶4)溶液和(2)相同体积的钡镁混合溶液，再加 2 mL 缓冲溶液和少许酸性铬蓝 K-萘酚绿 B 指示剂，同样按(3)操作，用 EDTA-Na$_2$ 标准溶液滴定。

19.5.4　结果计算

土壤水溶性盐分(硫酸根)量按式(19-8)或式(19-9)计算：

$$硫酸根(SO_4^{2-})量(cmol \cdot kg^{-1}) = \frac{2[V_0 - (V_1 - V_2)] \times c \times t_s}{m \times K \times 10} \times 1\,000 \quad (19-8)$$

$$硫酸根(SO_4^{2-})量(g \cdot kg^{-1}) = 硫酸根量(cmol \cdot kg^{-1}) \times 0.048 \times 10 \quad (19-9)$$

式中　V_0——空白试验 EDTA-Na$_2$ 标准溶液用量，mL；

　　　V_1——待测液 EDTA-Na$_2$ 标准溶液用量，mL；

　　　V_2——待测液中钙镁离子合量消耗 EDTA-Na$_2$ 标准溶液体积，mL；

　　　c——EDTA 标准溶液浓度，mol · L^{-1}；

　　　t_s——分取倍数(浸出液体积 250 mL/吸取溶液体积 mL)；

　　　m——风干土样质量，g；

　　　K——吸湿水系数，风干土样换算成烘干土样的水分换算系数；

　　　0.048——1/2 硫酸根的摩尔质量，kg · mol^{-1}；

　　　2——将 mol 换算成 mol(1/2SO$_4^{2-}$)。

样品进行两份平行测定，取其算术平均值，保留两位小数。两份平行测定结果允许差按表 19-4 规定。

表 19-4　硫酸根测定允许差

硫酸根量(cmol · kg^{-1})	允许相对偏差(%)
>2.5	<3
0.5~2.5	3~5
0.25~0.5	5~10
<0.25	10~15

19.5.5　注意事项

【1】硫酸银标准溶液配制：分别取不同量的硫酸根标准溶液，用水稀释成含硫酸根 10 μg · mL^{-1}、25 μg · mL^{-1}、50 μg · mL^{-1}、100 μg · mL^{-1}、200 μg · mL^{-1}、400 μg · mL^{-1} 的标准系列溶液，然后各取 5 mL 溶液制备成硫酸根标准系列浊液。将待测浊液与标准系列浊液比较，估测硫酸根的大致含量。

【2】试验中钡镁混合液要酌情适量加入。若已知硫酸根的浓度范围，钡镁混合液的

加入量为该浓度范围中间值乘以 0.08。

【3】络合滴定反应速度较慢，故滴定速度不宜太快。本方法干扰大（在络合滴定中有络合效应和水解效应，EDTA-Na$_2$ 有酸效应和共存离子效应），滴定时应注意消除各种干扰。

【4】通常在一定的酸度下进行，故滴定时应严格控制溶液的酸度。

【5】当硫酸根含量极少时可能会出现 $V_0 < (V_1 + V_2)$ 的情况，换算出负的硫酸根含量。此时一定要严格按照操作步骤准确操作，同时注意检查钡镁混合液是否适量，指示剂是否失效。

19.6　钙、镁离子的测定（容量法）

19.6.1　方法提要

调节溶液 pH > 12 使镁离子沉淀为氢氧化镁，用 EDTA 标准溶液滴定钙离子量。调节溶液 pH 值至 10，用 EDTA 标准溶液滴定钙、镁离子合量，由钙、镁离子合量减去钙离子量，即得镁离子量。

19.6.2　器材与试剂

（1）器材

锥形瓶（150 mL）、滴定管。

（2）试剂

① EDTA-Na$_2$ 溶液：取 7.445 g EDTA-Na$_2$，精确至 0.000 1 g，溶于 1 L 水中。

② 氢氧化钠溶液 $[c(NH_3 \cdot H_2O) = 2 \ mol \cdot L^{-1}]$：称取 8 g 氢氧化钠，溶于 100 mL 水中。

③ 氯化铵-氢氧化铵缓冲溶液：称取 67.5 g 氯化铵溶于水中，加入 570 mL 新开瓶的氢氧化铵 $[\rho(NH_3 \cdot H_2O) = 0.9 \ g \cdot mL^{-1}]$，加水稀释至 1 L。防止吸收空气中的二氧化碳，最好贮存于塑料瓶中。

④ 酸性铬蓝 K-萘酚绿 B 指示剂：先将 50 g 硫酸钾研细，再分别将 0.5 g 酸性铬蓝 K 和 1 g 萘酚绿 B 研细，然后将三者混合均匀，贮于棕色瓶中，保存于干燥器中。

⑤ 钙红指示剂：称取 0.5 g 钙红指示剂，与 50 g 烘干的氯化钠研细混匀，贮于棕色瓶中，保存于干燥器中。

⑥ 铬黑 T 指示剂：称取 0.5 g 铬黑 T，与 100 g 烘干的氯化钠研细混匀，贮于棕色瓶中，保存于干燥器中。

19.6.3　操作步骤

（1）钙离子试液准备

吸取 25 mL 浸出液置于 150 mL 锥形瓶中，加入 2 mL 2 mol · L^{-1} 氢氧化钠溶液，摇匀后放置 1 min。

（2）第 1 次滴定

加入少许酸性铬蓝 K-萘酚绿 B 指示剂（或钙红指示剂），摇匀后立即用 EDTA-标准溶液滴定至溶液由酒红色突变为纯蓝色为终点。

（3）镁离子试液准备

吸取 25 mL 浸出液置于 150 mL 锥形瓶中，加入 1 mL 缓冲溶液，摇匀。

（4）第 2 次滴定

加入少许酸性铬蓝 K-萘酚绿 B 指示剂（或铬黑 T 指示剂），摇匀后立即用 EDTA-标准溶液滴定至溶液由酒红色突变为纯蓝色为终点。

19.6.4 结果计算

土壤钙离子量按式（19-10）或式（19-11）计算，土壤镁离子量按式（19-12）或式（19-13）计算：

$$\text{钙离子}(Ca^{2+})\text{量}(cmol \cdot kg^{-1}) = \frac{2V_1 \times c \times t_s}{m \times K \times 10} \times 1\,000 \qquad (19\text{-}10)$$

$$\text{钙离子}(Ca^{2+})\text{量}(g \cdot kg^{-1}) = \text{钙离子量}(cmol \cdot kg^{-1}) \times 0.02 \times 10 \qquad (19\text{-}11)$$

$$\text{镁离子}(Mg^{2+})\text{量}(cmol \cdot kg^{-1}) = \frac{2(V_2 - V_1) \times c \times t_s}{m \times K \times 10} \times 1\,000 \qquad (19\text{-}12)$$

$$\text{镁离子}(Mg^{2+})\text{量}(g \cdot kg^{-1}) = \text{镁离子量}(cmol \cdot kg^{-1}) \times 0.0122 \times 10 \qquad (19\text{-}13)$$

式中 V_1——滴定钙离子 EDTA-标准溶液用量，mL；

V_2——滴定钙、镁离子合量 EDTA-标准溶液用量，mL；

c——EDTA-标准溶液浓度，mol · L^{-1}；

t_s——分取倍数（浸出液体积 250 mL/吸取溶液体积 mL）；

m——风干土样质量，g；

K——吸湿水系数，风干土样换算成烘干土样的水分换算系数；

0.02——1/2 钙离子的摩尔质量，kg · mol^{-1}；

0.012 2——1/2 镁离子的摩尔质量，kg · mol^{-1}。

允许差：样品进行两份平行测定，取其算术平均值，保留两位小数。两份平行测定结果允许差按表 19-5 规定。

表 19-5 钙、镁离子测定允许差

钙离子量(cmol · kg^{-1})	镁离子量(cmol · kg^{-1})	允许相对偏差(%)
>2.5	>2.5	<3
0.5~2.5	0.5~2.5	3~5
0.25~0.5	0.25~0.5	5~10
<0.25	<0.25	10~15

19.6.5 注意事项

【1】如浸出液中碳酸根或重碳酸根量较高，加碱后将生成碳酸钙而使滴定终点延长。

此时应参照浸出液中碳酸根和重碳酸根测定时所消耗的酸量,加入等浓度的盐酸溶液使之酸化,并煮沸除去二氧化碳。

【2】以钙红为指示剂时,溶液 pH 值应在 12.0~14.0。所用氢氧化钠中不可含有碳酸钠,防止钙沉淀为碳酸钙。碱化后要放置 1~2 min,使氢氧化镁沉淀形成,然后再加指示剂滴定,可得到清晰终点。但不宜久放,否则溶液吸收二氧化碳,使钙离子沉淀为碳酸钙,造成测定误差。

【3】当镁离子较多时,氢氧化镁沉淀会吸附少量钙离子,被吸附的钙离子在滴定变色后能逐渐进入溶液而自行恢复红色,造成不易判断终点。可加入少量蔗糖阻止钙离子被氢氧化镁沉淀吸附,可取得好的效果。

【4】浸出液中一般锰、铁、铝、钛量较少,可不加掩蔽剂。如锰量多,可加少量盐酸羟胺还原;如铁、铝、钛量多,可加少量三乙醇胺掩蔽。

【5】由于镁—铬黑 T 螯合物与 EDTA-Na₂ 的反应在室温时不能瞬间完成,故近终点时必须缓慢滴定。

19.7　钾、钠离子的测定(火焰光度法)

19.7.1　方法提要

土样水浸出液中的钾、钠离子,用火焰光度法测定,钙离子量大于 20 $mg \cdot L^{-1}$ 时干扰测定,加入一定量硫酸铝溶液可以抑制钙的影响。

19.7.2　器材与试剂

(1)器材

火焰光度计、容量瓶(25 mL 和 1 L)。

(2)试剂

① 钾、钠混合标准溶液:称取已在 105 ℃烘 2 h 的氯化钠(NaCl)2.543 g,精确至 0.000 1 g,溶于水,再加水稀释至 1 L 此溶液 1 mL 含 1 mg 钠;再用水稀释 5 倍,得 1 mL 含 200 μg 钠标准溶液。另称取已在 105 ℃烘 2 h 的氯化钾(KCl)1.906 9 g,精确至 0.000 1 g,溶于水,再加水稀释至 1 L,此溶液 1 mL 含 1 mg 钾,再用水稀释 5 倍,得 1 mL 含 200 μg 钾标准溶液。将上述 1 mL 含 200 μg 钾和 1 mL 含 200 μg 钠标准溶液等体积混合,即得 1 mL 含 100 μg 钾和钠标准溶液,贮于塑料瓶中。

② 硫酸铝溶液{$c[Al_2(SO_4)_3] = 0.1 \ mol \cdot L^{-1}$}:称取 34 g 硫酸铝或 66 g 硫酸铝 [$Al_2(SO_4)_3 \cdot 18H_2O$]溶于水,再加水稀释至 1 L。

19.7.3　操作步骤

(1)试液准备

吸取 5~10 mL 浸出液置于 25 mL 容量瓶中,加入 1 mL 硫酸铝溶液,加水稀释至刻度,摇匀。

（2）测定

用火焰光度计测定溶液中钾离子和钠离子浓度。

（3）标准曲线的绘制

分别取 0 μg、100 μg、200 μg、400 μg、600 μg、800 μg、1000 μg 钾和钠标准溶液置于 25 mL 容量瓶中，加入 1 mL 硫酸铝溶液，加水稀释至 25 mL，摇匀。在相同工作条件下测定钾和钠的发射强度，绘制标准曲线。

19.7.4 结果计算

土壤水溶性盐分(钾离子)量按式(19-14)或式(19-15)计算，土壤水溶性盐分(钠离子)量按式(19-16)或式(19-17)计算：

$$钾离子(K^+)量(g \cdot kg^{-1}) = \frac{m_1 \times t_s}{m \times K \times 10^6} \times 1\,000 \tag{19-14}$$

$$钾离子(K^+)量(cmol \cdot kg^{-1}) = \frac{钾离子量(g \cdot kg^{-1})}{0.039\,1 \times 10} \tag{19-15}$$

$$钠离子(Na^+)量(g \cdot kg^{-1}) = \frac{m_2 \times t_s}{m \times K \times 10^6} \times 1\,000 \tag{19-16}$$

$$钠离子(Na^+)量(cmol \cdot kg^{-1}) = \frac{钠离子量(g \cdot kg^{-1})}{0.023\,0 \times 10} \tag{19-17}$$

式中 m_1——从工作曲线上查得钾离子量，μg；

m_2——从工作曲线上查得钠离子量，μg；

t_s——分取倍数(浸出液体积 250 mL/吸取溶液体积 mL)；

m——风干土样质量，g；

K——吸湿水系数，风干土样换算成烘干土样的水分换算系数；

0.039 1——钾离子的摩尔质量，kg·mL^{-1}；

0.023 0——钠离子的摩尔质量，kg·mol^{-1}。

样品进行两份平行测定，取其算术平均值，保留两位小数。两份平行测定结果允许差按表 19-6 规定。

表 19-6 钾、钠离子测定允许差

钾离子量(cmol·kg^{-1})	钠离子量(cmol·kg^{-1})	允许相对偏差(%)
>5.0	>5.0	<3
1.0~5.0	1.0~5.0	3~5
0.5~1.0	0.5~1.0	5~10
<0.5	<0.5	10~15

第 20 章

土壤阳离子交换量

20.1 概述

20.1.1 阳离子交换作用

自然条件下，土壤胶体通常综合表现为带负电荷，所以土壤胶体表面常通过静电作用力(库仑力)吸附着多种带正电荷的阳离子。这些被吸附的阳离子处于胶体表面双电层的扩散离子群中，可与土壤溶液中的其他阳离子进行交换，这种相互交换作用称为阳离子交换或阳离子代换。阳离子从土壤溶液转移至胶体表面的过程称为离子的吸附，而原来吸附在胶体上的离子迁移到溶液中的过程称为离子的解吸，二者构成一个完整的阳离子交换反应。阳离子交换能力强弱主要受电荷价、离子半径水化程度和离子浓度的影响，常见阳离子在土壤中的交换选择次序一般为：$Th^{4+} > Fe^{3+} > Al^{3+} > H^+ > Ba^{2+} > Pb^{2+} > Sr^{2+} > Ca^{2+} > Ni^{2+} > Cd^{2+} > Zn^{2+} > Mg^{2+} > Ag^+ > Cs^+ > Rb^+ > K^+ > NH_4^+ > Na^+ > Li^+$。土壤阳离子交换对植物营养和施肥具有重要意义，它能调节土壤溶液中的离子浓度，土壤成分的多样性而保持了土壤溶液的"生理平衡"，并保证养分免于被雨水淋失。

20.1.2 阳离子代换量的概念

在一定酸碱度条件下，土壤所能吸附和交换阳离子的容量，称为土壤阳离子交换量(cation exchange capacity, CEC)，用每千克土壤一价阳离子的厘摩尔数表示，即 $cmol(+) \cdot kg^{-1}$。土壤 CEC 的大小，基本上代表了该土壤保持养分的能力，即保肥力的高低。CEC 大的土壤保持速效养分能力大，反之则小。土壤 CEC 可作为评价土壤供肥蓄肥能力的指标，一般认为，CEC 在 20 $cmol(+) \cdot kg^{-1}$ 以上的土壤保肥力强，$10 \sim 20$ $cmol(+) \cdot kg^{-1}$ 的土壤保肥力居中，小于 10 $cmol(+) \cdot kg^{-1}$ 的土壤保肥力弱。土壤 CEC 是土壤缓冲性能的主要来源，是评价土壤肥力，改良土壤和合理施肥的重要依据，同时也是土壤分类的重要指标之一。因此，作为反映土壤负电荷总量和表征土壤性质的重要指标，土壤 CEC 成为科学研究和生产实践中广泛测定的指标之一。

20.1.3 阳离子代换量的影响因素

土壤阳离子交换量的大小，实质上取决于土壤所带的负电荷的数量，因此影响土壤中胶体数量和胶体带电能力的因子均可对阳离子交换量产生影响，这些因子主要有：

（1）土壤质地

因为土壤的电荷 80%以上存在于<2μm 的细粒部分，因此土壤带电多少主要取决于土壤中<2μm 微粒的数量。质地越黏重，含黏粒越多的土壤，土壤负电荷量越多，阳离子交换量越大。不同质地土壤的 CEC 表现为黏土>壤土>砂土。

（2）腐殖质含量

腐殖质分子大，功能团多，带有大量的负电荷，具有很大的吸附表面，它的 CEC 一般可达到 100~400 cmol（+）·kg^{-1}。含腐殖质越丰富的土壤其交换量越大。如我国华南红壤类土壤，腐殖质含量每增加 1%，土壤 CEC 可增加 1 cmol（+）·kg^{-1}左右，长江中下游地区的土壤，甚至可增加 2 cmol（+）·kg^{-1}以上。

（3）无机胶体的种类

不同种类无机胶体的 CEC 相差很大，一般无机胶体的硅铁铝（SiO_2/R_2O_3）摩尔比率越大，交换量越大。蒙脱石等 2:1 型黏土矿物 SiO_2/R_2O_3 摩尔比较大，带负电荷多，比表面大，CEC 较大；1:1 型的高岭石类 SiO_2/R_2O_3 摩尔比较小，带负电荷少，CEC 低；含水氧化物的 CEC 则更低（表 20-1）。

表 20-1　无机胶体 SiO_2/R_2O_3 摩尔比与土壤 CEC 的关系

无机胶体种类	SiO_2/R_2O_3	胶体量[cmol（+）·kg^{-1}]	CEC[cmol（+）·kg^{-1}]
蒙脱石	4	60~100	80
水云母	3	20~40	30
高岭石	2	5~15	10
含水氧化物		极微	

资料来源：西南农学院，1963。

（4）土壤酸碱性

土壤固相表面可从介质中吸附或向介质中释放出离子，从而引起所带电荷数量或性质的变化，土壤 pH 值的改变直接影响这一过程。在富含水云母、高岭石、氧化物或腐殖质的土壤中，随着 pH 值的增加，土壤胶粒负电荷量增加，土壤 CEC 也随之上升，因此酸性土壤提高 pH 值可以提高其 CEC。如广东的砖红壤当 pH 值由 5.0 提高到 7.0 左右时，土壤中负电荷总量约增加 70%，对阳离子的结合强度增加 1 倍；富含腐殖质的暗棕壤，当 pH 值从 2.5 上升到 8.0 时，CEC 从 65 cmol（+）·kg^{-1}上升到 345 cmol（+）·kg^{-1}。

20.1.4　阳离子代换量的分布特征

土壤 CEC 的分布具有典型的空间连续性和变异性特征。在全国尺度上存在自南向北，由西向东逐渐增大的趋势。东部地区的南北差异主要由黏土矿物组成和酸碱度不同所导致，北方土壤所含黏土矿物以水云母和部分蒙脱石为主，平原地区土壤又多呈中性或微碱性，阳离子交换量一般在 10~20 cmol（+）·kg^{-1}以上；南方土壤呈酸性到强酸性，有机胶体较少，无机胶体以高岭石及部分含水氧化铁铝为主，土壤 CEC 一般为 5~15 cmol（+）·kg^{-1}，砖红壤的黏土矿物以高岭石、赤铁矿和部分三水铝石为主，CEC 一般低于 10 cmol（+）·kg^{-1}甚至 5 cmol（+）·kg^{-1}。北部地区东西差异的主要影响因素是土壤质地，东部土壤质地主要为壤土和少量黏土，而西部逐渐过渡到砂土甚至石砾。区域尺度上，土壤 CEC 的变化常体现在不同土壤类型的变化上，具有典型的水平和垂直地带性。如从西藏的东南向西北，土壤 CEC 水平地带性按高山草甸型—高山草原型—高山荒漠型的顺序急剧减小。在藏东南地区，土壤 CEC 随海拔上升，从基带黄壤逐渐增高，至暗棕壤和灰化土达到最高值；在森林线以上，土壤 CEC 又随黑毡土—草毡土而逐渐降低，及至高山冰缘带的寒冻土达到最低值。

20.2 方法原理

20.2.1 测定思路

土壤 CEC 测定方法可总结为以下 6 种：

（1）求和法

用盐溶液将土壤中的交换性盐基浸出，根据所得各阳离子的总和求出 CEC。

（2）过剩盐洗净除去法

先用某种盐溶液使土壤饱和，洗净过剩盐溶液后，用另一种盐浓液将吸附的离子浸出并测定。

（3）过剩盐差额法

土壤为某种盐溶液饱和后，用别种盐溶液将吸附的指示阳离子与过剩盐中的阳离子一起交换浸出并测定，再通过过剩盐的定量，计算出与其相当的阳离子量，并将其从测定值中减去。

（4）浓度降低测定法

土壤被盐溶液饱和后，根据渗漏液或上清液中阳离子浓度的降低值求出 CEC。

（5）平衡法

用不具缓冲性能的盐溶液，改变离子浓度和 pH 值，求出阳离子和阴离子的吸附量。将 CEC 作为离子浓度和 pH 值的函数，建立回归方程进行计算。

（6）同位素法

土壤用某种阳离子饱和，用同位素法测定被吸附的阳离子。

关于过剩盐的测定，可用醇洗，蒸馏水洗，或用称量法求出过剩盐的差额。目前广泛采用的为过剩盐洗净除去法，具体过程包括：

① 采用一种指标阳离子（如 Na^+ 或 NH_4^+ 等）饱和给定质量的土壤样品。

② 利用稀释的电解质溶液移走土壤样品中过多的盐分。

③ 利用中性溶液置换被吸附的指标阳离子。

④ 测定浸提液中指标阳离子的浓度，从而计算出土壤样品的 CEC。土壤 CEC 测定受交换剂的性质、盐溶液浓度、pH 值和淋洗方法等多种因素的影响，土壤 CEC 测定方法的关键是浸提剂的选择。

20.2.2 浸提剂的选择

最早采用饱和 NH_4Cl 反复浸提土壤，然后从浸出液中 NH_4^+ 的减少量计算出 CEC。

该方法在酸性非盐土中包括了交换性 Al^{3+}，即后来所称的酸性土壤的实际交换量。后来用 $1\ mol \cdot L^{-1} NH_4Cl$ 淋洗，然后用水、乙醇除去土壤中过多的 NH_4Cl，再测定土壤中吸附的 NH_4^+。当时还未意识到在田间酸碱度条件下，用非缓冲性盐测试土壤 CEC 更合适，尤其对高度风化的酸性土。联合国粮食和农业组织规定土壤分类的分析主要采用中性乙酸铵法或乙酸钠法测定阳离子交换量，其中，中性乙酸铵法是我国土壤农化实验室所采用的常规分析方法，适于酸性和中性土壤。该方法优点主要有：

① 乙酸铵与盐基不饱和土壤作用时，释放出来的是弱酸，不致破坏土壤吸收复合体。

② 乙酸铵的缓冲性强，先后交换出来的溶液的 pH 值几乎不变。

③ 如需测定溶液中的交换性阳离子组成时，多余的乙酸铵也容易被灼烧分解。该方法存在的不足包括：如土壤中的某些黏土矿物(蛭石或黑云母等)吸附铵离子的能力特别强，乙酸铵很难被蒸馏出来，此外乙酸铵能与部分腐殖质形成可溶性溶胶而被淋洗，使测定结果偏低，但对某些富含铁、铝的酸性土壤，又因土壤胶体吸附过量的铵离子，不易被乙醇洗去，使测定结果略偏高。

石灰性土壤中广泛存在着 $CaCO_3$，在交换清洗过程中，部分 $CaCO_3$ 的溶解使石灰性土壤交换量测定结果大大偏高。A. Mehlicj 提出用 $1\ mol \cdot L^{-1} BaCl_2$-TEA (三乙醇胺) pH = 8.2 缓冲液来测定石灰性土壤的阳离子交换量。在这个缓冲体系中，因 $CaCO_3$ 的溶解受到抑制而不影响测定结果，但土壤 SO_4^{2-} 的存在将消耗一部分 Ba^{2+} 使测定结果偏高。石灰性土壤 CEC 的测定方法还有氯化铵-乙酸铵法 (NH_4Cl-$C_2H_7NO_2$)、乙酸钙法 ($C_4H_6CaO_4$) 和乙酸钠法 ($C_2H_3NaO_2$) 等。其中 NH_4Cl-$C_2H_7NO_2$ 法是目前石灰性土坡阳离子交换量测定的较好的方法，测定结果准确、稳定、重现性好，用氯化铵去除样品中的碳酸钙是本法的特点，它不会破坏黏土矿物，并有较快的分析速度，但它也有同乙酸铵交换法相似的缺点；$C_4H_6CaO_4$ 法的特点是不用蒸馏即可滴定，其缺点是脱钙手续冗长，如果盐酸浓度控制不当，有可能破坏土壤吸收复合体，而且重现性较差；$C_2H_3NaO_2$ 法是以 pH = 8.2 的乙酸钠 [$c(C_2H_3NaO_2) = 1\ mol \cdot L^{-1}$] 作为交换剂，其优点是：对碳酸钙溶解度低对含蛭石黏土矿物的土壤，其内层离子能为 Na^+ 取代，保证内层的 Na^+ 又能被置换出来，因此 $C_2H_3NaO_2$ 不像 $C_2H_7NO_2$ 那样降低阳离子交换量，但用 pH = 8.2 的 $C_2H_3NaO_2$ 交换剂，对 $MgCO_3$ 有较高的溶解度。

热带、亚热带的酸性、微酸性土壤，交换反应并非在恒定的介质 H^+ 浓度下进行，且离子强度很低，一般在 0.005 以下。与之相比，常规方法浸提液 pH 值和离子强度太高，测定结果较实际情况偏高很多。为此引入了非缓冲体系的溶液，即把土壤用 $BaCl_2$ 饱和后，用相当于土壤溶液中离子强度对应浓度的 $BaCl_2$ 溶液平衡土壤，然后用 $MgSO_4$ 交换 Ba 测定酸性土壤 CEC。该方法保证了土壤原来的 pH 值不发生明显变化，又使溶液离子强度和田间接近，利用有强交换能力的 Ba^{2+} 作为指示阳离子，以 Ba^{2+} 饱和的土壤再用可溶性 $MgSO_4$ "强迫" 交换，交换出的 Ba^{2+} 迅速生成 $BaSO_4$ 沉淀，加速交换完全，适用于包括酸性土壤的多类型土壤。

20.2.3 阳离子交换了有效值和潜在值

部分研究将土壤 CEC 测定分为有效（effective）阳离子交换量（CEC_E）和潜在（potential）阳离子交换量（CEC_P）测定。如美国农业部（USDA）规定用求和法测定阳离子交换量，即用乙酸铵溶液提取液测定交换性盐基总量，再用 $BaCL_2$-TEA 缓冲液测定交换性酸总量，两者之和即为 CEC_E。对于可变电荷为主的热带、亚热带土壤，国际热带农业研究所也推荐采用求和法测定 CEC_E，其交换性盐基总量用乙酸铵溶液提取，而交换性酸用中性氯化钾溶液提取。国际标准化组织规定了采用测定土壤 $BaCl_2$ 溶液 CEC_E 的国际标准方法，国际标准化组织（ISO 13536：1995）规定了采用三乙醇胺缓冲至 pH 值为 8.1 的 $BaCl_2$ 溶液 CEC_P 的国际标准方法，这两种方法均适用于多种土壤类型。

20.3 乙酸铵交换法

该法适用于中性和酸性土壤阳离子交换量（CEC）的测定。

20.3.1 方法提要

用中性乙酸铵溶液反复处理土壤，使土壤铵饱和，再用95%乙醇洗去多余的乙酸铵后，用水将土样冲入凯氏瓶，加固体氧化镁蒸馏，蒸馏出的氨用硼酸溶液吸收，然后用盐酸标准溶液滴定，根据铵的量计算土壤阳离子交换量。

20.3.2 器材与试剂

（1）器材

电动离心机（转速 $3\,000 \sim 4\,000\text{r} \cdot \text{min}^{-1}$）、离心管（100 mL）、开氏瓶（150 mL）、蒸馏装置、滴定装置（或凯氏定氮仪）。

（2）试剂

① 乙酸铵溶液 $[c(\text{CH}_3\text{COONH}_3) = 1\ \text{mol} \cdot \text{L}^{-1}]$：称取 77.09 g 乙酸铵，用水溶解，加水稀释至近 1 L，用氢氧化铵或稀乙酸调节 pH 值至 7.0，然后加水稀释至 1 L。

② 95% 乙醇溶液（工业用，必须无 NH_3）。

③ 液体石蜡（化学纯）。

④ 甲基红-溴甲酚绿混合指示剂：称取 0.099 g 溴甲酚绿和 0.066 g 甲基红置于玛瑙研钵中，加少量乙醇，研磨至指示剂完全溶解，最后加乙醇至 100 mL。

⑤ 硼酸指示剂溶液：称取 20 g 硼酸，溶于 1 L 水中，然后加入 20 mL 甲基红-溴甲酚绿混合指示剂，并用稀酸或稀碱溶液调节至紫红色（葡萄酒色），此时溶液的 pH 值为 4.5。

⑥ 盐酸标准溶液：$[c(\text{HCl}) = 0.05\ \text{mol} \cdot \text{L}^{-1}]$，每 1 L 水中加入 4.5 mL 盐酸 $[\rho(\text{HCl}) = 1.19\ \text{g} \cdot \text{mL}^{-1}]$，混匀。

该溶液浓度需要准确标定：称取 2.382 5 g 硼砂（$\text{Na}_2\text{B}_4\text{O}_7 \cdot 10\text{H}_2\text{O}$），精确至 0.000 1 g，

加水溶解后稀释至 250 mL，得 0.05 mol·L^{-1}硼砂标准溶液。吸取 25 mL 硼砂标准溶液置于 250 mL 锥形瓶中，加 2 滴甲基红-溴甲酚绿混合指示剂，用盐酸标准溶液滴定至溶液呈酒红色为终点。同时做空白试验。盐酸标准溶液的浓度按下式计算：

$$c = \frac{c_1 \times V_1}{V_2 - V_0} \tag{20-1}$$

式中　c——盐酸标准溶液浓度，mol·L^{-1}；

　　　c_1——硼砂标准溶液浓度，mol·L^{-1}；

　　　V_1——硼砂标准溶液体积，mL；

　　　V_2——盐酸标准溶液用量，mL；

　　　V_0——空白试验消耗盐酸标准溶液体积，mL。

⑦ 缓冲溶液　称取 67.5 g 氯化铵，溶于无二氧化碳水中，加入新开瓶的氢氧化铵 [$\rho(NH_3 \cdot H_2O) = 0.9$ g·mL^{-1}]570 mL，用无二氧化碳水稀释至 1 L，贮于塑料瓶中，并注意防止吸入空气中的二氧化碳，缓冲溶液 pH = 10.0。

⑧ 酸性铬蓝 K-萘酚绿 B 混合指示剂：称取 0.5 g 酸性铬蓝 K 和 1 g 萘酚绿 B，与 100 g 于 105 ℃ 烘过的氯化钠相互研细磨匀，贮于棕色瓶中。

⑨ 氧化镁：将固体氧化镁在 500～600 ℃ 高温炉中灼烧 30 min，冷却后贮存在密闭的玻璃瓶中。

⑩ 纳氏试剂：称取 134 g 氢氧化钾，溶于 460 mL 水中。称取 20 g 碘化钾，溶于 50 mL 水中，加入 32 g 碘化汞，使其溶解至饱和状态。然后将两溶液合并即成。

20.3.3　操作步骤

（1）称样与处理

称取通过 2 mm 筛孔的风干土样 2 g（精确至 0.01 g）置于 100 mL 离心管中（质地轻的土样称取 5 g，精确至 0.01 g），沿离心管壁加入少量 1 mol·L^{-1}乙酸铵溶液，用橡皮头玻璃棒搅拌土样，使其成为均匀的泥浆状态。再加入 1 mol·L^{-1}乙酸铵溶液至总体积约 60 mL，充分搅拌均匀，然后用 1 mol·L^{-1}乙酸铵溶液洗净橡皮头玻璃棒，洗液收入离心管内。

（2）离心饱和

将离心管成对放在架盘天平的两盘上，用 1 mol·L^{-1}乙酸铵溶液使之质量平衡。平衡好的离心管对称地放入离心机中，离心 3～5 min，转速 3 000～4 000 r·min^{-1}。如不测定交换性盐基，每次离心后的上清液即可舍弃；如需测定交换性盐基，每次离心后的上清液收集在 250 mL 容量瓶中，如此用 1 mol·L^{-1}乙酸铵溶液处理 3～5 次，直到最后浸出液中无钙离子反应为止。收集的浸出液最后用 1 mol·L^{-1}乙酸铵溶液定容，用作测定交换性盐基。

（3）离心清洗

向盛土的离心管中加入少量乙醇（95%），用带橡皮头的玻璃棒搅拌土样，使其成为泥浆状态。再加入乙醇（95%）至总体积约 60 mL，并充分搅拌均匀，以便洗去土粒表面多余的乙酸铵溶液，切不可有小土团存在。然后将离心管成对放在架盘天平的两盘上，用乙醇(95%)使两边质量相等。平衡好的离心管对称地放入离心机中,离心 3 ~ 5 min,转速 3 000 ~ 4 000 r · min^{-1},舍弃上清液。如此反复用乙醇(95%)洗涤 3 ~ 4 次,直至乙醇溶液中无铵离子为止(用纳氏试剂检查无黄色反应)。

(4)蒸馏液制备

洗净多余的铵离子后,用水冲洗离心管的外壁,向离心管内加入少量水,并搅拌成糊状,用水将泥浆洗入 150 mL 凯氏瓶中,并用带橡皮头的玻璃棒擦洗离心管的内壁,使全部土样转入凯氏瓶内,洗涤水的体积应控制在 50 ~ 80 mL。蒸馏前向凯氏瓶内加 2 mL 液体石蜡和 1 g 氧化镁,立即将凯氏瓶安放在蒸馏装置上。

(5)蒸馏

将盛有 25 mL 硼酸指示剂溶液的 250 mL 锥形瓶,用缓冲管连接在冷凝管的下端。打开螺丝夹,通入蒸汽(蒸汽发生器内的水要提前加热至沸腾状态),随后摇动凯氏瓶,使瓶内的溶液混合均匀。开启凯氏瓶下的电炉,接通冷凝系统的流水。用螺丝夹调节蒸汽流速,使流速保持一致,蒸馏约 20 min,待馏出液约达到 80 mL 后,用纳氏试剂检查蒸馏是否完全(纳氏试剂无黄色反应)。

(6)滴定

将缓冲管连同锥形瓶内的吸收液一起取下,用水冲洗缓冲管的内外壁(洗液洗入锥形瓶内)。然后加入 2 滴甲基红-溴甲酚绿混合指示剂,用盐酸标准溶液滴定至溶液呈微红色为终点,消耗盐酸体积记为 V。

(7)空白试验

除不加土样外,其他步骤与上同,消耗盐酸体积记为 V_0。

20.3.4   结果计算

$$CEC = \frac{c \times (V - V_0)}{m \times K \times 10} \times 1\,000 \qquad (20\text{-}2)$$

式中 CEC——阳离子交换量,cmol · kg^{-1};
　　　c——盐酸标准溶液浓度,mol · L^{-1};
　　　V——盐酸标准溶液用量,mL;
　　　V_0——空白试验盐酸标准溶液用量,mL;
　　　m——风干土样质量,g;
　　　K——吸湿水系数,风干土样换算成烘干土样的水分换算系数;
　　　10——毫摩尔(mmol)换算成厘摩尔(cmol)的倍数 。
平行测定结果允许误差按表 20-2 规定。

表 20-2   测定允许误差

CEC(cmol · kg^{-1})	允许误差 (cmol · kg^{-1})
>50	≤5.0
50 ~ 30	2.5 ~ 1.5
30 ~ 10	1.5 ~ 0.5
< 10	< 0.5

20.4　氯化铵-乙酸铵交换法

该法适用于石灰性土壤。

20.4.1　方法原理

土壤试样先用氯化铵溶液加热处理，溶解土样中的碳酸钙，对土样吸收复合体无破坏作用，反应式为：

$$2NH_4Cl + CaCO_3 \rightarrow CaCl_2 + 2NH_3\uparrow + CO_2\uparrow + H_2O$$

然后再用中性乙酸铵溶液反复处理土样，使土样铵饱和，再用乙醇洗去多余的乙酸铵后，用水将土样洗入凯氏瓶中，蒸馏出的氨用硼酸溶液吸收，然后用盐酸标准溶液滴定，根据铵的消耗量计算土壤阳离子交换量。

20.4.2　器材与试剂

（1）器材

电炉或其他加热装置，其余同20.3.2。

（2）试剂

氯化铵溶液：称取53.5 g氯化铵，溶于水中，加水稀释至1 L。

其他试剂同20.3.2。

20.4.3　操作步骤

（1）称样煮沸

称取<2 mm风干土样5 g（精确至0.01 g），置于200 mL烧杯中，加入50 mL氯化铵溶液，盖上表面皿，低温加热煮沸，直到无氨味为止（如烧杯内剩余溶液较少而仍有氨味，则补加氯化铵溶液继续煮沸），烧杯中的土样用乙酸铵溶液洗入100 mL离心管中。

（2）离心饱和

将离心管成对放在架盘天平的两盘上，用乙酸铵溶液使之质量平衡。平衡好的离心管对称地放入离心机中，以3 000～4 000 r·min^{-1}转速离心3～5 min，弃去离心管中的清液。反复处理3～5次。

（3）剩余操作同20.3.3。

20.4.4　结果计算

计算过程同20.3.4。

20.4.5　注意事项

【1】用不同方法测得的土壤 CEC 数值相差较大，在报告结果和结果应用时准确说明

测定方法。

【2】标定用硼砂必须保存于相对湿度60%~70%的空气中，以确保硼砂含有10个化合水。通常可在干燥器的底部放置氯化钠和蔗糖的饱和溶液（两者有固体沉淀存在），此时干燥器中空气的相对湿度为60%~70%。

【3】用乙醇清洗剩余的铵离子时，一般3次即可，但清洗个别样品时可能出现浑浊现象，应加大离心机转速，使其澄清。

【4】蒸馏前先按器材使用说明书检查定氮仪，并空蒸0.5 h洗净管道。

【5】蒸馏时使用氧化镁而不使用氢氧化钠，因后者碱性强，能水解土壤中部分有机氮素成氨态氮，致使结果偏高；加氧化镁蒸馏时，应尽快将凯氏瓶装好后才能摇动，以防氨损失。

【6】蒸馏时间应根据器材型号及蒸馏电流设置不同而不同，一般比全氮长，约8 min。具体应通过实验确定，即逐分钟在冷凝称管下端接取1滴蒸出液于白色瓷板上，加钠氏试剂1滴，如无黄色，表示蒸馏已完成。

【7】如无离心机，可改用过滤洗涤法代替。

【8】检查浸出液中的钙离子，可取最后一次乙酸铵浸出液5 mL置于试管中，加1 mL pH=10缓冲溶液，再加少许酸性铬蓝K-萘酚绿B混和指示剂。如浸出液呈蓝色，表示无钙离子；如呈紫红色，表示有钙离子，还须用乙酸铵溶液继续浸提。

【9】95%乙醇必须先做铵离子检验，需无铵离子时才能使用；用过的乙醇可用蒸馏法回收后重复使用。

【10】蒸馏和滴定操作可由半自动凯氏定氮仪完成。

第四篇

土壤生物学特性

第 21 章

土壤酶活性

21.1 概述

21.1.1 概念与来源

土壤酶是由微生物、动植物活体分泌及由动植物残体分解释放于土壤中的一种具有生物催化能力和蛋白质性质的高分子活性物质，是土壤中产生专一生物化学反应的生物催化剂。土壤酶主要来源于土壤微生物活动分泌、植物根系分泌和植物残体以及土壤动物区系分解。土壤微生物不仅数量巨大且繁殖快，能够向土壤中分泌释放土壤酶。许多微生物可以产生胞外酶，这也说明土壤微生物是土壤酶的一个重要来源。

21.1.2 土壤酶的作用

土壤酶的主要作用体现在土壤质量的生物活性指标与土壤肥力的评价指标两个方面。土壤酶能积极参与土壤中营养物质的循环，在土壤养分的循环代谢过程中起着重要的作用，是各种生化反应的催化剂。土壤酶活性与土壤生物数量、生物多样性密切相关，是土壤生物学活性的表现，可以作为土壤质量的整合生物活性指标。土壤酶活性还是维持土壤肥力的一个潜在指标，它的高低反映了土壤养分转化的强弱。土壤酶学的研究与土壤肥力的研究联系非常紧密。有关研究表明，土壤过氧化氢酶、蔗糖酶活性可以用来评价土壤肥力的状况，土壤酶活性可以作为衡量土壤生物学活性及其生产力的指标。过氧化氢酶作为土壤中的氧化还原酶类，其活性可以反映土壤腐殖质化强度和有机质转化速度。过氧化物酶在有机质氧化和腐殖质形成过程中起着重要作用；土壤蔗糖酶可以增加土壤中的易溶性营养物质，其活性与有机质的转化和呼吸强度有密切关系；土壤脲酶活性能够在一定程度上反映土壤的供氮能力；土壤磷酸酶活性直接影响着土壤中有机磷的分解转化及其生物有效性；纤维素酶可以表征土壤碳素循环速度的重要指标。

21.1.3 土壤酶的分类

酶的种类很多，为了便于研究和应用，国际酶学委员会于 1961 年提出了一个关于酶的分类系统，即按照酶的催化反应类型和功能，把已知的酶分为六大类，即氧化还原酶、转移酶、水解酶、裂合酶、异构酶和连接酶。其中，土壤中酶活性的研究目前主要涉及前四类酶。氧化还原酶类主要包括过氧化氢酶、脱氢酶、过氧化物酶、多酚氧化酶、硫酸盐还原酶、亚硝酸还原酶、硝酸还原酶等。因为这些酶催化的反应很多与释放能量或获得能量有关，因此在土壤的能量流动方面扮演着重要角色，此外氧化还原酶还参与了土壤腐殖质组分的合成及土壤的形成过程。因此，对于土壤氧化还原酶系的研究，将有助于对土壤肥力及土壤发生等关键性问题的了解。转移酶主要包括转氨酶、转糖苷酶、己糖激酶、果聚糖蔗糖酶等，它们可催化某些化合物中基团的转移，与土壤中腐殖质、水溶性有机质和微生物数量等有密切关系。水解酶类主要包括脲酶、蔗糖酶、淀粉酶、磷酸酶、脂肪酶、纤维素分解酶等。水解酶能够水解大分子物质，从而形成易被植物吸收的小分子物质，对于土壤中的 C、N 循环具有重要作用。裂合酶主要包括有谷氨酸脱羧酶、天门冬氨酸脱羧酶、色氨酸脱羧酶等，它们在土壤中也具有某些作用，但对于这类酶的研究还较少。

21.1.4　影响土壤酶的因素

影响土壤酶活性的因素很多，诸如土壤理化性质、土壤生物区系、农业植被以及一些人为因素，其主要影响因素有土壤养分、土壤微生物、植物、施肥、耕作方式、农药与重金属等。土壤酶活性的增强与土壤养分含量的提高有密切联系。土壤中有机质含量的数量比率虽然不高，但是它能够增强土壤的通气性和孔隙度，是土壤微生物和酶的有机载体，其组成和含量会对土壤酶的稳定性造成影响。不仅土壤有机质的存在状况和含量会显著影响土壤酶活性，土壤中氮、磷、钾等营养元素的形态和含量也都与土壤酶活性变化有关。放线菌、真菌和细菌等是土壤酶的主要来源。如根际土壤的阿维属细菌能够分泌释放漆酶；真菌木霉属和腐霉属可以增强砂壤土纤维素酶、脲酶和磷酸酶活性，这些酶与 C、N、P 等养分的循环有密切的关系；放线菌能够向土壤中释放氧化酶和醋酶，它们对腐殖质和木质素具有降解作用。由于根系分泌物和根际微生物活动的关系，植物根际的土壤酶促过程要比根际外强得多，同时土壤酶活性还受到植被类型和植物群落的影响。

21.2　方法原理

目前还没有理想的方法把土壤中的酶提取出来，并直接测试酶的活性，土壤提取液中所能测出的酶仅占土壤酶的小部分，所以现有的研究方法一般是用基质的分解产物数量表示酶活性，这需要测试大量的土壤样品。目前测定土壤酶活性的方法主要有分光光度法、荧光分析法、放射性同位素法及部分物理方法，如滴定法等，其中传统的分光光度法和新型的荧光分析法应用最为广泛。分光光度法也称比色法，其基本原理是酶与底物混合经培养后产生某种带颜色的生成物，可在某一吸收波长下产生特征性波峰，再用分光光度计测定设定的标准物及生成物的吸光值，由此确定酶活性的大小。荧光分析法的主要原理是以荧光团标记底物作为探针，通过荧光强度的变化来反映酶活性。传统的比色法测定一般首先是根据所测酶的种类制作对应的标准曲线，然后对土样进行处理后在同一波长下测其吸光值，再利用标准曲线确定土样中的酶活性。这种方法虽已得到普遍认可，但精准度不高、操作不够简易而且耗时较长。荧光分析法测定步骤与比色法基本一致，与传统方法相比较，具有灵敏度高（比分光光度法高 2~3 个数量级）、耗时短、试样量少等优点，但它也存在分析成本较高、底物难溶解等缺点。同位素标记法报道较少，其原因可能是：目前酶的直接提取技术还不成熟，而且它本身操作复杂，成本较高等。最近出现的流体动力伏安法，通过转换在土壤酶反应中的底物，实现样品溶液有效的混合和对流，再大规模运输到电极表面，从而以 PAP 的电化学氧化快速检测土壤酶活性，这种测定方法灵敏度更高，对于土壤酶活性的定量分析意义重大。

21.3　土壤脲酶的测定

脲酶存在于大多数细菌、真菌和高等植物里，是一种酰胺酶，作用极为专一，它仅能水解尿素，水解的最终产物是氨、二氧化碳和水。土壤脲酶活性与土壤的微生物数量、有机物质含量、全氮和速效磷含量呈正相关。根际土壤脲酶活性较高，中性土壤脲酶活性大于碱性土壤。人们常根据土壤脲酶活性评估土壤的氮素状况。

21.3.1　NH_4^+ 释放量法

21.3.1.1　方法提要

在 37 ℃条件下，将新鲜土壤和尿素溶液培养 2 h，然后测定氨的释放量，估算脲酶的活性。

21.3.1.2　器材与试剂

（1）器材

50 mL 容量瓶；培养箱或恒温水浴；蒸馏定氮仪。

（2）试剂

① 甲苯（$C_6H_5CH_3$）。

② 缓冲液：三（羟甲基）氨基甲烷 $[c(C_2H_8O_3N_3) = 0.05\ mol \cdot L^{-1}]$，（pH = 9.0）：称取 6.1 g 三（羟甲基）氨基甲烷溶入 700 mL 蒸馏水中，用 $c(H_2SO_4) = 0.2\ mol \cdot L^{-1}$ 的硫酸溶液调 pH 值至 9.0，再用蒸馏水定容至 1 L。

③ 尿素溶液 $\{c[CO(NH_2)_2] = 0.2\ mol \cdot L^{-1}\}$：称取 1.2 g 尿素溶入约 80 mL 缓冲液中，后用该缓冲液定容至 100 mL。尿素溶液要当天配制，并在 4℃下保存备用。

④ 氯化钾-硫酸银混合溶液 $[c(KCl) = 2.5\ mol \cdot L^{-1}] - [\rho(Ag_2SO_4) = 100\ mg \cdot L^{-1}]$：先将 100 mg Ag_2SO_4 溶于 700 mL 蒸馏水中，再加入 188 g 的 KCl 使之溶解再定容至 1 L。

⑤ NH^+-N 测定试剂：MgO、H_3BO_3 指示剂、硫酸标准溶液 $[c(1/2H_2SO_4) = 0.005\ mol \cdot L^{-1}]$。

21.3.1.3　操作步骤

（1）称样

将 5 g 新鲜土样（<2 mm）放置于 50 mL 容量瓶中。

（2）培养

加入 0.2 mL 甲苯和 9 mL 缓冲溶液，轻摇混匀后加入 1 mL 尿素溶液，再次轻摇混匀并塞上瓶塞。在 37 ℃下培养 2 h。

（3）定容

然后加入约 35 mL 的 KCl-Ag$_2$SO$_4$ 溶液，轻摇容量瓶几秒钟后，放置至室温（约 5 min），用 KCl-Ag$_2$SO$_4$ 溶液定容，摇匀。

（4）蒸馏

取土壤悬浮液 20 mL 至蒸馏瓶中，加入 0.2 g 的 MgO，用硼酸指示剂溶液吸收，蒸馏液的体积约 30 mL。用 $c(1/2H_2SO_4) = 0.005$ mol·L^{-1} 的 H$_2$SO$_4$ 标准溶液滴定。

（5）空白

培养 2 h 后先加 35 mL 的 KCl-Ag$_2$SO$_4$ 溶液，然后加入 1 mL 尿素溶液，除此外同上。

21.3.1.4 结果计算

$$\omega(N) = \frac{c \times V \times t_s \times 14}{m \times K \times 2} \times 1\,000 \qquad (21\text{-}1)$$

式中　$\omega(N)$——单位时间内铵态氨的释放量，mg·kg^{-1}·h^{-1}；

　　　c——1/2H$_2$SO$_4$ 标准溶液的浓度，mol·L^{-1}；

　　　V——H$_2$SO$_4$ 标准溶液的体积，mL；

　　　t_s——分取系数，2.5；

　　　14——氮的摩尔质量，mg·mmol^{-1}；

　　　2——培养时间，h；

　　　m——样品质量，g；

　　　K——水分系数。

21.3.1.5 注意事项

【1】与其他缓冲液（如磷酸盐缓冲液）相比，三（羟甲基）氨基甲烷缓冲液优点在于它能够有效地防止铵的固定。在配制该缓冲液时必须用硫酸而不是盐酸来调 pH 值，因为后者能够促进脲酶的活性。

【2】在配制 KCl-Ag$_2$SO$_4$ 混合溶液时，应将 KCl 溶于溶解后的 Ag$_2$SO$_4$ 溶液中，因为 Ag$_2$SO$_4$ 在 KCl 溶液中不溶。

【3】加入 KCl-Ag$_2$SO$_4$ 混合溶液后脲酶的活性停止，因此该悬浮液在测定氨之前可以放置 2 h。

21.3.2 尿素残留量法

21.3.2.1 方法提要

在 37 ℃条件下，将新鲜土壤与尿素溶液培养 5 h 后，测定尿素残留量，估计脲酶的活性。

21.3.2.2　器材与试剂

（1）器材

50 mL 容量瓶；培养箱或恒温水浴；沸水浴；抽滤器；光电比色计或分光光度计。

（2）试剂

① 尿素溶液：称取 2 g 尿素（CH_4N_2O），用 700 mL 水溶解，定容 1 L，低温保存。

② 乙酸苯汞溶液：称 50 mg 乙酸苯汞（$C_8H_8HgO_2$）溶入 1 L 水中。

③ 氯化钾[$c(KCl) = 2.0\ mol \cdot L^{-1}$]-乙酸苯汞溶液：称 1.5 kg 氯化钾，用 9 L 水溶解，再加入 1 L 乙酸苯汞溶液。

④ 二乙酰-肟（DAM）溶液：称 2.5 g 二乙酰-肟（C_4HNO_2）溶于 100 mL 水中。

⑤ 氨基硫脲（TSC）溶液：0.25 g 氨基硫脲（CH_5N_3S）溶 100 mL 水中。

⑥ 混酸溶液：取 85% 的磷酸 300 mL 和浓硫酸 10 mL，加入到 100 mL 水中，再用水定容至 500 mL。

⑦ 显色剂：在进行显色反应前，将二乙酰-肟溶液 25 mL 和氨基硫脲溶液 10 mL，加入到 500 mL 混酸溶液中，即配即用。

⑧ 尿素标准溶液：溶解 0.5 g 尿素于约 1.5 L 的氯化钾-乙酸苯汞溶液中，并用该溶液定容至 2 L。可用干燥过的纯尿素直接配制，然后在冰箱中保存。

⑨ 标准曲线：将已配制的尿素标准溶液用氯化钾-乙酸苯汞溶液稀释 10 倍。分别吸取 0 mL、1 mL、2 mL、4 mL、6 mL 和 8 mL 该溶液至 50 mL 容量瓶中，并用氯化钾-乙酸苯汞溶液稀释至 50 mL，得 0 μg、25 μg、50 μg、100 μg、150 μg、200 μg 尿素的标准溶液系列。

21.3.2.3　操作步骤

（1）称样

称取相当于 5 g 干重的新鲜土样（<2 mm）放置于 150 mL 具塞三角瓶中。

（2）培养

加入 5 mL 尿素溶液，混匀塞上瓶塞，在 37 ℃下培养 5 h。然后加入 50 mL 的 KCl-乙酸苯汞溶液，盖上瓶塞后在振荡机上振荡 1 h，用抽滤器过滤。

（3）显色

用移液管吸取滤液 1～2 mL（最多含 200 μg 尿素）放入 50 mL 容量瓶中，并加入 KCl-乙酸苯汞溶液 10 mL 和显色剂 30 mL。轻摇容量瓶几秒钟后，将其放于沸水浴中 30 min，然后立即在流动的自来水中（或放置于装有大量冷水的容器中）降温约 15 min，再用水定容至 50 mL。

（4）测定

比色用分光光度计（或光电比色计）在 500～550 nm（吸收高峰为 527 nm）处（或加绿色滤光片）比色测定。

（5）空白

除不加土样外其余操作步骤与上同。

21.3.2.4 结果计算

$$\omega(\mathrm{N}) = \frac{\left[10 - m_1 \times V_1 / (V_2 \times 1\,000)\right] \times 0.466}{m_2 \times t} \times 1\,000 \tag{21-2}$$

式中 $\omega(\mathrm{N})$——单位时间内尿素态氮的减少量，$\mathrm{mg \cdot kg^{-1} h^{-1}}$；

  m_1——测试样品溶液中尿素含量，$\mathrm{\mu g}$；

  V_1——浸提液总体积，mL；

  V_2——测定时吸取浸提液的体积，1 或 2 mL；

  0.466——尿素含氮系数；

  m_2——土壤样品质量，5 g；

  t——培养时间，5 h。

21.3.2.5 注意事项

【1】采用此法估计脲酶的活性必须严格按照步骤进行。此外，NO_2 含量超过尿素含量 5 倍时，将干扰尿素的测定。

【2】当脲酶活性为 3 ~ 80 $\mathrm{\mu g}$ NH_3-N 时，本法能获得可靠的结果。若脲酶活性小于 3 $\mathrm{\mu g}$，培养时间需增至 24 h（在计算时应予考虑）。

【3】如果样品较多，为使酶促反应时间一致，需要反应进行到规定时间后加入抑制剂终止酶促反应。

21.4 土壤磷酸酶的测定

磷酸酶是土壤中广泛存在的一种水解酶，能够催化磷酸酯的水解反应，包括磷酸单酯酶、磷酸二酯酶、三磷酸单酯酶等。其中，磷酸单酯酶由于与有机磷的矿化及植物的磷素营养关系密切，因此是研究最多的磷酸酶。磷酸单酯酶又基于其反应的最适 pH 值，分为酸性（pH 值为 5.0 ~ 6.0）和碱性磷酸酶（pH 值为 8.0 ~ 10.0），磷酸单酯酶能够催化甘油磷酸酯、苯磷酸酯、β-萘磷酸酯、硝基苯磷酸酯等的水解。磷酸根的存在对磷酸单酯酶的活性有竞争抑制作用。此外，重金属和微量元素也抑制磷酸单酯酶的活性。测定磷酸单酯酶活性的方法有很多，这些方法的区别主要体现在所用的底物不同，以及由此产生的不同测定水解产物的方法。目前常采用对硝基苯磷酸酯法测定磷酸单酯酶和磷酸二酯醇的活性。

21.4.1 磷酸单酯酶活性的测定

21.4.1.1 方法提要

测定磷酸单酯酶是基于该酶能够水解对硝基苯磷酸盐，通过比色法测定反应后释放的硝基苯酚的含量，来估计磷酸单酯酶的活性。酸性和碱性磷酸酶的活性可通过控制反应的 pH 值来分别测定。测定酸性磷酸酶活性时，溶液的 pH 值为 6.5，碱性磷酸酶的 pH 值为 11.0。

21.4.1.2 器材与试剂

（1）器材

50 mL 三角瓶；恒温培养箱或恒温水浴锅；光电比色计或分光光度计。

（2）试剂

① 甲苯。

② 通用缓冲液：称取 12.1 g 三（羟甲基）氨基甲烷、11.6 g 丁烯二酸，14 g 柠檬酸和 6.3 g 硼酸于 488 mL 氢氧化钠溶液 $[c(NaOH) = 1\ mol \cdot L^{-1}]$ 中，然后用水稀释至 1 L，低温贮存备用。

③ 缓冲溶液（pH = 6.5）：取 200 mL 通用缓冲溶液至 500 mL 烧杯中，用盐酸溶液 $[c(HCl) = 0.1\ mol \cdot L^{-1}]$ 调 pH 值至 6.5，然后用水释至 1 L。

④ 缓冲溶液（pH = 11.0）：取 200 mL 通用缓冲溶液至 500 mL 烧杯中，用 0.1 mol · L^{-1} 氢氧化钠调 pH 值至 11.0。然后，用水稀释至 1 L。

⑤ 对硝基苯磷酸钠溶液 $[c(C_6H_4NO_2Na_2PO_4) = 0.05\ mol \cdot L^{-1}]$：称取 0.84 g 四水对硝基苯磷酸二钠两份分别溶于 40 mL pH 值为 6.5 或 pH 值为 11.0 的缓冲溶液，然后用同一缓冲溶液稀释至 50 mL，低温贮存备用。

⑥ $CaCl_2$ 溶液 $[c(CaCl_2) = 0.5\ mol \cdot L^{-1}]$：称取 73.5 g $CaCl_2 \cdot 2H_2O$ 于 700 mL 水中，溶解后稀释至 1 L。

⑦ NaOH 溶液 $[c(NaOH) = 0.5\ mol \cdot L^{-1}]$：称取 20 g NaOH 于 700 mL 水中，溶解后稀释至 1 L。

⑧ 对硝基苯酚标准溶液：溶解 1 g 对硝基苯酚（$C_6H_5NO_3$）于 700 mL 水中后，稀释至 1 L，低温保存。

⑨ 标准曲线：将已配制的标准溶液用水稀释 100 倍，再分别吸取稀释后的标准溶液 0 mL、1 mL、2 mL、3 mL、4 mL 和 5 mL 于 50 mL 三角瓶中（分别含 0 mg、1 mg，2 mg、3 mg、4 mg、5 mg 的对硝基苯酚），分别用水调至 5 mL。

21.4.1.3 操作步骤

（1）称样

将 1 g 新鲜土样（<2 mm）放置于 50 mL 三角瓶中。

（2）培养

然后加入 0.2 mL 甲苯、4 mL 磷冲溶液（酸性磷酸酶，加 pH 值为 6.5 的缓冲液；碱性磷酸酶加 pH 值为 11.0 的缓冲溶液）和 1 mL 对硝基苯磷酸二钠溶液，轻摇混匀并塞上瓶塞，在 37 ℃下培养 1 h。

（3）浸提

加入 1 mL 的 $CaCl_2$ 溶液和 4 mL NaOH 溶液，轻摇几秒钟后，滤纸过滤。标准溶液同以上操作。

（4）比色

用分光光度计在 400 ~ 420 mm 进行比色，测定溶液（黄色）的吸光值，或用光电比色计加蓝滤色片测定。

（5）空白

除不加土样外其余操作步骤与上同。

21.4.1.4 结果计算

$$\omega(C_6H_5NO_3) = \frac{m_1}{m_2 \times K} \times 1\ 000 \tag{21-3}$$

式中　$\omega(C_6H_5NO_3)$——单位时间内对硝基苯酚的产生量，$mg \cdot kg^{-1} \cdot h^{-1}$；

m_1——测试溶液中对硝基苯酚的质量，mg；

m_2——样品质量，g；

K——水分系数。

21.4.2　磷酸二酯酶活性的测定

21.4.2.1　方法提要

通过用比色法测定磷酸二酯酶水解双 P-硝基苯磷酸酯反应后释放的对硝基苯酚的含量，来估计其活性。

21.4.2.2　器材与试剂

（1）器材

三角瓶(50 mL)、恒温培养箱或恒温水浴、光电比色计或分光光度计。

（2）试剂

① 甲苯。

② 三羟甲基氨基甲烷缓冲液(THAM)[c(THAM) = 0.05 mol $\cdot$ L^{-1}，pH 值为 8.0]：称取 6.1 g THAM 溶入 800 mL 蒸馏水中，用硫酸溶液[c(H_2SO_4) = 0.1 mol $\cdot$ L^{-1}]调 pH 值至 8.0，用蒸馏水定容至 1 L。

③ 氯化钙溶液[c($CaCl_2$) = 0.5 mol $\cdot$ L^{-1}]：称取 73.5 g 的 $CaCl_2 \cdot 2H_2O$ 于 700 mL 水中，溶解后稀释至 1 L。

④ 双对硝基苯磷酸钠溶液(BPNP)[c($C_{12}H_6O8N_2PNa$) = 0.05 mol $\cdot$ L^{-1}]：称取 0.906 g 的 BPNP，溶于 pH 值为 8.0 的 THAM 缓冲液 40 mL，然后用同一缓冲溶液稀释至 50 mL，低温贮存备用。

⑤ 三羟甲基氨基甲烷 NaOH 浸提剂(THAM-NaOH)：称取 12.2 g 的 THAM 溶于 800 mL 蒸馏水中，用氢氧化钠溶液[c(NaOH) = 0.5 mol $\cdot$ L^{-1}]调整 pH 值至 12.0，再用蒸馏水定容至 1 L。

⑥ 对硝基苯酚标准溶液：配制方法参见 21.4.1.2。

⑦ 标准曲线：配制方法参见 21.4.1.2。

21.4.2.3 操作步骤

（1）称样

称取 1 g 新鲜土样（<2 mm）放置于 50 mL 三角瓶中。

（2）培养

加入 0.2 mL 甲苯、4 mL pH 值为 8.0 的 THAM 缓冲液及 1 mL 的双对硝基苯磷酸酯溶液，轻摇混匀并塞上瓶塞，在 37 ℃下培养 1 h。

（3）浸提

加入 1 mL 的 0.5 mol·L^{-1} 的 $CaCl_2$ 溶液和 4 mL 的 THAM-NaOH 浸提剂，轻摇几秒钟后，滤纸过滤。

（4）比色

同 21.4.1.3 磷酸单酯酶的测定。

21.4.2.4 结果计算

同 21.4.1.4 磷酸单酯酶的计算。

21.5 土壤硫酸酶的测定

土壤中含有多种类型的硫酸酶，它们能够水解有机硫酸酯类化合物，其中研究最多的是芳基硫酸酶，能够催化下列反应。

$$R\text{-}O\text{-}SO_3^- + H_2O \rightarrow R\text{-}OH + H^+ + SO_4^{2-}$$

该反应是不可逆反应。反应释放的硫酸根是植物硫素营养的一个重要来源。因此该过程在土壤硫素循环和植物的硫素营养方面具有重要意义。

21.5.1 方法提要

通过用比色法测定芳基硫酸水解对硝基苯碳酸酯反应后释放的对硝基苯酚的含量来估计芳基硫酸酶的活性。

21.5.2 器材与试剂

（1）器材

50 mL 三角瓶；恒温培养箱或恒温水浴；光电比色计或分光光度计。

（2）试剂

① 甲苯。

② 乙酸缓冲液 [$c(CH_3COOH) = 0.5$ mol·L^{-1}]（pH = 5.8）：称取 68 g 三水乙酸钠（$CH_3COONa \cdot 3H_2O$）于 700 mL 水中，然后加 1.7 mL 的冰乙酸（99%），用水稀释至 1 L。

③ 对硝基苯磺酸钾溶液 [$c(C_6H_4NO_3SO_3K) = 0.5$ mol·L^{-1}]：称取 0.643 g 对硝基

苯磺酸钾溶于 40 mL 的乙酸缓冲液中，然后用同一缓冲溶液稀释至 50 mL，低温贮存备用。

④ CaCl₂$[c(CaCl_2)=0.5\ mol\cdot L^{-1}]$溶液：称取 73.5 g CaCl₂·2H₂O 于 700 mL 水中，溶解后稀释至 1 L。

⑤ NaOH$[c(NaOH)=0.5\ mol\cdot L^{-1}]$溶液：称 20 g NaOH 于 700 mL 水中，溶解后稀释至 1 L。

⑥ 对硝基苯酚标准溶液：配制方法参见 21.3.3.2 节试剂⑧。

⑦ 标准曲线：配制方法参见 20.4.2 节试剂⑨。

21.5.3 操作步骤

（1）称样

称取 1 g 新鲜土样（<2 mm）放置于 50 mL 三角瓶中。

（2）培养

然后加入 0.25 mL 甲苯，4 mL 乙酸缓冲液和 1 mL 对硝基苯磺酸钾溶液，轻摇混匀并塞上瓶塞，在 37 ℃下培养 1 h。

（3）浸提

加 CaCl₂ 溶液 1 mL 和 NaOH 溶液 4 mL，轻摇几秒钟后，滤纸过滤。

（4）比色

用分光光度计在 400～420nm 处比色测定溶液（黄色）的吸光值，或用光电比色计加蓝滤色片测定。

（5）空白

除不加土样外其与操作步骤与以上同。

21.5.4 结果计算

同 21.4.1.4 磷酸单酯酶的计算。

21.6 土壤蔗糖酶活性测定（3,5-二硝基水杨酸比色法）

21.6.1 方法提要

蔗糖酶与许多土壤因子有相关性，如与土壤有机质、氮、磷含量，微生物数量及土壤呼吸强度有关，一般情况下，土壤肥力越高，蔗糖酶活性越高。蔗糖酶酶解所生成的还原糖与 3,5-二硝基水杨酸反应而生成橙色的 3-氨基-5-硝基水杨酸。颜色深度与还原糖量相关，因而可用测定还原糖量来表示蔗糖酶的活性。

21.6.2 器材与试剂

（1）器材

50 mL 三角瓶；恒温培养箱或恒温水浴锅；光电比色计或分光光度计。

（2）试剂

① 酶促反应试剂（基质8%蔗糖，pH值为5.5的磷酸缓冲液）：1/15M磷酸氢二钠（11.876 g $Na_2HPO_4 \cdot 2H_2O$ 溶于1 L蒸馏水中）0.5 mL加1/15M磷酸二氢钾（9.078 g KH_2PO_4 溶于1 L蒸馏水中）9.5 mL。

② 葡萄糖标准液［ρ（葡萄糖）$= 1$ mg·mL^{-1}］：预先将分析纯葡萄糖置80 ℃烘箱内约12 h，准确称取50 mg葡萄糖于烧杯中，用蒸馏水溶解后，移至50 mL容量瓶中，定容，摇匀（冰箱中4 ℃保存期约7 d）。若该溶液发生混浊和出现絮状物现象，则应丢弃，需重新配制。

③ 3,5-二硝基水杨酸试剂（DNS试剂）：称0.5 g二硝基水杨酸溶于20 mL 2 mol·L^{-1} NaOH和50 mL水中，再加30 g酒石酸钾钠，用水稀释定容至100 mL（保存期7d）。

21.6.3　操作步骤

（1）称样

称取5 g土壤，置于50 mL三角瓶中。

（2）培养

注入15 mL 8%蔗糖溶液，5 mL pH值为5.5磷酸缓冲液和5滴甲苯，摇匀混合物后，放入恒温箱，在37 ℃下培养24 h。

（3）过滤

培养结束后及时取出，迅速过滤。

（4）显色

从中吸取滤液1 mL，注入50 mL容量瓶中，加3 mL DNS试剂，并在沸腾的水浴锅中加热5 min，随即将容量瓶移至自来水流下冷却3 min。溶液因生成3-氨基-5-硝基水杨酸而呈橙黄色，最后用蒸馏水稀释至50 mL。

（5）测定

在分光光度计上于508nm处进行比色。

（6）空白

重复以上步骤做无土、无基质实验。

（7）标准曲线绘制

分别吸1 mg·mL^{-1}的标准葡糖糖溶液0 mL、0.1 mL、0.2 mL、0.3 mL、0.4 mL、0.5 mL于试管中，再补加蒸馏水至1 mL，加DNS试剂3 mL混匀，于沸水浴中准确反应5 min（从试管放入重新沸腾时算起），取出立即冷水浴中冷却至室温，以空白管调零，在波长540 nm处比色，以OD值为纵坐标，以葡萄糖浓度为横坐标绘制标准曲线。

21.6.4　结果计算

蔗糖酶活性以24 h，1 g干土生成葡萄糖毫克数表示。

$$蔗糖酶活性 = (a_{样品} - a_{无土} - a_{无基质}) \times t_s / m \qquad (21\text{-}4)$$

式中　$a_{样品}$，$a_{无土}$，$a_{无基质}$——由标准曲线求的葡萄糖毫克数；

t_s——分取倍数；

m——烘干土重。

21.6.5 注意事项

【1】为了消除土壤中原有的蔗糖、葡萄糖而引起的误差，每一土样均需做无基质对照，整个试验需做无土壤对照。

【2】如果样品吸光值超过标曲的最大值，则应该增加分取倍数或减少培养的土样。

21.7 土壤纤维素酶活性测定(3,5-二硝基水杨酸比色法)

21.7.1 方法提要

纤维素是植物残体进入土壤的碳水化合物的重要组分。在纤维素酶作用下，它的最初水解产物是纤维二糖，在纤二糖酶作用下，纤维二糖分解成葡萄糖。所以，纤维素酶是碳素循环中的一个重要的酶。纤维素酶解所生成的还原糖与 3,5-二硝基水杨酸反应而生成橙色的 3-氨基-5-硝基水杨酸。颜色深度与还原糖量相关，因而可用测定还原糖量来表示蔗糖酶的活性。

21.7.2 器材与试剂

(1) 器材

50 mL 三角瓶，恒温培养箱或恒温水浴锅，光电比色计或分光光度计。

(2) 试剂

① 甲苯。

② 1% 羧甲基纤维素溶液：1 g 羧甲基纤维素钠，用 50% 的乙醇溶至 100 mL。

③ 醋酸盐缓冲液(pH = 5.5)：取 11 mL 0.2 mol·L^{-1}醋酸溶液(11.55 mL 95% 冰醋酸溶至 1 L)和 88 mL 0.2 mol·L^{-1}醋酸钠溶液(16.4 g $C_2H_3O_2Na$ 或 27.22 g $C_2H_3O_2Na·3H_2O$ 溶至 1 L)混匀即成 pH 值为 5.5 的醋酸盐缓冲液。

④ 3,5-二硝基水杨酸溶液：称 1.25 g 二硝基水杨酸，溶于 50 mL 2 mol·L^{-1}NaOH 和 125 mL 水中，再加 75 g 酒石酸钾钠，用水稀释至 250 mL(保存期 7 d)。

⑤ 葡萄糖标准液[ρ(萄葡糖) = 1 mg·mL^{-1}]：预先将分析纯葡萄糖置 80 ℃烘箱内约 12 h。准确称取 50 mg 葡萄糖于烧杯中，用蒸馏水溶解后，移至 50 mL 容量瓶中，定容，摇匀(冰箱中 4 ℃保存期约 7 d)。若该溶液发生混浊和出现絮状物现象，则应丢弃，需重新配制。

21.7.3 操作步骤

(1) 葡萄糖标准曲线

分别吸 1 mg·mL^{-1}的标准葡糖糖溶液 0 mL、0.1 mL、0.2 mL、0.4 mL、0.6 mL、

0.8 mL于试管中，再补加蒸馏水至 1 mL，加 DNS 溶液 3 mL 混匀，于沸腾水浴中加热 5 min，取出立即置于冷水中冷却至室温，以空白管调零，在波长 540 nm 处比色，以 OD 值为纵坐标，以葡萄糖浓度为横坐标绘制标准曲线。

（2）称样

称 10 g 土壤置于 50 mL 三角瓶中。

（3）培养

加入 1.5 mL 甲苯，摇匀后放置 15 min，再加 5 mL 1% 羧甲基纤维素溶液和 5 mL pH 值为 5.5 醋酸盐缓冲液，将三角瓶放在 37 ℃ 恒温箱中培养 72 h。

（4）过滤

培养结束后，立即过滤

（5）测定

移取 1 mL 滤液，按绘制标准曲线显色法比色测定。

（6）空白

重复以上步骤做无土、无基质实验。

21.7.4 结果计算

纤维素酶活性以 72 h，1 g 干土生成葡萄糖毫克数表示。

$$纤维素酶活性 = (a_{样品} - a_{无土} - a_{无基质}) \times t_s/m \qquad (21-5)$$

式中 $a_{样品}$，$a_{无土}$，$a_{无基质}$——由标准曲线求的葡萄糖毫克数；

t_s——分取倍数；

m——烘干土重。

21.8 过氧化氢酶活性测定(高锰酸钾滴定法)

21.8.1 方法提要

过氧化氢广泛存在于生物体和土壤中，是生物呼吸过程和有机物的生物化学氧化反应的产物，过氧化氢对生物和土壤具有毒害作用。与此同时，在生物体和土壤中存有过氧化氢酶，能促进过氧化氢分解为水和氧($H_2O_2 \rightarrow H_2O + O_2$)，从而降低了过氧化氢的毒害作用。土壤中过氧化氢酶的测定是根据土壤(含有过氧化氢酶)和过氧化氢反应析出的氧气体积或过氧化氢的消耗量，测定过氧化氢的分解速度，以此评价过氧化氢酶的活性。测定过氧化氢酶的方法比较多，如气量法(根据析出的氧气体积来计算过氧化氢酶的活性)，比色法(根据过氧化氢与硫酸铜产生黄色或橙黄色络合物的量来表征过氧化氢酶的活性)和滴定法(用高锰酸钾溶液滴定过氧化氢分解反应剩余过氧化氢的量，表示出过氧化氢酶的活性)。本实验采用高锰酸钾滴定法测定土壤过氧化氢酶活性。

21.8.2　器材与试剂

（1）器材

具塞三角瓶、玻璃漏斗、滴定管。

（2）试剂

① 硫酸溶液 $[c(H_2SO_4) = 2\ mol \cdot L^{-1}]$：量取 5.43 mL 的浓硫酸稀释至 500 mL，置于冰箱贮存。

② 高锰酸钾溶液 $[c(KMnO_4) = 0.02\ mol \cdot L^{-1}]$：称取 1.7 g 高锰酸钾，加入 400 mL 水中，缓缓煮沸 15 min，冷却后定容至 500 mL，避光保存，用时用 0.1 mol · L^{-1} 草酸溶液标定。

③ 草酸溶液 $[c(C_2H_2O_4) = 0.1\ mol \cdot L^{-1}]$：称取优级纯 $C_2H_2O_4 \cdot 2H_2O$ 3.334 g，用蒸馏水溶解后，定容至 250 mL。

④ 过氧化氢水溶液（3%）：取 30% H_2O_2 溶液 25 mL，定容至 250 mL，置于冰箱贮存，用时用 0.1 mol · L^{-1} KMnO$_4$ 溶液标定。

21.8.3　操作步骤

（1）称样

称取 5 g 土壤样品于具塞三角瓶中。

（2）培养

加入 0.5 mL 甲苯，摇匀，于 4 ℃ 冰箱中放置 30 min。取出，立刻加入 25 mL 冰箱贮存的 3% H_2O_2 水溶液，充分混匀后，再置于冰箱中放置 1 h。

（3）过滤

取出，迅速加入冰箱贮存的 2 mol · L^{-1} H_2SO_4 溶液 25 mL，摇匀，过滤。

（4）滴定

取 1 mL 滤液于三角瓶，加入 5 mL 蒸馏水和 5 mL 2 mol · L^{-1} H_2SO_4 溶液，用 0.02 mol · L^{-1} 高锰酸钾溶液滴定。

（5）空白

除不加土样外，其余操作步骤与上同。

21.8.4　结果计算

$$酶活性 = (V_{空白} - V_{样}) \times T/m \tag{21-6}$$

式中　$V_{空白}$，$V_{样}$——空白和土样剩余过氧化氢滴定体积；

　　　酶活性——mL(0.1 mol · L^{-1} KMnO$_4$)/(h × g)；

　　　T——高锰酸钾滴定度的矫正值 $T = 0.0205/0.02 = 1.026$。

21.8.5　注意事项

【1】用 0.1 mol · L^{-1} 草酸溶液标定高锰酸钾溶液时，要先取一定量的草酸溶液加入

一定量硫酸中并于 70 ℃水浴加热，开始滴定时快滴，快到终点时再进行水浴加热，后慢滴，待溶液呈微红色且 30 s 内不褪色即为终点。

【2】高锰酸钾滴定过程对酸性环境的要求很严格。经探究后发现直接取 1 mL 滤液滴定不仅液体量太少，终点不好把握，硫酸的量也不足，因此对实验方法进行了改进，即取 1 mL 滤液于三角瓶，加入 5 mL 蒸馏水和 5 mL 2 mol·L^{-1} H$_2$SO$_4$ 溶液，再用高锰酸钾溶液滴定，这样滴定过程极为方便。

【3】KMnO$_4$ 标定：10 mL 0.1 mol·L^{-1} C$_2$H$_2$O$_4$ 用 KMnO$_4$ 滴定，若所消耗 KMnO$_4$ 体积数为 19.49 mL，可计算出 KMnO$_4$ 标准溶液浓度为 0.020 5 mol·L^{-1}。

【4】H$_2$O$_2$ 标定：1 mL 3% H$_2$O$_2$ 用 KMnO$_4$ 滴定，若所消耗 KMnO$_4$ 体积数为 16.51 mL，可计算出 H$_2$O$_2$ 浓度为 0.846 1 mol·L^{-1}。

第 22 章

土壤微生物

22.1 概述

22.1.1 概念与作用

土壤微生物指生活在土壤中，需借用光学显微镜才能看到的微小生物，是土壤中的细菌、真菌、放线菌和藻类的总称。其个体微小，一般以微米或毫微米来计算，通常1 g土壤中有几亿到几百亿个。按形态学来分，主要包括原核微生物(细菌放线菌、蓝细菌和黏细菌)，真核微生物(真菌、藻类和原生动物)以及无细胞结构的分子生物(病毒)。土壤微生物分布广、数量大、种类多，是土壤生物中最活跃的部分。它们参与土壤有机质分解，腐殖质合成，养分转化和促进土壤的发育和形成。

土壤微生物在土壤中进行氧化、硝化、氨化、固氮、硫化等过程，促进土壤有机质的分解和养分的转化中起到重要作用。首先，土壤微生物可以形成土壤结构。土壤并不是单纯的土壤颗粒和化肥的简单结合，作为土壤的活跃成分，土壤微生物在自己的生活过程中，通过代谢活动中氧气和二氧化碳的交换，以及分泌的有机酸等，有助于土壤粒子形成大的团粒结构，最终形成真正意义上的土壤。土壤微生物的区系组成、生物量及其生命活动与土壤的形成和发育有密切关系。其次，土壤微生物最显著的功能就是分解有机质，比如作物的残根败叶和施入土壤中的有机肥料等，只有经过土壤微生物的作用，才能腐烂分解，释放出营养元素，供作物利用，并形成腐殖质，改善土壤的结构。此外，土壤微生物还可以分解矿物质，土壤微生物的代谢产物能促进土壤中难溶性物质的溶解

22.1.2 主要类型

土壤细菌是一类单细胞、无完整细胞核的生物。它占土壤微生物总数的70%~90%。广义的土壤细菌指无核膜包裹，只存在称作拟核区(nuclear region)(或拟核)裸露DNA的原始单细胞生物，包括真细菌(eubacteria)和古生菌(archaea)两大类群。狭义的细菌为原核微生物的一类，是一类形状细短，结构简单，多以二分裂方式进行繁殖的原核生物，是自然界分布最广、个体数量最多的有机体，是大自然物质循环的主要参与者。生活在土壤中菌体多呈分枝丝状菌丝体，少数菌丝不发达或缺乏菌丝的具真正细胞核的一类微生物。

　　土壤真菌适宜酸性环境，属于好气性、化能有机营养型微生物，其主要功能是参加土壤中糖类、纤维类、果胶和木质素等含碳物质的分解。主要的土壤真菌有青霉属、曲霉属、木霉属、镰刀菌属、毛霉属和根霉属等。

　　土壤放线菌指生活于土壤中呈丝状单细胞的原核微生物。在自然界分布很广，绝大多数为腐生，少数寄生。放线菌可产生种类繁多的抗生素，据估计，已发现的 4 000 多种抗生素中，有 2/3 是放线菌产生的，如链霉素、庆大霉素、利福霉素等。

22.1.3　影响土壤微生物的环境因子

　　(1) 温度

　　温度是影响微生物生长和代谢最重要的环境因素。微生物生长需要一定的温度，温度超出最低和最高限度时，即停止生长或死亡。具体表现为：

　　① 影响酶活性，温度变化影响酶反应速率，最终影响细胞合成；

　　② 影响细胞膜的流动性，温度变化影响营养物质的吸收与代谢产物的分泌；

　　③ 影响物质的溶解度等。

　　(2) 水分

　　干燥使代谢停止，使微生物处于休眠状态，严重时细胞脱水，蛋白质变性，进而导致死亡。另外，微生物生存需要特定的渗透压，在等渗溶液正常生长；低渗溶液中微生物细胞吸水膨胀，甚至胀破；高渗溶液中细胞脱水，影响代谢活动，引起质壁分离，甚至死亡。

　　(3) 土壤 pH 值

　　酸碱度对微生物生命活动有很大影响。每种微生物都有其最适宜的 pH 值适应范围。环境 pH 值对微生物的作用主要表现在：

　　① 改变细胞膜所带电荷状态，从而影响细胞对营养物质的吸收。

　　② 影响代谢过程中酶的活性。

　　③ 改变环境中营养物质的供给性。

　　④ 改变环境中有害物质的毒性等。

22.2　方法原理

　　由于土壤微生物的多样性和复杂性，还没有形成一种简单、快速、准确、适应性广的土壤微生物测定方法。目前广泛应用的方法包括：氯仿熏蒸培养法(FI)、氯仿熏蒸浸提法(FE)、基质诱导呼吸法(SIR) 和三磷酸腺苷(ATP)法。

　　(1) 氯仿熏蒸培养法(FI)

　　基于土壤经氯仿熏蒸处理后，再进行培养时，有大量的 CO_2 释放出来。所释放 CO_2 来源于被氯仿熏蒸杀死的微生物。以不熏蒸土壤在培养期间所释放的 CO_2 量作为空白，根据二者之间的差值来计算土壤微生物生物量碳。

　　(2) 氯仿熏蒸浸提法(FE)

　　土壤经氯仿熏蒸处理，微生物被杀死，细胞破裂后，细胞内容物释放到土壤中，导致土壤中的可提取碳、氨基酸、氮、磷和硫等大幅度增加。通过测定浸提液中全碳的含量可以计算土壤微生物生物量碳。

（3）基质诱导呼吸法（SIR）

向土壤加入葡萄糖培养时，土壤 CO_2 释放量增加，达到两个高峰并能够保持近 4 h 基本不变，此时的土壤呼吸量称为诱导呼吸量。以熏蒸培养或熏蒸浸提方法测定微生物生物量碳为标准，将诱导 CO_2 呼吸量转化为微生物生物量。

（4）三磷酸腺苷法（ATP）

每种方法都有其优点、缺点和适用范围及条件（表22-1），一般根据实验室的器材设备和条件，以及研究的目的，选择测定土壤微生物生物量的方法。

表 22-1　不同方法的优缺点

	氯仿熏蒸培养法（FI）	氯仿熏蒸浸提法（FE）	基质诱导呼吸法（SIR）	三磷酸腺苷法（ATP）
优点	操作简单，误差小，适于常规分析。对于大多数的土壤，该法的测定结果与计算法测定结果比较一致，较为可信	可应用于淹水土壤微生物生物量的测定，并且与碳、氮、磷、硫的同位素结合，研究土壤和环境的碳、氮、磷、硫的循环和转化	加入葡萄糖的同时，可以分别加入细菌或真菌抗生素，以选择性地抑制细菌或真菌的基质诱导呼吸，从而估计土壤中细菌和真菌的比例	能够直接测定土壤中某些物质的含量，粗略估算土壤微生物量，不但简单快速，且适合于大量样品分析，是一种比较有效的测试手段
缺点	较难选择空白对照；时间较长，不适合土壤中微生物量 C 的快速测定；且该方法不适用于强酸性土壤、含较多易分解新鲜有机质土壤微生物量 C 的测定等。	时间长，不同土壤 K_C 变异性较大；在底土中含有高含量的可提取有机碳、氯仿中部分不稳定碳，熏蒸浸提法将失去它的准确性和可靠性	只能用于测定土壤微生物量 C，且容易受土壤 pH 值和含水量的影响	生物体中 ATP 含量随其活性、生长时期及生活环境条件而变化，没有一个相对稳定的含量，且该法中 ATP 的提取效率不理想，并且质地差异较大的土壤，ATP 含量差异也较大

22.3　实验分析

土壤样品的采集方法和要求与测定其他土壤性质时没有本质区别。采集到的新鲜土壤样品在分析前应进行预处理，立即去除植物残体、根系和可见的土壤动物（如蚯蚓）等，然后迅速过筛（2~3 mm）或放在低温下（2~4 ℃）保存。如果土壤太湿无法过筛，进行晾干时必须经常翻动土壤，避免局部风干导致微生物死亡。过筛的土壤样品调节到40% 左右的田间持水量，在室温下放在密闭的装置中预培养 7 d，密闭容器中腰放入两个适中的烧杯，分别加入水和稀 NaOH 溶液，以保持湿度和吸收释放的 CO_2。预培养后的土壤最好立即分析，也可放在低温下（2~4 ℃）保存。

22.3.1 氯仿熏蒸培养法(FI)

22.3.1.1 方法提要

1976 年，Jenkinson 和 Powlson 融合了生态学和微生物学的方法，提出了利用氯仿熏蒸培养法测定土壤微生物量 $C(B_C)$。该法是根据被杀死的土壤微生物细胞因矿化作用而释放 CO_2 的量激增来估计土壤微生物量 C。

22.3.1.2 器材与试剂

(1)器材

培养箱，真空干燥器，真空泵，往复式振荡机，1 L 广口瓶。

(2)试剂

① 氢氧化钠溶液[$c(NaOH) = 1\ mol \cdot L^{-1}$]：称取 40 g 氢氧化钠(分析纯)溶于去离子水中稀释至 1 L。

② 盐酸标准溶液[$c(HCl) = 0.05\ mol \cdot L^{-1}$]：量取约 4.2 mL 的盐酸($\rho(HCl) = 1.19\ g \cdot mL^{-1}$，分析纯)，放入 1 L 容量瓶中，用去离子水定容，用 Na_2CO_3 标定其准确浓度。

③ 氯化钡溶液[$c(BaCl_2) = 1\ mol \cdot L^{-1}$]：称取 244.28 g 氯化钡($BaCl_2 \cdot 2H_2O$，分析纯)溶于去离子水中，稀释至 1 L。

④ 酚酞指示剂：0.5 g 酚酞溶于 50 mL 95% 乙醇中，再加 50 mL 去离子水，滴加氢氧化钠溶液[$c(NaOH) = 0.01\ mol \cdot L^{-1}$]至指示剂呈极淡的红色。

⑤ 无乙醇氯仿($CHCl_3$)：市售的氯仿都含有乙醇(作为稳定剂)，使用前必须除去乙醇，去除方法为：量取 500 mL 氯仿于 1 L 分液漏斗中，加入 50 mL 硫酸溶液[$\varphi(H_2SO_4) = 5\%$]充分摇匀，弃除下层硫酸溶液。如此进行 3 次。再加入 50 mL 去离子水，同上摇匀，弃去上部的水分。如此进行 5 次。将下层的氯仿转移到蒸馏瓶中，在 62 ℃的水浴中蒸馏，馏出液存放在棕色瓶中，并加入约 22 g 无水 K_2CO_3，在冰箱的冷藏室中保存备用。

22.3.1.3 操作步骤

(1)称样干燥

称取相当于 25 g 的烘干土重的湿润土壤 3 份，分别放在约 100 mL 的玻璃瓶中，一起放入同一干燥器中，干燥器底部放置几张用水湿润的滤纸，同时分别放入一个装有 50 mL NaOH 溶液和一个装有约 50 mL 无乙醇氯仿的小烧杯(同时加入少量抗爆沸的物质)，用少量凡士林密封干燥器，用真空泵抽气至氯仿沸腾并保持至少 2 min。

(2)熏蒸

关闭干燥器阀门，在 25 ℃的黑暗条件下放置 24 h。取出装有水和氯仿的玻璃瓶。

(3)抽气

擦净干燥器底部，用真空泵反复抽气，直到土壤闻不到氯仿气味为止。

（4）空白

同时称同样量的土壤 3 份，不进行熏蒸处理，放入另一个真空干燥器中，作为对照。

（5）培养

向每份熏蒸处理的土壤加入 10 mg 未熏蒸的新鲜土壤，混合均匀。调节土壤含水量到田间持水量的 55% 左右，放入 1 L 的广口瓶中，同时放入一个装有 5 mL NaOH 溶液和一个装有约 20 m 去离子水的小烧杯，密封广口瓶。在 25 ℃ 的黑暗条件下放置 10d，不加新鲜土壤，将对照土壤作同上处理，再做 3 个不加任何土壤的空白对照。

（6）定容

培养结束后，取出装有 NaOH 溶液的玻璃瓶，立即全部转移到 100 mL 的容量瓶，定容。

（7）滴定

准确吸取 10 mL 于 150 mL 三角瓶中，加入 10 mL 去离子水和 1 mL $BaCl_2$ 溶液，再加入 2 滴酚酞指示剂，用盐酸标准溶液（试剂②）滴定至终点。

22.3.1.4 结果计算

$$\omega_{(C)} = (V_1 - V_2) \times c \times M \times 1\,000 \times t_s / m \tag{22-1}$$

式中　$\omega_{(C)}$——CO_2-C 的释放量（Fc）的质量分数，$mg \cdot kg^{-1}$；

　　　V_1——土样处理滴定时所消耗的盐酸体积，mL；

　　　V_2——无土空白对照滴定时所消耗的盐酸滴定体积，mL；

　　　c——盐酸标准溶液的浓度，$mol \cdot L^{-1}$；

　　　M——碳的毫摩尔质量，$12\ mg \cdot mmol^{-1}$；

　　　$1\,000$——转换为 kg 的系数；

　　　t_s——分取倍数；

　　　m——土壤样品的烘干质量，g。

$$\omega_{(C)} = Fc / Kc \tag{22-2}$$

式中　$\omega_{(C)}$——微生物生物量碳的质量分数，$mg \cdot kg^{-1}$；

　　　Fc——熏蒸与未熏蒸土壤在培养时间内 CO_2-C 释放量的差值，$mg \cdot kg^{-1}$；

　　　Kc——转化系数，即培养杀死的土壤微生物矿化成 CO_2-C 释放出来的比例，通常取 0.45。

22.3.1.5 注意事项

【1】熏蒸结束打开阀门，如果没有空气流动的声音，表示干燥器漏气，应重新称样进行熏蒸处理。

【2】氯仿倒回瓶中可重复使用。

【3】在 24 h 的氯仿熏蒸期间，其水含量必须大于 50% 的田间持水量。

22.3.2 熏蒸浸提法(FE)

22.3.2.1 方法提要

1985 年，Brookes 等在熏蒸培养法的基础上提出了熏蒸浸提法，该法能够更为直接地测定土壤微生物量 N 和 P。1987 年，Vance 等首次将该法用于测定土壤微生物量 C，并指出该法与熏蒸培养法测定值之间具有良好的线性关系。

22.3.2.2 器材与试剂

(1)器材

培养箱，真空干燥器，真空泵，往复式振荡机(速率 200 rev·min^{-1})，冰柜，消煮炉。

(2)试剂

① 无乙醇氯仿：方法同 22.3.1.2。

② 硫酸钾溶液[$c(K_2SO_4) = 0.5$ mol·L^{-1}]：称取硫酸钾(K_2SO_4，分析纯)87.1 g，溶于去离子水中，稀释至 1 L。

③ 重铬酸钾[$c(1/3K_2Cr_2O_7) = 0.4$ mol·L^{-1}]：称取经 130 ℃烘干 2~3 h 的重铬酸钾($K_2Cr_2O_7$，分析纯)19.622 g，溶于 1 L 去离子水中。

④ 氧化汞(分析纯)。

⑤ 双酸溶液：$H_2SO_4 : H_3PO_4 = 2 : 1$。

⑥ 邻菲罗啉指示剂：称取邻菲罗啉($C_{12}H_8N_2H_2O$，分析纯)1.49 g，溶于含有 0.7 g $FeSO_4·7H_2O$ 的 100 mL 去离子水中，密闭保存于棕色瓶中。

⑦ 硫酸亚铁溶液[$c(FeSO_4·7H_2O) = 0.033\ 3$ mol·L^{-1}]：称取硫酸亚铁(化学纯) 9.26 g，溶于 600~800 mL 去离子水中，加浓硫酸(化学纯)20 mL，搅拌均匀，定容至 1 L，于棕色瓶中保存。此溶液不稳定，需每天标定其浓度。

硫酸亚铁溶液浓度的标定：吸取重铬酸钾标准溶液 2 mL，放入 100 mL 三角瓶中，加水约 20 mL，加浓硫酸 3~5 mL 和邻菲罗啉指示剂 2~3 滴，用 $FeSO_4$ 溶液滴定，根据 $FeSO_4$ 溶液滴定的消耗量即可计算出 $FeSO_4$ 溶液的准确浓度。

22.3.2.3 操作步骤

(1)熏蒸

称取相当于 25 g 的烘干土重的湿润土壤 3 份，方法同氯仿熏蒸培养法。

(2)浸提

熏蒸结束后，将土壤全部转移到 250 mL 三角瓶中，加入 100 mL 硫酸钾溶液，在振荡机上振荡 30 min(25 ℃)，过滤。熏蒸开始时，称取等量的土壤 3 份，同上用硫酸钾溶液浸提，浸提液立即测定活在 -15 ℃下保存。

(3)空白

同时做不加土壤的空白对照。

（4）滴定

准确吸取浸出液 5 mL 放入消煮瓶中，加入重铬酸钾标准溶液 2 mL、HgO 70 mg、双酸溶液 15 mL，缓慢加热，沸腾回流 30 min，冷却后加去离子水 10～20 mL。加入 1 滴邻啡罗啉指示剂，用硫酸亚铁溶液滴定剩余的 $K_2Cr_2O_7$。

22.3.2.4　结果计算

$$\omega(C) = (V_0 - V_1) \times c \times 3 \times 1\,000 \times t_s / m \tag{22-3}$$

式中　$\omega(C)$——有机碳的质量分数，$mg \cdot kg^{-1}$；

　　　V_0——滴定空白样时所消耗的 $FeSO_4$ 体积，mL；

　　　V_1——滴定样品时所消耗的 $FeSO_4$ 体积，mL；

　　　c——$FeSO_4$ 溶液的浓度，$mol \cdot L^{-1}$；

　　　3——1/4 碳的毫摩尔质量，$3\ mg \cdot mmol^{-1}$；

　　　1 000——转换为 kg 的系数；

　　　t_s——分取倍数；

　　　m——土壤样品的烘干质量，g。

$$\omega(C) = Ec/K_Ec \tag{22-4}$$

式中　$\omega(C)$——微生物生物量碳的质量分数，$mg \cdot kg^{-1}$；

　　　Ec——熏蒸与未熏蒸土壤在培养时间内有机碳量的差值，$mg \cdot kg^{-1}$；

　　　K_Ec——转化系数，即熏蒸杀死的土壤微生物中的碳被浸提出来的比例，通常取 0.38。

22.3.3　基质诱导呼吸法（SIR）

22.3.3.1　方法提要

此方法基于土壤中不同类群的微生物对加入基质的最初反应是一致的，并且用其他方法为参考，诱导呼吸量可以转化为微生物生物量的假设，但到目前为止，还没有直接的证据证明此假设可以完全成立。

22.3.3.2　器材与试剂

（1）器材

气相色谱仪、磨口三角瓶（250 mL）及瓶塞。

（2）试剂

① 葡萄糖与滑石粉混合物：称一定量的化学纯葡萄糖，按 4:1 的比例与滑石粉混合，并在研钵中研细，装入瓶中备用。

② 含 1% CO_2 的空气。

22.3.3.3　操作步骤

（1）称样

称取相当于 25 g 烘干土重的湿润土壤 3 份，放入 250 mL 磨口的三角瓶中。

（2）混匀

按每克土加入 6 mg 葡萄糖计算，加入葡萄糖与滑石粉混合物，充分与土壤混匀，在通风处放置 30 min。

（3）培养

在瓶塞外部涂上少许凡士林，加上硅胶垫，塞紧瓶塞，在 25 ℃下培养 2 h。

（4）测量

用 10 mL 的注射器从瓶中抽取 5 mL 气体，用气相色谱仪测定其 CO_2 浓度。

22.3.3.4　结果计算

$$基质诱导呼吸量(SIR)(mL \cdot kg^{-1} \cdot h^{-1}) = \frac{cV}{2m} \qquad (22-5)$$

式中　SIR——基质诱导呼吸量，$mL \cdot kg^{-1} \cdot h^{-1}$；

c——三角瓶中 CO_2 的浓度，$mL \cdot mL^{-1}$；

V——三角瓶中空气的体积，mL；

m——土壤烘干质量，kg；

2—培养时间，h。

$$\omega(C) = 15 \times SIR \qquad (22-6)$$

式中　$\omega(C)$——微生物生物量碳的质量分数，$mg \cdot kg^{-1}$；

15——SIR 转换为微生物生物量碳的系数。

22.3.3.5　注意事项

【1】由于加入易分解有机物导致土壤微生物代谢最初提高的数里，与土壤原始的微生物生物量密切相关，可以反映土壤原始微生物生物量的高低。

【2】测定诱导 CO_2 呼吸量有开放和封闭两种方法，前者是采用通气装置，将连续对释放出来的 CO_2 收集起来；后者一般在密闭的三角瓶中培养，一段时间后测定瓶中 CO_2 的浓度。由于 CO_2 能够溶解在碱性水溶液中，所以如果土壤偏碱性，在应用封闭方法时，还必须测定溶解在土壤溶液中的 CO_2 量。

22.3.4　三磷酸腺苷（ATP）分析法

22.3.4.1　方法提要

ATP 是所有生命体的能量贮存物质，存在于所有不同种类的细胞活体内，细胞死后不久就会消失。土壤中的 ATP 和生物碳浓度具有一定的线性关系（$R^2 = 0.94$）。因此，它为土壤微生物量的测定提供了依据。其测定过程如下：利用超声波将土壤中的微生物细胞破碎，使其释放出 ATP，然后选用适当的强酸试剂浸提（常采用的浸提剂是三氯乙酸-Na_2HPO_4-百草枯混合溶液），Mg^{2+} 做催化剂，浸提液经过滤后，用荧光素—荧光素酶法测定其中的 ATP 量，最后将 ATP 量换算成土壤微生物量。

22. 3. 4. 2 器材与试剂

（1）器材

超声波细胞破碎机 150W、液体闪烁计数仪。

（2）试剂

① 标准溶液母液[c(ATP) = 0.1 mol · L^{-1}]：59.9 g 三磷酸腺苷二钠盐溶于 1 L 去离子水中，此溶液应在冰室中保存。用此母液加浸提液 A 配制 0 μmol · L^{-1}、0.2 μmol · L^{-1}、0.4 μmol · L^{-1}、0.8 μmol · L^{-1}、1.0 μmol · L^{-1}、1.6 μmol · L^{-1}、2.0 μmol · L^{-1}、2.4 μmol · L^{-1}、3.0 μmol · L^{-1}、4.0 μmol · L^{-1} ATP 工作液。

② 浸提液 A：三氯乙酸[c(CH_3COOCl_3) = 0.5 mol · L^{-1}] + 磷酸氢二钢[c(N_2HPO_4) = 0.25 mol · L^{-1}] + 百草枯[c(百草枯) = 0.1 mol · L^{-1}]，在冷冻室中保存。

③ 浸提液 B：每升浸提液 A 中加入 ATP 标准溶液 5 mL，在冷冻室中保存。

④ 缓冲溶液：[c(Na_2HAsO_4 · $7H_2O$) = 0.1 mol · L^{-1}] + [c($C_{10}H_{14}O_8N_2Na_2$) = 0.002 mol · L^{-1}] + [c($MgSO_4$ · $7H_2O$) = 0.01 mol · L^{-1}]，用 1 mol · L^{-1} 硫酸溶液调节 pH 值为 7.4。

⑤ 荧光素-荧光素酶溶液：10 mg 荧光素与荧光素酶的混合物溶于 8 mL 蒸馏水中，每毫升加入荧光素 0.5 mg，混合均匀，此溶液易变化，用前约 10 min 配制，并且放在冰浴中备用。

22. 3. 4. 3 操作步骤

（1）称样

称取相当于烘干土重 2.5 g 的湿润土壤 6 份，放入 50 mL 塑料离心管中。

（2）浸提

其中 3 份准确加入 25 mL 浸提液 A，3 份准确加入 25 mL 浸提液 B 立即用超声波细胞破碎机处理（或在冰浴中存放）2 min，放入冰浴中冷却至少 5 min，迅速过滤，滤液应迅速测定或在 –15 ℃ 下保存。

（3）测定

向 25 mL 的计数瓶中加入 5 mL 缓冲溶液，再加 50 μL 土样浸提液，混合后加入 60 μL 的荧光素与荧光素酶溶液，轻轻地混合均匀，立即放在液体闪烁计数仪上测定，计数时间为 0.1 s，重复计数 2 次。在样品之前和之后分别测定 ATP 标准溶液。

（4）空白

除不加土样外，其余操作步骤与上同。

22. 3. 4. 4 结果计算

$$ATP(mmol · kg^{-1}) = (b - a) \times f \times r/m \tag{22-7}$$

式中 a——样品浸提液 A 所测定的 ATP 浓度，μmol · L^{-1}；

b——样品浸提液 B 所测定的 ATP 浓度，μmol · L^{-1}；

f——稀释倍数；

r——加入的 ATP 回收率,% ;

m——烘干土壤质量，g。

$$r = (b_s - a_s)/(b_b - a_b) \times 100 \qquad (22\text{-}8)$$

式中　b_s——样品浸提液 B 的测定值;

a_s——样品浸提液 A 的测定值;

b_b——浸提液 B 的空白对照测定值;

a_b——浸提液 A 的空白对照测定值。

22.3.4.5　注意事项

ATP 是白色无定形粉末，无臭无味，具有引湿性，易溶于水，不溶于醇、醚及其他有机溶剂。

第五篇
植物养分全量分析

第 23 章
植物水分和干物质测定

23.1 概述

23.1.1 概念与意义

植物体由水和干物质两部分组成。水作为植物体的基本构成，对于植物的生长发育、植物营养的吸收、输运和转化非常重要。含水量多少是反映植物生理状态和成熟度的一个指标，含水量过高，植物易徒长倒伏，过低又易凋萎。植物需要有适宜的含水量才能生长健壮，光效率增高，干物质增加。水分含量测定是农作物产品的品质检定和判断其是否适于贮藏的重要标准。新鲜植物体含水量一般为70%～95%。叶片含水量较高，其中又以幼叶最高；茎干含水量较少，种子含水量更少，一般为5%～15%。

新鲜植物体除去水分的部分即为干物质，它包括有机质和矿物质两部分。其中有机质占植物干物质的90%～95%，矿物质为5%～10%。在植物成分分析中，都是以全干样品为基础来计算各成分的质量百分含量。因为新鲜样品的含水量变化很大，风干样品的含水量也会受环境湿度和温度的影响而变动，而用全干样品计算，各成分含量值比较稳定。

23.1.2 测定方法

目前常用的水分和干物质测定方法可分成以下4类：

（1）加热干燥法

包括常压干燥法、真空（减压）烘箱干燥法、红外线干燥法、微波加热干燥法、添加辅助干燥剂法等。这些方法要求试样中的水分排出完全，其他组分在加热过程中由于发生热分解或者其他反应而引起的重量变化可以忽略不计。经典的烘箱干燥法因操作简单，应用范围广，在规定各种试样不同测定温度条件下，现在常被用作一般标准方法，特别是真空烘箱干燥法的测定结果比较接近真实的水分含量。但它们一般费时较长。利用钨丝灯辐射加热的红外线干燥法及利用电子射流的微波干燥加热法，虽然速度快，方便，但条件控制不好，易引起试样中其他组分的分解，精确度不高。

（2）蒸馏法

该法特别适用于脂肪类产品和除水分外含有大量挥发性物质的试样。样品在蒸馏过程中始终受到作为载体的惰性气雾保护，因而不致发生化学成分的改变。

上述两种方法在用于检测水分含量较高（65%～95%）的新鲜样品时效果更好。

（3）化学反应法

包括卡尔－费歇尔法（Karl-Fischer，即 K-F 法）、水与电石（碳化钙）产生乙炔，或水与浓酸混合时产生热等为基础的方法。其中很多分析参考书将 K-F 法定为农畜产品、食品、化工、肥料准确定量水分的标准方法。但该法的缺点是必须防止水分进入滴定容器及试剂，且其校准的程序颇为严格，费时。

（4）物理反应法

测定随水分含量变化而规律变化的某些物理性质，如电测法，即以电导率、电阻、电容和介电常数为基础的电化学方法、核磁共振法、近红外分光光度计法、近红外吸收反射法和以蒸汽压和射率为基础的其他物理方法。由于它们不是直接测定水分，因此需要对照适当的参考标准，即用其他标准方法测定样品的不同含水量来校准每种类型的试样检测结果，而且其中几乎没有一样能精确定量试样中大范围的水分（5%～95%）含量。但这些方法对经常测定大量的同种试样，特别是含有中等水分（5%～20%）样品的实验室来说是最有价值的。

测定植物水分的方法应根据植物样品成分的性质、对分析精度的要求和实验室设备条件等情况适当选择。常用的方法有常压恒温干燥法、减压干燥法和蒸馏法，其中用得最多的常压恒温干燥法准确度较高，适用于不含易热解和易挥发成分的样品，被认为是测定水分的标准方法；但对于幼嫩植物组织和含糖、干性油或挥发性油的样品则不适用。减压干燥法适用于含易热解成分的样品；但含有挥发性油的样品也不适用。蒸馏法适用于含有挥发油和干性油的样品，更适用于含水较多的样品，如水果和蔬菜等。其他如红外干燥法、冷冻干燥法，微波衰减法、中子法、卡尔-费歇尔滴定法等都要有特定器材设备，不易推广使用。

23.2　方法原理

主要介绍常压直接烘干法和常压二步烘干法。

23.2.1　常压干燥法

样品在 100～105 ℃下烘干一定时间至恒重，损失的质量被认为是水分的质量。水分含量是用差减法计算而来，所以这是一种间接测定水分含量的方法。但在严格控制条件的情况下，对多数试样而言，烘干法仍然是测定水分较准确的标准方法。

23.2.2　常压二步烘干法

对于水分含量高的种子，新鲜果实、蔬菜和其他液态、糊状黏质状及加热易溶解、油水分离的样品，如直接在 100 ℃烘干，其外部组织可能形成干壳，阻碍样品内部水分向外扩散逸出，而且干燥后的样品常在称量容器底部形成一层不易脱落的焦状干壳，蒸发时面积大。因此可以采用二步烘干法，即将鲜样置于口径较大的称量容器中，添加硅砂或硅藻土作为辅助干燥剂,先在低温(50~55 ℃)鼓风3~4 h至烘脆,或在沸水浴上加热20~40 min以除去大部分水分,大致干燥后再在100~105 ℃烘至恒重。

23.3 实验分析

23.3.1 常压干燥法

23.3.1.1 器材

电热恒温干燥箱、铝盒、干燥器、分析天平。

23.3.1.2 操作步骤

(1)铝盒称重

取洁净铝盒,打开盒盖,放入100~105 ℃烘箱中烘30 min,取出,移至干燥器中冷至室温后(约20 min)称重,继续烘干至恒重(m_0)。

(2)称样

将粉碎、混匀的风干样品3~5 g平铺在已达恒重的铝盒中,盖好盖子,尽快称量铝盒和样品质量(m_1)。

(3)烘干

将盖横放在盒旁,置于已预热至约115 ℃的烘箱中,关好箱门,调整至温度在100~105 ℃之间,烘干3~4 h,取出,盖上铝盒盖,移入干燥器中冷却后称重,如此重复,直至恒重(m_2)。

23.3.1.3 结果计算

$$水分(\%)(风干基) = \frac{m_1 - m_2}{m_1 - m_0} \times 100\% \tag{23-1}$$

$$干物质(\%)(风干基) = \frac{m_2 - m_0}{m_1 - m_0} \times 100\% \tag{23-2}$$

式中　m_0——空铝盒的质量,g;

　　　m_1——(空铝盒 + 样品)的质量,g;

　　　m_2——(空铝盒 + 烘干样品)的质量,g。

23.3.2 常压二步烘干法

23.3.2.1 器材

水浴锅、称量容器(直径50 mm,高40 mm带盖的铝制或玻璃称量瓶,质量30~60 g)、硅砂(40~60目,新售硅砂应先用1:1盐酸加热煮沸清洗,再用水洗成中性后经135 ℃干燥,装于瓶中密封保存),其余器材同常压直接烘干法。

23.3.2.2　操作步骤

（1）样瓶称重

取一洁净称样瓶，加 15 ~ 25 g 干净硅砂，插入一根短玻棒，放入 100 ~ 105 ℃烘箱中烘 30 min，取出，移至干燥器中平衡后称重，继续烘至恒重（m_0）。

（2）称样

向瓶中加入剪碎、混匀的多汁鲜样约 5 g，用玻棒将样品与硅砂充分混匀后再称重（m_1）。

（3）一步烘干

将瓶和鲜样先放入 50 ~ 55 ℃的烘箱中鼓风烘 3 ~ 4 h，每隔 0.5 ~ 1 h 搅拌一次，样品烘烤后用玻棒轻轻压碎（或者将样瓶和鲜样先放在沸水浴上加热 20 ~ 40 min，每隔 3 ~ 5 min 搅拌 1 次，使物料大致干燥或变成足够稠厚）。

（4）二步烘干

最后置于温度为 100 ℃的烘箱中鼓风烘 1 ~ 2 h 至恒重（m_2）。

23.3.2.3　结果计算

$$水分(\%)（鲜湿基） = \frac{m_1 - m_2}{m_1 - m_0} \times 100 \tag{23-3}$$

$$干物质(\%)（鲜湿基） = \frac{m_2 - m_0}{m_1 - m_0} \times 100 \tag{23-4}$$

式中　m_0——（称样瓶 + 硅砂 + 短玻璃棒）的质量，g；

　　　m_1——（称样瓶 + 硅砂 + 短玻璃棒 + 鲜样）的质量，g；

　　　m_2——（称样瓶 + 硅砂 + 短玻璃棒 + 烘干样）的质量，g。

23.3.3　注意事项

【1】粮油种子类等谷物样品经粉碎后也可以采用 130 ℃ ±2 ℃烘干 20 ~ 60 min 的常压干燥法，其结果与标准法相近。但大豆、花生、油菜、向日葵等油料种子仍然以 105 ℃烘干 3 h 为宜，或采用减压干燥的方法。

【2】烘干法测水分时尤以大气湿度影响最大，因此实验室内相对湿度不应高于 70%，称烘干样品的速度要尽量快。

【3】恒重的标准是人为规定的，此处以两次烘干物的质量之差不超过 2 mg 为恒重。

【4】农产品分析中，水分含量（%）的计算习惯上都是以分析样品（风干或鲜湿的样品）为基础的。

【5】铝制称量瓶放在铜水浴预干燥时易受腐蚀，所以最好选用玻璃称量瓶。

【6】烘干的硅砂和样品易吸湿，称量要快速。

【7】干燥器宜使用经 135 ℃干燥 2 ~ 3 h 的变色硅胶作干燥剂，对油脂类样品宜用吸湿力强的五氧化二磷等作干燥剂。

第 24 章

植物含碳量

24.1 概述

碳元素经过光合作用同化的产物是植物各种生理生化过程的底物和能源。

作物缺碳（碳短板）的表现形式包括：① 导致土壤肥力下降。土壤有机质浓度下降，特别是有效碳（包括水溶碳、活性有机质）浓度下降。② 作物低产、劣质多。尤其是农产品质量下降，例如果蔬的口感差、维生素 C 含量低、硝酸盐含量高、不耐储藏等，均与有机碳缺乏而导致的养分不平衡有关。③ 抗逆性低。作物对于寒、热、旱、涝等逆境均有一套内在的响应机制，但是，若缺乏必需的信号物质进行传导、接收，则作物无法发挥其抗逆功能，而"碳短板"使得抗逆信号物质的产生、传导等受到抑制。同样，对于病虫害的抗性，发挥作物的内在预防机制，也需要克服"碳短板"才能充分发挥作用。

24.2 方法原理

植物碳含量的测定主要以下 4 种：

（1）湿烧法

湿烧法是传统的植物有机碳测定方法，即重铬酸钾-硫酸氧化法。其原理是：植物样品中的有机碳在较高的温度下，可用已知量的过量 $K_2Cr_2O_7$-H_2SO_4 溶液使之氧化。$Cr_2O_7^{2-}$ 等被还原成 Cr^{3+}。剩余的 $K_2Cr_2O_7$ 用 $0.2 \ mol \cdot L^{-1}$ $FeSO_4$ 标准溶液进行回滴。由净消耗的 $K_2Cr_2O_7$ 量即可计算出碳的含量。与干烧法相比，本方法只能氧化 90% 的有机碳，因此将得的有机碳乘以校正系数，以计算有机碳量。该方法操作简单快捷，并能保证一定的准确度。

重铬酸钾-硫酸溶液与有机质作用：

$$2K_2Cr_2O_7 + 3C + 8H_2SO_4 = 2K_2SO_4 + 2Cr_2(SO_4)_3 + 3CO_2 \uparrow + 8H_2O$$

硫酸亚铁滴定剩余重铬酸钾的反应：

$$K_2Cr_2O_7 + 6FeSO_4 + 7H_2SO_4 = K_2SO_4 + Cr_2(SO4)_3 + 3Fe_2(SO_4)_3 + 7H_2O$$

（2）干烧法

干烧法是目前测定植物有机碳应用比较广泛的一种方法。在野外取样，将样品烘干冷却后，用万能高速粉碎机粉碎（粉碎颗粒的直径因筛子的直径而定），在无须预除去碳酸盐的情况下用正亚混合氧化钴 Co_3O_4 催化剂在氧气流中进行，根据燃烧样品有机质时

器材给出的 CO_2 气量可求出有机碳的含量。可利用元素分析仪直接测量样品中有机碳百分含量。干烧法的误差不超过 $\pm0.3\%$，而湿烧法的误差一般为 $\pm(2\%\sim4\%)$。因此，干烧法的精度远高于湿烧法，但其成本较高，受实验设备的限制较大。

（3）基于分子式计算植物有机碳

绿色植物体中的碳元素是通过光合作用积累在有机物质中的，通过计算植物体中有机物的增加量即可求得其中的含碳率。植物体有机物质主要由纤维素（$(C_6H_{10}O_5)_n$）、半纤维素（$(C_5H_8O_4)_n$）、木质素和其他提取物组成，但各物质的含量因树种而异。纤维素、半纤维素、木质素的含量占木材总量的95%以上，如果能确定这3种组分的组成比例，即可得到不同树种的碳含量。

（4）基于重量测定有机碳

将试样放入一体化碳氢仪中，在（800 ℃ ±10 ℃ 高温下分解，使碳转化为二氧化碳，二氧化碳随气流进入碱石棉吸收管，根据吸收剂的增重计算得到试样的碳含量。

24.3 实验分析

本书以湿烧法介绍为主。详见第10章土壤——有机质的分析，采用重铬酸钾容量法（油浴外加热）。

24.4 注意事项

【1】植物样品应充分干燥、粉碎后过0.25 mm筛（否则影响结果精度）。

【2】样品应避光、密封，常温环境保存。

【3】植物样品容易吸水，因此称样时要快速、准确。

【4】植物样品含碳量很高，一般在40%左右，称量较少，一般称取植物样品20~30 mg（含碳约15 mg以内）。

【5】为了保证碳氧化完全，如样品测定时滴定所用 $FeSO_4$ 标准溶液体积小于空白标定时所耗 $FeSO_4$ 体积的1/3时，需减少称样量重做。

【6】由于植物样品含碳量较高，样品加入重铬酸钾-浓硫酸溶液后建议放置过夜；起始温度应适当降低，沸腾消煮5 min后再升温，以防溢出。

第 25 章

植物粗灰分

25.1 概述

总灰分是植物样品经高温灼烧，有机物中的碳、氢等物质与氧结合成二氧化碳和水蒸气，而碳化残留物呈无色或灰白色的氧化物。它主要是各种金属元素的碳酸盐、硫酸盐、硅酸盐和氯化物等。灰分含量的高低可反映不同植物对矿质元素选择吸收与积累的特点，植物各组分对土壤元素的富集本质上与植物各组分对元素的需求量和土壤中元素的含量及存在形态等有关，而元素的存在形态受不同因素影响，因此灰分含量与所处生境有关，包括土壤、施肥、气候、栽培管理等因素。

燃烧时生成的炭粒不易完全烧尽，样品上可能黏附有少量的尘土或加工时混入的泥沙等，而且样品灼烧后的无机盐组成有所改变，如碳酸盐增加，氯化物和硝酸盐的挥发损失，有机磷、硫转变为磷酸盐和硫酸盐，质量均有改变，所以实际测定的总灰分只是"粗灰分"。植物干物质中粗灰分的含量，随植物种类、品种、不同器官和部位、生育期以及生长环境和其他农业技术措施等因素而变动。但一般粗灰分为 2% ~ 7%，平均约 5%。

25.2 方法原理

测定粗灰分的方法，目前都采用简单、快速、经济的干灰化方法。植物样品经低温炭化和高温灼烧，除尽水分和有机质，剩下不可燃部分为灰分元素的氧化物等，称量后即可计算粗灰分质量分数。在农业化学分析中通常只需测定粗灰分。

25.3 实验分析

25.3.1 器材与试剂

（1）器材

瓷坩埚（30 mL）、长柄坩埚钳、附有调压器的电炉、附有温度控制器的高温电炉。

（2）试剂

乙醇溶液 $[\omega(C_2H_5OH) = 95\%$，分析纯$]$。

25.3.2 操作步骤

（1）坩埚称重

将标有号码的瓷坩埚在 600 ℃高温电炉中灼烧 15 ~ 30 min，移至炉门口稍冷，置于干燥器中冷却至室温（20 ~ 30 min），称重，再次灼烧、冷却、称重，至恒重为止。

（2）称样

在已知重量的坩埚中，称取 2 ~ 3 g 磨碎（1 mm）的风干植物样品，加 1 ~ 2 mL 的乙醇溶液（为了促进样品均匀灰化），使样品湿润。

（3）碳化

把坩埚放在调压电炉上，坩埚盖斜放，调节电炉温度使缓缓加热炭化，烧至烟冒尽时，移入高温电炉中，加热至 525 ℃，保持约 1 h（45 min ~ 2 h，视样品种类和称样量多少而异），烧至灰分近于白色为止。

（4）称重

将坩埚移到炉门口，待冷至 200 ℃以下，再移入干燥器中冷却至室温（约 30 min），立即称量。随后再次灼烧 30 min，冷却、称量。直至前后两次重量相差不超过 0.5 mg 即认为恒重。

25.3.3 结果计算

$$\omega_{粗灰分}（\%）= \frac{(m_1 - m_0)}{m} \times 100\% \tag{25-1}$$

式中　$\omega_{粗灰分}$——植物样品中粗灰分的质量分数，%；

m_0——坩埚质量，g；

m_1——坩埚及粗灰分质量，g；

m——样品质量，g。

25.3.4 注意事项

【1】植物样品不宜磨得太细，以免高温灼烧时微粒浅失；样品应疏松地放在坩埚中，容易氧化完全。

【2】在样品中加入少量酒精或纯橄榄油，使样品在燃烧时疏松，可得近于白色的粗灰分；也可在灼烧过程中滴加少许蒸馏水或浓 HNO_3 等，以加速碳粒灰化。

【3】含磷较高的样品（种子），可先加入 3 mL 乙酸镁乙醇溶液 $\{\rho[(CH_3COO)_2Mg] = 15\ g \cdot L^{-1}\}$ 润湿全部样品，然后炭化和灰化。温度高达 800 ℃也不致引起磷的损失。

【4】含硫、氯较高的样品则可用碳酸钠或石灰溶液浸透后再灰化，为防止灰化时硼的损失，植物样品须先加 NaOH 溶液后再行灰化。

【5】加入量都要做空白校正。

【6】坩埚和盖可用 $FeCl_3$ 与蓝黑墨水 $[\rho(FeCl_3 \cdot 6H_2O) = 5\ g \cdot L^{-1}]$ 混合液编写号码，置于 600 ℃高温电炉灼烧 30 min，即留有不易脱落的红色 Fe_2O_3 痕迹号码。

【7】新坩埚需在稀 HCl 中沸煮 1 h，而后用自来水和蒸馏水冲洗洁净，烘干，在 525 ℃灼烧至恒重。

【8】灼烧时的温度控制在 525 ℃±25 ℃为宜，不可过高或灼烧太急速，否则会引起部分钾和钠的氯化物挥发损失，而且钾、钠的磷酸盐和硅酸盐也易熔融而包裹炭粒不易烧尽，灼烧太快还会使微粒溅失。

第 26 章

植物氮、磷和钾

26.1　概述

氮、磷、钾是植物营养的三大要素，植物对氮的需求量最大，也最容易缺乏，其次是磷和钾。因此，植物氮、磷、钾含量的测定是植物营养研究中常规分析项目。但是，在应用各种作物营养诊断指标时，也仅供解释分析结果时的参考之用。因为植物体养分的含量还受土壤、气候、栽培条件和品种等因素影响而有变化，而且植株内各营养元素彼此之间又有协同作用和拮抗作用，某元素浓度的高低会影响到另一些元素的指标或临界值。例如，偏施氮肥会破坏植株体内氮、钾平衡，诱发缺钾。

26.1.1　植物全氮

氮是植物必需的营养元素，是植物体内蛋白质、核酸、磷脂的主要成分，是细胞原生质的重要成分，还是植物激素及叶绿素等的构成组分，氮在植物的生命活动中占有重要的地位，被称为植物的生命元素。缺氮会导致植株浅绿、基部老叶变黄，干燥时呈褐色；茎短而细，分枝或分蘖少，出现早衰现象。若果树缺氮则表现为果小、果少、果皮硬等现象。在诊断植物氮营养水平和土壤供氮状况、了解植物从土壤摄取氮的数量、施用氮肥效应、植物吸收氮与其他营养元素之间的关系，以及制定植物氮营养诊断指标时，都要测定植物全株或某些部位器官(敏感部位器官)中氮的含量。

植物的含氮量约占干物重的 0.3%~5%，因植物种类、器官、生育期和施肥管理水平不同而异，如大豆籽粒含氮约为 5.36%，茎秆约 1.75%；小麦籽粒含氮 2.2%~2.5%，茎秆含氮只有 0.5% 左右；水稻籽粒含氮 1.31%，茎干 0.51%。植物发育阶段不同含氮量也经常发生变化。如棉花苗、蕾期功能叶片含氮量为 4%~5%，而花铃期降为 2%~3%。说明在对不同植物进行取样测定以及制定氮、磷、钾营养丰缺诊断指标时，要注明植物生育期、组织部位，只有在相同情况下测定结果才有比较意义，对指导植物施肥才有参考价值。

26.1.2　植物全磷

磷是植物营养的三要素之一，植物全磷量的测定是植物营养研究中的常规分析项目。了解植物生育期磷营养的需求规律、吸收和分布状况，诊断植物磷营养水平和制定磷素丰缺指标，施用磷肥效应以及磷与其他营养元素的关系，都要测定植物全株或某些对磷反应敏感的组织部位的磷含量。

植物的全磷含量一般占干物重的 0.05%~0.5%。植株全磷含量与作物磷素营养正相关，一般认为植株磷 <0.15%~0.2% 为缺乏，0.2%~0.5% 正常。但因作物种类、品种、生育阶段、测定部位不同而有差异，如水稻（分蘖期叶片）<0.15% 为缺乏，0.15%~0.3% 为正常；棉花（苗期功能叶柄）<0.13% 为缺乏，0.14%~0.8% 为正常；玉米（抽雄期，穗轴下第一叶片）<0.1% 为严重缺乏，0.15%~0.24% 轻度缺乏，0.25%~0.4% 正常。因而，也可以测定作物某一部位磷的含量，作为诊断磷素丰缺的指标。当植物体内含磷量过高时，会使体内 N/P 和 K/P 比例失调；也会影响对铁、锰和锌的吸收，诱发这些元素的缺乏症状，对植物生长和品质产生不良影响。

26.1.3 植物全钾

钾元素是植物生长所必需的重要元素，它在植物内含量较高，分布较广，是移动性极强的元素，主要呈离子态或可溶性钾盐形态，存在于生命最活跃的器官和组织中，虽然不像 N、P 一样直接参与构成植物体内生物大分子，但对植物的生长发育也有着重要的、不可替代的作用。钾元素具有促进植物体内酶的活化、增强光合作用、促进糖代谢与蛋白质合成、增强植物抗旱、抗寒、抗盐碱、抗病虫害等作用。当植物体内钾含量充足时，植物体内的各种生物酶得到充分发挥，植物的光合作用、碳水化合物代谢、氮类代谢等活动均得以促进，植物的抗逆能力大大增强；而当植物体内缺钾时，则光合作用受抑制、碳水化合物代谢受到干扰，导致植物抗逆能力减弱，出现易受病害侵袭、果实品质下降、着色不均等现象。

从植株的全钾量可以判断作物的钾素营养状况，植物体内含钾量较高，一般为 1%~5%。大多数作物叶片钾的缺乏临界范围为 0.7%~1.5%，但因作物种类、组织部位不同而有差异。如水稻（抽穗期植株）为 0.8%~1.1%；玉米（抽穗期，穗轴下第一叶）为 0.4%~1.3%；棉花（苗、蕾期功能叶）0.4%~0.6%；小麦（抽穗前上部叶）0.5%~1.5%，大豆（苗期地上部）及烟草（下部成熟叶）0.3%~0.5%；番茄（花期下部叶）0.3%~1.0%；柑橘（叶龄 6~7 月的叶片）<0.6%；苹果（3~4 月时的定型叶片）<0.7%。植株钾还受叶片含氮量影响，因此用 K/N 指标比单纯用 K 指标有更好的诊断性，如油菜（初蕾时叶片）K/N 临界值为 0.25~0.30，水稻（幼穗分化以后叶片）的 K_2O/N 临界值为 0.5。

26.2 方法原理

植物中的氮、磷大多数以有机态存在，钾以离子态存在。样品在高温条件下，经浓 H_2SO_4 和催化剂或者氧化剂消煮（表 26-1），有机物被氧化分解，有机氮和磷转化成铵盐和磷酸盐，钾也全部释出。消煮液经定容后，可用于氮、磷、钾的定量。

表 26-1 不同催化剂及氧化剂优缺点比较

方 法	优 点	缺 点
常规混合催化剂 $m(K_2SO_4):m(CuSO_4):m(Se) =100:10:1)$	测定结果稳定、准确度高	消煮液中 Se 对比色法测定有影响,消煮液不能供钾测定,消煮过程产生剧毒气体 H_2Se,具有环境健康风险,有分解不完全、结果偏低的可能
国际标准法混合催化剂 $m(K_2SO_4):m(CuSO_4):m(TiO_2) =100:3:3$	解决了硒粉毒性的问题	稳定性差、准确度低
纳米 TiO_2 混合催化剂 $m(K_2SO_4):m(CuSO_4):m(纳米 TiO_2)=100:3:3$	回收率高,重现性较好。温度低于常规方法,消煮时间短,节能省时、环保	相对于常规分析法结果偏高
氧化剂 H_2SO_4-HF	可提取晶格固定态 NH_4^+	具有极强的腐蚀性
氧化剂 H_2SO_4-$HClO_4$	氧化效果好,可同时测定 N、P、K 等,利于自动化装置使用	氧化作用过于激烈,容易造成氮损失,测定结果不够稳定可靠
氧化剂 H_2SO_4-H_2O_2	可同时测定 N、P、K 等,利于自动化装置的使用	需严格控制 H_2O_2 用量、滴加次数和滴加速度,否则氧化作用太强可造成氮的损失

注:以上均不包括硝态氮的植物全氮测定,适合于含硝态氮低的植物样品的测定。一般 NO_3-N 含量极低,可忽略不计

26. 2. 1 植物全氮

消煮溶液中氮的定量方法有蒸馏法、扩散法、比色法、流动注射法、光谱法和电极法等。在无蒸馏器和扩散皿时,可选用靛酚蓝比色法,该法灵敏度高、快速、适合于大批样品分析和器材自动分析。只是对于含氮高的样品,此法容易产生较大的稀释误差,但经仔细操作仍可得到较准确的测定。有条件的实验室现在也常采用杜马氏(Dumas)法的自动定氮仪。该法是将植物样品充分燃烧,植物所有形态的氮均转化为氮气,通过计量氮气的体积来计算样品中的全氮量。该法的主要缺点是器材昂贵,不能普及。

全自动凯氏定氮仪测全氮含量,方便,精确度高,已经成为实验中最常用的方法。其原理是使铵盐经 NaOH 吸收后转变成氨,经蒸馏,用 H_3BO_3 吸收,硼酸中吸收的氨可直接用标准酸滴定,以甲基红-溴甲酚绿混合指示剂标示终点。

26. 2. 2 植物全磷

待测液中磷通常都选用钼锑抗比色法(钼蓝法)或钒钼黄比色法。前法的优点是灵敏度高,简便、快速、准确。钼黄法的灵敏度虽比钼蓝法较低,但由于其显色浓度范围及允许酸度范围都较宽,对于含磷量较高(0.2% 以上)的植物和肥料等样品宜选用此法。含磷量低时以选用钼锑抗法更为合适。

待测液中磷的定量分析采用钼锑抗比色法,待测液在一定酸度和三价锑离子存在下,其中的磷酸与钼酸铵形成锑磷钼混合杂多酸,其在常温下易被抗坏血酸还原为磷钼蓝,形成蓝色溶液的深浅与磷含量成正比,用比色法测定磷的含量。

26.2.3 植物全钾

植物体内的钾素几乎全部以离子状态存在于植物组织中，所以植物中全钾除了可以用干灰法或湿灰化法($H_2SO_4 - H_2O_2$)以外，如果单独测定钾，还可以用 1 mol·L^{-1} 醋酸铵浸提法或 1 mol·L^{-1} HCl 浸提法，同时测定 Ca、Mg、Cu、Zn 等元素。

待测液中的钾可直接用火焰光度计法测定，方法快速方便，结果可靠准确。水样喷入火焰光度计的火焰中，水样中的钾被激发产生其特征光谱。透过滤光片（K766.5nm）经光电管（或光电池）转化成电讯号，通过测量电讯号大小，并与标准系列比较，计算水样中钾的含量。

26.3 实验分析(H_2SO_4-H_2O_2 消煮)

26.3.1 器材与试剂

（1）器材

控温消煮炉、消煮管（或开氏瓶）、弯颈小漏斗。

（2）试剂

① 浓硫酸[$\rho(H_2SO_4) = 1.84$ g·mL^{-1}，化学纯]。

② H_2O_2[$\rho(H_2O_2) = 300$ g·L^{-1}]。

26.3.2 操作步骤

（1）称样

称取烘干、磨碎（过 0.25 mm 筛）植物样品 0.3~0.5 g，置于消煮管中。

（2）加酸

先滴入少些水湿润样品，然后加 5 mL 浓 H_2SO_4，轻轻摇匀（最好放置过夜）。

（3）消煮

瓶口放一弯颈小漏斗，在电炉（或消煮炉）上先温火消煮，待 H_2SO_4 分解冒大量白烟后再升高温度，当溶液呈均匀的棕黑色时取下，稍冷后加 10 滴 H_2O_2 摇匀，再加热至微沸，消煮约 5 min，取下，稍冷后，重复加 H_2O_2 5~10 滴，再消煮。如此重复共 3~5 次，每次添加的 H_2O_2 量应逐次减少，消煮到溶液呈无色或清亮后，再加热约 5 min，以除尽剩余的 H_2O_2（否则会影响 N、P 比色测定）。取下，冷却。

（4）转移定容

用少量水冲洗弯颈漏斗，洗液流入开氏瓶。将消煮液无损地洗入 100 mL 容量瓶中，用水定容，摇匀。

（5）测定

过滤或放置澄清后，澄清液可供氮、磷、钾的测定。溶液中的氮、磷、钾测定方法分别见第 11 章土壤氮、第 12 章土壤磷、第 13 章土壤钾的全量测定方法。

（6）空白

除不加植物样品外，其余操作步骤与上同。

26.4 注意事项

【1】实验中浓硫酸的加入量应为 4.5~5.5 mL，一定不要加入过多，因为 1 mL 的浓硫酸大约消耗 0.3~0.4 g 的加速剂，并且浓硫酸的加入量要和蒸馏时 NaOH 的加入量相对应，否则容易影响蒸馏时样品溶液的酸碱性，影响实验结果。

【2】H_2O_2 不宜过早加入，每次用量不可过多，加入后的消煮温度不要太高，只要保持消煮液微沸即可。

【3】加 H_2O_2 时，要直接滴入瓶底溶液中，如果滴在瓶颈壁上，H_2O_2 很快分解，失去氧化能力；也不要滴到小漏斗上，以免残留的 H_2O_2 影响氮、磷的比色测定。

【4】控制消煮温度。温度过高，酸很快分解没有被充分利用，同时把某些元素也一起带走；温度过低，不但消煮时间要延长，并且硅不易脱水，这些都会使测定结果失去真实性，故消煮的整个过程要随时观察消煮管内烟雾的变化来控制电炉的温度。

【5】控制消煮时间。消煮过程中应经常转动消煮管，使喷溅在瓶壁上的土粒及早回流到酸液中。消煮时仔细观察是否有黑色碳粒，出现黑色碳粒时应延长消煮时间直至碳粒消失。

【6】要求吸取待测液中含磷 5~25 μg。事先可吸取一定量的待测液，显色后用目测法观察颜色深度，然后估算出应该吸取待测液的体积。

【7】钼锑抗比色法要求显色液中硫酸浓度为 0.23~0.33 $mol \cdot L^{-1}$。如果硫酸浓度小于 0.23 $mol \cdot L^{-1}$，虽然显色加快，但稳定时间较短；如果硫酸浓度大于 0.33 $mol \cdot L^{-1}$ 则显色变慢。

【8】钼锑抗比色法要求显色温度为 15 ℃ 以上，如果室温低于 15 ℃，可放置在 30~40 ℃ 恒温箱中保持 30 min，取出冷却后比色。

第 27 章
植物微量元素分析

27.1 概述

已知有 16 种营养元素是植物生长发育的必需元素，习惯上又把占植物干物质重量的千分之几到百分之几十的碳、氧、氧、氮、磷、钾、钙、镁、硫 9 种元素称为大量元素，而将铁、锰、铜、锌、钼、硼、氯 7 种元素称为微量元素（表 27 - 1），它们一般只占植物干重的十万分之几到千分之几。然而研究发现：① 在许多情况下，植物组织中大量元素和微量元素含量的差距并不像定义那样，可以达到千倍以上。Fe 和 Mn 的含量有时甚至接近 S 和 Mg 的含量。② 微量元素的含量常常大量超过生理上的需要。例如，在许多植物中 Mn 的浓度相当高（$2 \sim 20 \text{ g} \cdot \text{kg}^{-1}$），但仅需要几 $\text{mg} \cdot \text{kg}^{-1}$ 即可。这两点清楚地表明，植物器官（叶、茎、果、根）中营养元素含量并不能反映出植物生理生化过程实际所需的量。因此，从生理角度看，上述大量元素和微量元素的划分是欠妥当的。

表 27-1　微量元素可利用形态及其在植物体内的适宜浓度

序号	元素	可利用形态	适宜浓度（$\text{mg} \cdot \text{kg}^{-1}$）
1	铁（Fe）	Fe^{2+}、Fe^{3+}	100
2	锰（Mn）	Mn^{2+}	50
3	铜（Cu）	Cu^{2+}、Cu^{1+}	6
4	锌（Zn）	Zn^{2+}	20
5	钼（Mu）	MoO_4^{2-}	0.1
6	氯（Cl）	Cl^{-}	100
7	硼（B）	$H_2BO_3^{-}$、$B_2O_7^{2-}$	20

作物必需的微量元素有硼、锰、铜、锌、铁、钼等。微量元素的缺乏会成为作物产量的限制因素，严重时甚至绝收。土壤中微量元素对作物生长影响的缺乏、适量和致毒量间的范围较窄。因此，土壤中微量元素的供应不仅有供应不足的问题，也有供应过多造成的毒害问题。明确土壤中微量元素的含量、分布、形态和转化的规律，有十分重要的意义。

27.1.1 植物铁

铁是光合作用、生物固氮和呼吸作用中的细胞色素和非血红素铁蛋白的组成元素。

铁在这些代谢方面的氧化还原过程中起着电子传递作用。由于叶绿体的某些叶绿素－蛋白复合体合成需要铁，所以，缺铁时会出现叶片叶脉间缺绿。与缺镁症状相反，缺铁发生于嫩叶，因铁不易从老叶转移出来，缺铁过甚或过久时，叶脉也缺绿，全叶白化。

大多数植物的含铁量在 $100 \sim 300 \ mg \cdot kg^{-1}$，蔬菜作物、果树含铁量较高，豆科植物含铁量比禾本科植物高，水稻、玉米的含铁量相对较低，不同植株部位铁含量也不相同，根系含铁量一般会大于地上部，秸秆部位含铁量大于籽粒。

27.1.2 植物锰

植物主要吸收锰离子，锰离子是细胞中许多酶（如脱氢酶、脱羧酶、激酶、氧化酶和过氧化酶）的活化剂，尤其影响糖酵解和三羧酸循环。锰使光合中水裂解为氧。缺锰时，叶脉间缺绿，伴随小坏死点的产生。

一般植物含锰量约为 $10 \sim 150 \ mg \cdot kg^{-1}$，酸性土壤上含锰量约 $200 \sim 500 \ mg \cdot kg^{-1}$，有的可以高达 $2.4 \ g \cdot kg^{-1}$，而盐渍土和钙质土上的植物含锰量都不超过 $100 \ mg \cdot kg^{-1}$。植物在不同发育时期以及不同部位的含锰量都有很大的差异，因此，还应该以植物同一器官含锰量作为指数，才能进行比较。Fink 提出，最好以植物叶片的干物质含锰量作为指标。

27.1.3 植物铜

铜是某些氧化酶的成分，可以影响氧化还原过程。缺铜时，叶黑绿，其中有坏死点，先从嫩叶叶尖起，后沿叶缘扩展到叶基部，叶也会卷皱或畸形；缺铜过甚，叶脱落。

一般植株的正常含铜量约为 $5 \sim 30 \ mg \cdot kg^{-1}$，低于 $5 \ mg \cdot kg^{-1}$ 则明显不足，高于 $30 \ mg \cdot kg^{-1}$ 则过量或可能出现中毒。但不同作物，其临界浓度并不完全相同。如柑橘叶片含铜少于 $4 \ mg \cdot kg^{-1}$ 时，可能出现缺乏症状；少于 $6 \ mg \cdot kg^{-1}$ 时，可能对铜肥有良好反应。梨、苹果叶片含铜的临界浓度为 $5 \ mg \cdot kg^{-1}$；桃为 $7 \ mg \cdot kg^{-1}$。苜蓿全株含铜的临界浓度为 $10 \ mg \cdot kg^{-1}$；大豆上部新成熟叶片为 $10 \ mg \cdot kg^{-1}$；棉花上部新成熟叶片为 $8 \ mg \cdot kg^{-1}$；玉米开始吐絮时的耳叶为 $5 \ mg \cdot kg^{-1}$；大麦、小麦叶片为 $6 \ mg \cdot kg^{-1}$；水稻稻草的含铜浓度为 $6 \ mg \cdot kg^{-1}$ 等，可供对考。

27.1.4 植物锌

锌是乙醇脱氢酶、谷氨酸脱氢酶和碳酸酐酶等的组成成分。植物缺锌将失去合成色氨酸的能力，而色氨酸是吲哚乙酸的合成前体，因此缺锌植物的吲哚乙酸含量低。锌是叶绿素植物的必需元素。锌不足时，植株茎部节间短，莲丛状；叶小且变形，缺绿。

植物中锌含量很低，在 $5 \sim 80 \ mg \cdot kg^{-1}$ 之间，常见的作物含锌量，大麦为 $18 \ mg \cdot kg^{-1}$，小麦为 $16 \ mg \cdot kg^{-1}$，水稻为 $2.5 \ mg \cdot kg^{-1}$，马铃薯为 $4 \ mg \cdot kg^{-1}$，胡萝卜为 $1.1 \sim 4.9 \ mg \cdot kg^{-1}$。缺锌植物的含锌量变化很大，如缺锌的油桐树叶中含锌少于 $10 \ mg \cdot kg^{-1}$，轻度缺锌的油桐树叶子含锌 $26 \ mg \cdot kg^{-1}$，缺锌苹果叶中含锌 $3 \sim 10 \ mg \cdot kg^{-1}$，

健叶为 $6 \sim 40$ mg·kg^{-1}；柑橘叶含锌在 $15 \sim 200$ mg·kg^{-1}之间。少于 15 mg·kg^{-1}，即可能发生缺锌现象，而少于 24 mg·kg^{-1}可能对锌肥有良好反应。目前国内还缺少足够的数据来确定植物的缺锌临界值。只有从正常与缺锌植株含锌量的对比中进行诊断。一般作物含锌少于 15 mg·kg^{-1}时，可能对锌肥有良好反应。

27.1.5 植物钼

钼离子是硝酸还原酶的金属成分，起着电子传递作用。钼又是固氮酶中钼铁蛋白的成分，在固氮过程中起作用。缺钼时，老叶叶脉间缺绿，坏死。缺钼可使花椰菜叶皱卷甚至死亡，不开花或花早落。

植物含钼量一般在 $0.1 \sim 0.5$ mg·kg^{-1}，当植物成熟叶片中含钼量低于 0.1 mg·kg^{-1}，就有可能缺钼。但因植物种类不同，临界值可相差很大，例如三叶草顶部含钼量如高于 0.5 mg·kg^{-1}，一般不缺钼，其他植物叶片含钼量大致为：苜蓿 0.28 mg·kg^{-1}，甜菜 0.05 mg·kg^{-1}，大麦、小麦为 0.03 mg·kg^{-1}，甜玉米 0.09 mg·kg^{-1}，棉花 0.5 mg·kg^{-1}，烟草 0.13 mg·kg^{-1}等。植株含钼的致毒量差异很大，有的植物每千克含钼高达几百毫克也不一定表现中毒，但超过 15 mg·kg^{-1}的植物用作饲料时可使牲畜中毒。

27.1.6 植物氯

氯以 Cl^{-}形态被植物根系吸收，是自然界移动性最强的离子之一。在光合作用水裂解过程中起着活化剂的作用，促进氧的释放。根和叶的细胞分裂需要氯，缺氯时植株叶小，叶尖干枯、黄化，最终坏死。一般正常植物组织中含氯的浓度为 $100 \sim 200$ mg·kg^{-1}，当含氯量为 $35 \sim 70$ mg·kg^{-1}时，有些植物即表现出缺氯的症状。

27.1.7 植物硼

硼与甘露醇、甘露聚糖、多聚甘露糖醛酸和其他细胞壁成分组成复合体，这些复合体是细胞壁半纤维素的组成成分。同时硼多集中于植物的茎尖、根尖、叶片和花器官中，能促进花粉萌发和花粉管的伸长，因而对作物受精有重要影响。

植物硼的含量因种类而异，其范围较宽，一般是 $20 \sim 100$ mg·kg^{-1}，十字花科、豆科以及耐盐植物含硼较多，谷类作物较少。如豆科植物约为 $20 \sim 50$ mg·kg^{-1}，根用甜菜达 $20 \sim 100$ mg·kg^{-1}，禾谷类作物仅 $2 \sim 10$ mg·kg^{-1}，双子叶作物含硼量高于单子叶作物。缺硼植物中含硼量也因作物的种类和部位的不同而差异很大，由于硼在植物体内是不易移动的，所以采样时应特别注意系统采集各部位试样进行分析。Brandenburg 指出甜菜硼的诊断标准为：极度缺硼（B，<18 mg·kg^{-1}）；供应中等（B，$18 \sim 30$ mg·kg^{-1}）；供应充足（B，>30 mg·kg^{-1}）。

27.2 方法原理

27.2.1 处理与测试

植物微量元素的分析方法，一般包括样品的化学前处理和元素的定量测定两个方面。样品的化学前处理，通常采用湿灰化法或干灰化法，关于湿灰化法和干灰化法的争议，尚待进一步讨论，两种方法试验比较时所得到的那些差异，主要由于湿灰化法或干灰化法的分析方法不同引起的。当然两法之间由于各自的缺点，也会引起某种程度的差异，例如湿灰化法，由于试剂的用量过多，常常因扣除空白值引入难以避免的误差；干灰化法，由于挥发损失或形成硅酸盐，难以再溶解等缺点引起的负误差。

现代器材分析方法使土壤和植物微量元素能够进行大量快速、准确的自动化分析。目前除了个别元素用比色分析外，大部分都采用原子吸收分光光度法（AAS）、极谱分析、X射线荧光分析、中子活化分析等。特别是电感耦合等离子体发射光谱技术（inductively coupled plasm-atomic emission spectrometry，ICP-AES或ICP）的应用，不仅进一步提高了自动化程度，而且扩大了元素的测定范围，一些在农业上有重要意义的非金属元素和原子吸收分光光度法较难测定的元素，如硼、磷等均可以应用ICP进行分析。

27.2.2 不同微量元素分析方法

植物中铁的测定有多种方法，待测液的制备有硝酸-高氯酸消化法、三酸混合消化法、干灰化法等，待测液中铁的测定有邻菲罗啉比色法、原子吸收分光光度法等。本文采用邻菲罗啉比色法测定植物铁。待测液中的铁用盐酸羟胺使Fe^{3+}还原成Fe^{2+}，在微酸性条件下，Fe^{2+}与邻菲罗啉生成橙色络合物，在波长530nm处比色测定。

植物锰采用甲醛肟比色法。在pH值为10.0~14.0的溶液中，Mn^{2+}与甲醛肟反应生成红褐色甲醛肟-锰络合物。在450~460nm波长处达到最大吸收值，加入显色剂后，显色迅速，数分钟后即达完全，颜色稳定最少在16 h以上，铁与甲醛肟能形成褐色的甲醛肟-铁络合物，影响锰的测定，可加入盐酸羟胺与EDTA消除。

植物铜一般采用干灰化法或HNO_3-$HClO_4$消煮法分解植物样品。但采用干灰分法时，其中SiO_2沉淀可能带走部分铜，因此当植物含硅量高时，可用HF-H_2SO_4脱硅或选用HNO_3-$HClO_4$消煮法或稀HCl浸提法。植物锌通常采用干灰化法或HNO_3-$HClO_4$消煮法分解植物样品。测定溶液中铜、锌，可以采用器材分析法，如极谱法，原子吸收分光光度法（AAS）以及等离子体发射光谱法（ICP-AES）。其中极谱法需要分离，操作不便。AAS法简便、快速，具有较高的灵敏度，而且在同一份灰化试液中可以连续测定多种元素。

植物中的钼经干灰化法分解，用HCl溶解灰分。在酸性溶液中，六价钼被还原剂氯化亚锡还原成五价钼，与硫氰根离子形成橙黄色的络合物，再用有机溶剂萃取浓缩进行比色测定。

植物氯采用硝酸银滴定法。加入氧化钙中和氯离子导致的酸性后灰化，用水洗涤灰分后过滤。待测液用标准硝酸银进行滴定即可测定植物氯的含量。

植物硼采用姜黄素比色法。植物样品用干灰化法灰化,稀盐酸溶解灰分,溶液中硼以姜黄素比色法测定。由于在酸性条件下,硼容易挥发损失,植物样品测定硼时不宜用湿灰化法,一般植物组织中会有丰富的盐基可防止硼在干灰化过程中挥发损失,而种子,尤其是油料作物的种子(即含酸性成分较多的样品),应加少量氢氧化钙饱和溶液湿润样品以后灰化。

27.3 植物中铁的测定(邻菲罗啉比色法)

27.3.1 方法提要

待测液中的铁用盐酸羟胺使 Fe^{3+} 还原成 Fe^{2+} ,在微酸性条件下, Fe^{2+} 与邻菲罗啉生成橙色络合物,在波长 530nm 处比色测定。

27.3.2 器材与试剂

(1)器材

分光光度计、容量瓶等。

(2)试剂

① 盐酸羟胺溶液[$\rho(H_3ClNO) = 100\ g \cdot L^{-1}$]:称取 10 g 盐酸羟胺溶于水,定容至 100 mL。

② 邻菲罗啉溶液[$\rho(C_{12}H_8N_2) = 1\ g \cdot L^{-1}$]:称取 0.1 g 邻菲罗啉溶于 1 L 水中,若不溶可稍加热促使溶解。

③ 乙酸钠溶液[$\rho(CH_3COONa) = 100\ g \cdot L^{-1}$]:称取 10 g 乙酸钠溶于水,定容至 100 mL。

④ 铁标准溶液[$\rho(Fe) = 10\ \mu g \cdot mL^{-1}$]:准确称取 0.143 g 三氧化二铁溶于 10 mL 1:3盐酸中,微热使溶解,加 200 mL 水,移入 1 L 容量瓶中,加水定容、摇匀,即为 100 $\mu g \cdot mL^{-1}$ 铁标准溶液。吸取此溶液 10 mL 于 100 mL 容量瓶中,加水定容、摇匀,即为 10 $\mu g \cdot mL^{-1}$ 铁标准溶液。

⑤ 氢氧化钠溶液[$c(NaOH) = 2\ mol \cdot L^{-1}$]:称取 8 g 氢氧化钠溶于 100 mL 水中。

27.3.3 操作步骤

(1)取样

吸取 10 mL 待测液于 50 mL 容量瓶中,加水至 20 mL。

(2)显色

加 2 mL 100 $g \cdot L^{-1}$ 盐酸羟胺溶液,充分摇匀,放置 5 min,加 5 mL 100 $g \cdot L^{-1}$ 乙酸钠溶液,摇匀,用 2 $mol \cdot L^{-1}$ 氢氧化钠调溶液 pH 值到 5.0(pH 值试纸检验),用吸管加 2 mL 1 $g \cdot L^{-1}$ 邻菲罗啉显色剂,摇匀,加水定容、摇匀,显红色。

（3）测定

30 min 后在分光光度计上 530nm 波长处测定样品吸收值。

（4）标准曲线的绘制

分别吸取 10 μg·mL^{-1}铁标准溶液 0 mL、1 mL、2 mL、4 mL、6 mL、8 mL、10 mL 于 50 mL 容量瓶中，与待测液同样步骤进行显色，即得 0 μg·mL^{-1}、0.2 μg·mL^{-1}、0.4 μg·mL^{-1}、0.8 μg·mL^{-1}、1.2 μg·mL^{-1}、1.6 μg·mL^{-1}、2.0 μg·mL^{-1}铁系列标准溶液。以 0 μg·mL^{-1}铁标准溶液作参比液调吸收值到零，进行比色，绘制标准曲线。

27.3.4　结果计算

$$\omega(\mathrm{Fe}) = \frac{c \times V \times t_s}{m \times 10^6} \times 1\,000 \tag{27-1}$$

式中　$\omega(\mathrm{Fe})$——铁含量，g·kg^{-1}；

　　　c——从标准曲线上查得铁的浓度，μg·mL^{-1}；

　　　V——显色液体积，50 mL；

　　　t_s——分取倍数，t_s = 待测液的定容体积(mL)/吸取待测液体积(mL)；

　　　m——烘干样品质量，g。

27.3.5　注意事项

【1】吸取待测液的体积，根据样品含铁量而定，如森林植物样品钙、镁含量较多，铁的含量较少，枯枝落叶层样品铁的含量一般都较多。

【2】加 100 g·L^{-1}盐酸羟胺溶液的体积视待测液中铁含量而定，森林植物样品加 2 mL，但森林枯枝落叶层则要加 5 mL。

【3】如待测液的吸收值超过标准曲线范围，如必须减少待测液的体积后重新测定。

27.4　植物锰的测定

27.4.1　方法提要

植物样品经干灰化后，溶解灰分，溶液中的锰可直接用 AAS 法测定。

27.4.2　器材与试剂

（1）器材

分光光度计、容量瓶(50 mL)等。

（2）试剂

① 甲醛肟溶液：称取 4 g 盐酸羟胺溶于水，加 2 mL 浓甲醛，用水稀释至 100 mL，贮于棕色瓶中，冷藏可用 30 d。

② 1:1 氨水：浓氨水$[\rho(NH_3 \cdot H_2O) = 0.9 \text{ g} \cdot \text{mL}^{-1}$，化学纯]与水等体积混合。

③ EDTA-Na$_2$ 溶液$[c(C_{10}H_{14}O_8N_2Na_2 \cdot 2H_2O) = 0.1 \text{ mol} \cdot \text{L}^{-1}]$：称取 3.72 g EDTA-Na$_2$（化学纯），溶于 100 mL 水。

④ 锰标准溶液$[c(Mn) = 100 \text{ μg} \cdot \text{mL}^{-1}]$：称取 0.2749 g 无水硫酸锰溶于水，加 10 mL 浓盐酸$[\rho(HCl) = 1.19 \text{ g} \cdot \text{mL}^{-1}]$，用水定容至 1 L。无水硫酸锰，用水定容至 1 L。无水硫酸锰配置方法为：将水合硫酸锰$(MnSO_4 \cdot 7H_2O)$于 150 ℃ 烘干，移入高温电炉中于 400 ℃ 灼烧 2 h。

⑤ 锰标准溶液$[c(Mn) = 10 \text{ μg} \cdot \text{mL}^{-1}]$：将 100 μg · mL^{-1}锰标准溶液用水稀释 10 倍，成为 10 μg · mL^{-1}锰标准溶液。

⑥ 缓冲溶液（pH = 10.0）：称取 67.5 g 氯化铵溶于无气水中，加入 570 mL 浓氨水$[\rho(NH_3 \cdot H_2O) = 0.90 \text{ g} \cdot \text{mL}^{-1}$，化学纯]，用水稀释至 1 L，贮于塑料瓶中，并注意防止空气中的二氧化碳长时间接触。

27.4.3 操作步骤

（1）取样

吸取 5～10 mL 待测液（含 10～50 μg 锰）于 50 mL 容量瓶中，加水到 20 mL。

（2）显色

用 1:1 氨水调节 pH 值到 10（酚酞试纸刚变红色），加 2 mL pH = 10 缓冲溶液，摇匀，加 2 mL 甲醛肟溶液，摇匀。

（3）定容

显色 3 min 后，加 2 mL 100 g · L^{-1}盐酸羟胺溶液，摇动 1 min 后加 1 mL 0.1 mol · L^{-1} EDTA-Na$_2$ 溶液，加水定容、摇匀。

（4）测定

放置 30 min，使甲醛肟 – 铁络合物分解。在分光光度计上 455nm 波长处测定显色液的吸收值。

（5）标准曲线的绘制

分别吸取 10 μg · mL^{-1}锰标准溶液 0 mL、5 mL、10 mL、15 mL、20 mL、25 mL、30 mL 容量瓶中，其工作条件与待测液测定时完全一样。配成 0 μg · mL^{-1}、1 μg · mL^{-1}、2 μg · mL^{-1}、3 μg · mL^{-1}、4 μg · mL^{-1}、5 μg · mL^{-1}、6 μg · mL^{-1}锰系列标准溶液。以 0 μg · mL^{-1}锰标准溶液作参比，调吸收值到零，然后测定锰系列标准溶液的吸收值，绘制标准曲线。

27.4.4 结果计算

$$\omega(Mn) = \frac{c \times V \times t_s}{m} \tag{27-2}$$

式中 $\omega(Mn)$——锰含量，μg · mL^{-1}；

c——从标准曲线查得 Mn 的质量浓度，μg · mL^{-1}；

V——显色液体积，mL；

t_s——分取倍数，待测液的定容体积(mL) / 吸取待测液体积(mL)；

m——烘干样品质量，g。

27.5 植物中铜、锌的测定

27.5.1 方法提要

植物样品经干灰化法灰化后，用稀盐酸或硝酸溶解灰分，溶液中的铜和锌可直接用 AAS 法测定。

27.5.2 器材与试剂

(1)器材

高温电炉、石英(或瓷)坩埚、原子吸收分光光度计。

(2)试剂

1:1 硝酸(或盐酸)溶液。

27.5.3 操作步骤

(1)称样

称取烘干磨碎(0.5 mm)的植物样品 1~2 g 于瓷坩埚中。

(2)干灰化

在电热板上缓缓加热炭化至不再冒烟，移入高温电炉，逐渐升温到 500 ℃灰化 2 h。若此时灰分中的炭粒较多，可待冷却后，滴加 HNO_3(1:1)湿润灰分，蒸发至干后，置高温电炉中继续完成灰化。

(3)溶解

灰化后准确加入 1:1 硝酸溶液 5 mL 溶解灰分，溶解后无损地移入 50 或 100 mL 容量瓶中，用水定容。

(4)过滤测定

用干滤纸过滤，滤液收集在干塑料瓶内。可直接用原子吸收分光光度计进行测定。

(5)标准曲线的绘制

参照铜、锌的标准系列配制标准曲线系列溶液，加入与待测溶液相同量的硝酸或盐酸，用水定容。在样品测定的同时，在完全相同的条件下，测定其吸收值，制作标准曲线。

27.5.4 结果计算

$$\omega(\text{Cu/Zn}) = \frac{c \times V}{m} \tag{27-3}$$

式中　c——从标准曲线查得 Cu(或 Zn)的质量浓度，$\mu g \cdot mL^{-1}$；

V——灰化溶解后定容液体积，mL；

m——干样品质量，g。

27.5.5 注意事项

【1】显色的酸度在 pH = 10.0 最为适宜，酸度 pH < 9.0 时，甲醛肟-锰络合物吸收值降低，而在 pH = 10.0 以上时，所形成的甲醛肟-铁络合物又较难分解，易导致偏高的结果，故在用氨水中和待测液时，氨水不宜过量。

【2】如有 ICP 或 ICP-AES，可用该滤液同时测定 Fe、Mn、Cu、Zn、Mo 等微量元素。

27.6 植物中钼的测定

27.6.1 方法提要

植物样品用干灰化法制备得的待测液，蒸干后，无需分离干扰物，可直接用催化极谱法测定溶液中钼的含量。

27.6.2 器材与试剂

(1)器材

高温电炉、石英(或瓷)坩埚、极谱仪。

(2)试剂

① 硫酸溶液$[c(H_2SO_4) = 2.5\ mol \cdot L^{-1}]$。

② 苯羟乙酸$[c(C_8H_8O_3) = 0.4\ mol \cdot L^{-1}]$。

③ 次氯酸钠溶液$[\rho(NaClO_3) = 500\ g \cdot L^{-1}]$。

27.6.3 操作步骤

(1)称样

称取 65 ℃烘干 24 h 磨细的植物样品 5 ~ 10 g(准确至 0.001 g)(视样品种类而定)，放于石英瓷蒸发皿中。

(2)干灰化

在电炉上缓缓加热进行预灰化。移入高温电炉中，升高温度至 500 ℃，至灰化完成为止。

(3)溶解

加 2.5 mol·L^{-1}硫酸溶液 2.5 mL 和 0.4 mol·L^{-1}苯羟乙酸 2.5 mL 溶解灰分。

(4)测定

待完全溶解后，加入 500 g·L^{-1} NaClO$_3$溶液 5 mL，混匀后移入电解杯中，在极谱仪上从 -0.1V 开始记录钼的极谱波，测量峰后波的波高。依据标准曲线计算样品钼的含量。

（5）标准曲线的绘制

分别吸取含 0 μg、0.02 μg、0.04 μg、0.08 μg、0.16 μg、0.24 μg Mo 标准溶液于 50 mL 硬质烧杯中，加 1∶1 HCl 溶液 1 mL，在电炉上低温蒸干，按上步骤加入硫酸、苯羟乙酸和氯酸钠溶液，在与待测液相同条件下，于极谱仪上测定钼的极谱波，测量峰后波的波高，作钼的质量-峰后波高度的标准曲线。

27.6.4 结果计算

$$\omega(\mathrm{Mo}) = \frac{c}{m} \tag{27-4}$$

式中 $\omega(\mathrm{Mo})$——Mo 的含量，mg·kg^{-1}；

c——标准曲线查得钼的质量，μg；

m——植物干样质量，g。

27.6.5 注意事项

植物中钼的测定也可用 1 mol·L^{-1} HCl 浸提方法：称取过 0.5 mm 筛的烘干样品 1 g 放入 50 mL 塑料试管或塑料广口瓶中，加 1 mol·L^{-1} HCl 溶液 25 mL，塞紧后激烈摇动，使样品完全浸泡在溶液中，放置 24 h，用干定量滤纸过滤，滤液收集于干塑料瓶中，直接用 AAS 法测定，同时作空白试验。或用 1 g 样品，1 mol·L^{-1} HCl 溶液 50 mL，置于振荡机上振荡 1.5 h，过滤后，滤液直接用 AAS 法测定。

27.7 植物氯的测定

27.7.1 方法提要

氯化钙干化-硝酸银滴定法，该法较为简便，应用广泛。

27.7.2 器材与试剂

（1）器材

高温电炉、瓷坩埚（30 mL）、锥形瓶（150 mL）等。

（2）试剂

① 氧化钙（分析纯）。

② 铬酸钾溶液[$\rho(\mathrm{K_2CrO_4}) = 50$ g·L^{-1}]：称取 5 g 铬酸钾（分析纯）溶于 100 mL 水中。

③ 硝酸银标液[$c(\mathrm{AgNO_3}) = 0.01$ mol·L^{-1}]：称取 1.698 7 g 硝酸银（分析纯），加水定容于 1 L，装于棕色试剂瓶中。

④ 硝酸银标液[$\rho(\mathrm{AgNO_2}) = 50$ g·L^{-1}]：称取 5 g 硝酸银（分析纯），溶于于 100 mL 水中，再加 5 mL 浓硝酸[$\rho(\mathrm{HNO_3}) = 1.42$ g·mL^{-1}，分析纯]。

⑤ 对硝基酚指示剂 $[\rho(C_6H_5NO_3) = 2\ g \cdot L^{-1}]$：称取 0.1 g 对硝基酚，溶于 50 mL 乙醇。

⑥ 硫酸溶液 $[c(H_2SO_4) = 0.5\ mol \cdot L^{-1}]$：量取 28 mL 浓硫酸 $[\rho = 1.84\ g \cdot mL^{-1}$，分析纯] 加水定容至 1 L。

⑦ 氢氧化钠溶液 $[c(NaOH) = 10\ mol \cdot L^{-1}]$：称取 1 g 氢氧化钠（分析纯）溶于 100 mL 水中。

27.7.3 操作步骤

（1）称样烘干

称取 0.5 g 过 2 mm 风干样品于称量瓶中，在 65 ℃下烘干 24 h，移入干燥器内冷却后，精确称量（精确至 0.000 1 g）到瓷坩埚中。

（2）加氧化钙

称取 0.2 g 氧化钙加入坩埚中，用玻璃棒混合后，加几滴水充分润湿样品后在 105 ℃烘箱内烘干。

（3）灰化

将坩埚放置在调温电炉上，先控制冒出少量烟，持续 20 min 后，放入高温电炉中灰化。先升温到 400 ℃灰化 30 min，再升温到 525 ℃保持 1.5 h。

（4）转移

用水将冷却残渣经滤纸洗入 150 mL 锥形瓶中，一直洗到滤液中无氯离子。

（5）调色

向滤液中加入 1~2 滴对硝基酚指示剂，用 0.5 mol · L^{-1}硫酸溶液调至无色，再用 10 mol · L^{-1}氢氧化钠溶液调至淡黄色。

（6）滴定

加入 5 滴 50 g · L^{-1}铬酸钾溶液，用 0.01 mol · L^{-1}硝酸银标液滴定，先产生白色沉淀氯化银，然后产生棕红色铬酸银，棕红色不再消失时即为终点。

27.7.4 结果计算

$$\omega(Cl) = \frac{c \times (V - V_0) \times 0.0355}{m} \times 1\ 000 \qquad (27\text{-}5)$$

式中 $\omega(Cl)$——氯含量，mg · kg^{-1}；

  c——硝酸银标准溶液的浓度，mol · L^{-1}；

  V——滴定待测液用去硝酸银标准溶液的体积，mL；

  V_0——滴定空白消耗硝酸银标液的体积，mL；

  0.035 5——氯原子的毫摩尔质量，g · mL^{-1}；

  m——烘干样品质量，g。

27.7.5 注意事项

【1】样品灰化时不一定呈白色，时间到即可。

【2】溶液中氯离子检查方法：将 2 滴溶液置于黑色凹孔瓷板上，加 1 滴 50 g·L⁻¹ 硝酸银溶液，如溶液清亮表示溶液中无氯离子。

27.8 植物硼的测定

27.8.1 方法提要

植物样品用干灰化法在 500 ℃灼烧分解，稀盐酸溶解灰分，溶液中的硼以姜黄素比色法测定。

27.8.2 器材与试剂

（1）器材

高温电炉、石英（瓷）坩埚、分光光度计。

（2）试剂

① 硫酸溶液[$c(H_2SO_4) = 0.18$ mol·L⁻¹]：量取 10 mL 浓硫酸（H_2SO_4 $\rho = 1.84$ g·mL⁻¹，加水定容至 1 L。

② 氢氧化钙饱和溶液。

③ H 酸溶液：称取 1 g H 酸盐[1-氨基-8-萘酚-3,6-二磺酸氢钠，$C_{10}H_4NH_2OH(SO_3HNa)_2$]于 100 mL 去离子水中，然后加入 2 g 抗坏血酸，使之完全溶解。若混浊可过滤后使用。溶液 pH = 2.5，此液要临时配制。

④ 水杨醛溶液：吸取 0.2 mL 水杨醛（C_6H_4OHCHO）于 100 mL 乙醇（CH_3CH_2OH）中，摇匀。

⑤ 缓冲掩蔽液（pH = 6.7）：称取 23 g 乙酸铵（NH_4OAc）及 3 g EDTA 二钠（$C_{10}H_{14}O_8N_2Na_2 \cdot 2H_2O$），加水定容到 100 mL。

⑥ 硼（B）标准液[$c(B) = 100$ μg·mL⁻¹]：称取 0.571 6 g 硼酸（H_3BO_3）溶于水，加 2 mL 浓硫酸（H_2SO_4，$\rho =$ 密度 1.85 g·mL⁻¹），用水定容到 1 L，贮于塑料瓶中。

⑦ 硼（B）标准溶液[$\rho(B) = 5$ μg·mL⁻¹]：吸取 100 μg·mL⁻¹ 硼标准溶液 5 mL 于 100 mL 容量瓶中，加水定容、摇匀。

27.8.3 操作步骤

（1）称样

称取 65 ℃烘干 24 h 的磨细样品 0.5 g（精确至 0.000 1 g）置于石英坩埚或瓷坩埚中。

（2）灰化

加 1~2 mL 氢氧化钙饱和溶液（以防硼损失），使样品充分湿润，在 105 ℃烘干。在调温电炉上预灰化，无烟后取下，移入高温炉中继续灰化，于 400 ℃保持 30 min，然后于 500 ℃保持 1.5 h。

（3）待测液的制备

冷却后取出，加 0.18 mol·L⁻¹ 硫酸溶液 10 mL，浸泡 1 h，用带橡皮头玻璃棒搅动使溶解，全部移入 50 mL 容量瓶中，用水定容、摇匀。用无灰细孔滤纸滤于塑料瓶中，备用。

（4）测定

于 10 个大试管中各加入 1 mL H 酸溶液、1 mL 水杨醛溶液，摇匀，加 3 mL pH 值 6.7 缓冲掩蔽剂，摇匀，其中 1 个试管加 5 mL 试剂空白溶液，其余 9 个试管各加入 5 mL 待测液，摇匀，其中 1 个试管加 5 mL 试剂空白溶液，其余 9 个试管各加入 5 mL 待测液，摇匀，溶液呈黄色，1 h 后在分光光度计上 430 mm 波长处测定显色液的吸收值。

（5）标准曲线的绘制

分别吸取 5 μg·mL^{-1} 硼（B）标准溶液 0 mL、1 mL、2 mL、4 mL、5 mL 于 50 mL 容量瓶中，加水定容、摇匀，即为 0 μg·mL^{-1}、0.1 μg·mL^{-1}、0.2 μg·mL^{-1}、0.3 μg·mL^{-1}、0.4 μg·mL^{-1}、0.5 μg·mL^{-1}、0.6 μg·mL^{-1} 硼（B）系列标准溶液。于 7 个大试管中，分别加 H 酸溶液 1 mL、水杨醛溶液 1 mL，摇匀，加 pH 值为 6.7 缓冲掩蔽液 3 mL，摇匀，分别吸取 5 mL 硼（B）系列标准溶液于上述各试管中，摇匀，溶液呈黄色色阶，各试管含硼分别 0 μg·mL^{-1}、0.05 μg·mL^{-1}、0.1 μg·mL^{-1}、0.15 μg·mL^{-1}、0.2 μg·mL^{-1}、0.25 μg·mL^{-1}、0.3 μg·mL^{-1}，用 0 μg·mL^{-1} 硼（B）标准溶液作参比，与测定待测显色液一样进行比色，绘制标准曲线。

27.8.4 结果计算

$$\omega(B) = \frac{c \times V \times t_s}{m} \qquad (27\text{-}6)$$

式中　$\omega(B)$——硼含量，mg·kg^{-1}；

　　　c——从标准曲线上查得硼的浓度，μg·mL^{-1}；

　　　t_s——分取倍数，待测液定容体积(mL)／吸取待测液体积，mL；

　　　m——烘干样品质量，g。

27.8.5 注意事项

【1】植物样品在灰化过程中，必须注意防止硼的污染和挥发损失，灰化用的高温电炉壁必须保持清洁，坩埚要加盖，灰化温度不宜超过 500 ℃，灰化的时间不宜过长。

【2】操作步骤（4）要一步紧接一步，不可拖延时间。

第六篇
主要分析器材简介

第 28 章

主要器材简介

28.1　pH 计

pH 计又称酸度计，是用来测定溶液 pH 的一种器材。酸度计是利用溶液的电化学性质，通过测定溶液中氢离子浓度来确定溶液酸碱度的一种传感器，广泛应用于工业、农业、科研、环保等领域。

28.1.1　原理

pH 是指溶液中氢离子的活度，pH 值则是氢离子浓度对数的负数。

pH 计以电位测定法来测量溶液的 pH 值，根据测量电极与参比电极组成的工作电池在溶液中测得的电位差，并利用待测溶液的 pH 值与工作电池的电势大小之间的线性关系，再通过电流计转换成 pH 单位数值来实现测定。因此，pH 计的工作方式，除了能测量溶液的 pH 值以外，还可以测量电池的电动势。

pH 计的主要测量部件是玻璃电极和参比电极（图 28-1），玻璃电极对 pH 敏感，而参比电极的电位稳定。将 pH 计的两个电极一起放入同一溶液中，就构成了一个原电池，

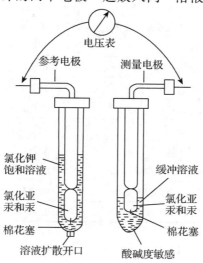

图 28-1　pH 计的构成原理

而这个原电池的电位,就是这玻璃电极和参比电极电位的代数和。

$$电池电位\ E = 参比电极电位\ E + 玻璃电极电位\ E$$

pH 计的参比电极电位稳定,那么在温度保持稳定的情况下,溶液和电极所组成的原电池的电位变化只与玻璃电极的电位有关,而玻璃电极的电位取决于待测溶液的 pH 值,因此,通过对电位变化的测量,就可以得出溶液的 pH 值。

28.1.2 操作步骤

(1)预热

接通电源,打开开关,预热 15 min。

(2)校准

第一次使用器材或更换新电极,必须进行校准。校准可采用一点、两点或三点校准法。

(3)温度补偿

用温度计测量待测溶液的温度值,然后调节器材面板上的【温度】旋转钮,使旋钮上的刻度线对准待测溶液的温度值。

(4)测量

将电极置入待测液中,轻轻晃动,待显示稳定(即数字不变并反复闪烁)后读出数值,测量完毕。

(5)关机

测量完毕,将电极冲洗干净,放入电极保护液中并关闭电源。

28.1.3 常见故障与维护

表 28-1 pH 计常见故障与维护

故障表现	诊 断	维 护
电源已接,开机无显示	电源开关或变压器坏	修理更换电源开关或变压器
	保险丝坏	更换保险丝
	器材内部有故障	检修器材
开机后显示乱跳	器材输入端开路	插上短路插头或接上电极
	选择开关接触不良	修理或更换开关
"定位"调节 pH 不到 6.86	标准溶液失效	重新配制标准溶液
	电极失效	更换电极
	"定位"电位器坏	更换电位器
	复合电极内溶液干涸	补充复合电极内溶液
	"斜率"电位器可能坏	更换"斜率"电位器

28.1.4 注意事项

【1】电极在测量前应用已知 pH 值的标准缓冲溶液进行校准,为取得更精确的结果,

缓冲溶液 pH 值愈接近被测值愈好。

【2】日常使用中，如果使用频率较高，建议每 7 d 校准一次。如果频率不高，建议使用前校准一次。

【3】取下电极保护帽后，塑料保护栅内的敏感玻璃泡不得与硬物接触，任何破损和擦毛都可能导致电极失效。

【4】测量完毕应及时将电极保护帽套上，帽内应注入少量补充液，以保持电极球泡的湿润。

【5】电极经长期使用后，如发现梯度略有降低，则可把电极下端浸泡在 4% 的 HF（氢氟酸）中 3~5 s，再用蒸馏水洗净，然后在盐酸中浸泡 24 h 左右，使之复新。

【6】被测溶液中如含有易污染敏感球泡或堵塞液接界的物质将导致电极钝化，表现为敏感梯度降低或读数不准。此时应根据污染物质特性，以适当溶液清洗，使之复新。

【7】避免接触强酸、强碱或其他腐蚀性溶液。如果测试此类溶液，应尽量减少浸入时间，用后仔细清洗干净。

【8】尽量避免在无水乙醇、重铬酸钾、浓硫酸等脱水性介质中使用，它们可能损坏球泡表面的水合凝胶层。

【9】不能长期浸泡于中性或碱性缓冲溶液中，这可能导致 pH 电极玻璃模响应迟钝。

28.2 电导率仪

电导率仪是测定溶液电导或电阻值以及进行电导滴定所采用的器材，在土壤分析中常用它测定土壤中可溶性盐分总量、地下水矿化度及进行土壤的电导滴定等。

28.2.1 原理

电导率仪由振荡器、放大器和指示器等部分组成，其工作原理如图 28-2 所示。

由欧姆定律可知：

$$E_m = \frac{ER_m}{(R_m + R_x)} = ER_m \div \left(R_m + \frac{K_{cell}}{K} \right)$$

K_{cell} 为电导池常数，当 E、R_m 和 K_{cell} 均为常数时，由电导率 K 的变化必将引起 E_m 作

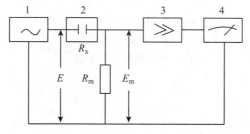

图 28-2　电导率仪工作原理

1. 振荡器　2. 电导池　3. 放大器　4. 指示器

E：振荡器产生的交流电压　R_x：电导池的等效电阻　R_m：分压电阻　E_m：R_m 上的交流分压

相应变化，所以测量 E_m 的大小，也就测得溶液电导率的数值。将 E_m 送至交流放大器放大，再经过讯号整流，以获得推动表头的直流讯号输出，表头直读电导率。

28.2.2　操作步骤

（1）预热
按下电源开关，预热 30 min。
（2）测量
① 调节【常数】补偿旋钮使显示值与电极上所标常数值一致。
② 调节【温度】补偿旋钮至待测溶液实际温度值。
③ 先用蒸馏水清洗电极，滤纸吸干，再用被测溶液清洗一次，把电极浸入被测溶液中，用玻璃棒搅拌溶液，使溶液均匀，读出溶液的电导率值。
（3）结束
用蒸馏水清洗电极；关机。

28.2.3　常见故障与维护

表 28-2　电导率仪常见故障及维护

故障表现	诊　断	维　护
电导率数值显示"0"	电导率电极信号线没有接入或接错	重点查线，现场中发生信号线未接入或接错的现象特别多
	管道阀门没打开或管道中没有超纯水	检查管道阀门是否打开，管中是否有水
	仪表自身出问题了	仪表自身问题极少再现
电导率数值波动幅度大	水质不好，仪表本是动态监测，所以属于正常	检查管道中水质是否正常
	有外部干扰信号干扰	确认水质正常后，再考虑是否为信号干扰，信号干扰的通常摘掉仪表后的三个接地端子（第 3 号、第 6 号、第 13 号端子）电导率输出信号即可稳定
	仪表自身问题	如果确认是仪表问题，可与供应商联系
电导率数值偏大或偏小	用非在线仪表同我们提供的在线仪表对比，存在测量方式不同、取样点不同、对比仪表没有温度补偿、对比仪表精度不够高的问题	对于不同厂家提供的手持简单仪表，建议只供参考，因为此类仪表不一定具备温度补偿功能，精度也不一定够高，如果确认仪表的测量值正确，则可通过仪表更改 K 系数来更改显示的数值，可与对比仪表数据保持一致，该设置需慎重
	接线错误	重点查线，检查是否一一对应正确接入
	设置的量程与输出不对应	检查仪表设置是否正确（参见"出厂设置表"）
	外部干扰问题	以上方法还不能解决，那么摘掉仪表后的第 3 号、第 6 号、第 13 号端子的接线
	仪表自身问题	如果确认是仪表问题，可与供应商联系

（续）

故障表现	诊 断	维 护
屏幕出现"OFLO"	信号线短路或接错	检查所有线路
	设置测量量程过低	检查量程设置
	水质确实很不好，超出测量范围	检查水质，仪表自身一般不会出现问题

28.2.4　注意事项

【1】测量低电导值的溶液时，请先在超纯水中清洗并浸泡2h以上。

【2】测量过程中，从甲溶液转到乙溶液时，先用蒸馏水清洗后，再用乙醇溶液清洗，不能用滤纸擦拭。

【3】在测量过程中，若显示屏首位为"1"（溢出），这表示被测溶液的电导率值超出量程范围，此时应将【RANGE】旋钮旋到高一挡进行测量，或者将样品稀释一定倍数进行测量。

【4】电极使用完毕后应该清洗干净，甩干后妥善保存（可浸泡在纯水中保存），避免碰撞损坏。

【5】防止电极的插头和引线潮湿，否则将会出现测量误差。

【6】电极长期使用时电极常数会发生变化，影响测量准确性，此时应重新标定电极常数。

28.3　定氮仪

28.3.1　原理

定氮仪是以国际凯氏定氮法为依据进行设计制造的，定氮仪主机采用蒸汽自动控制发生器，在液位稳压器的配合下，使蒸汽在数十秒时间内平稳输出供蒸馏器使用（图28-3）。第一执行机关控制下的碱液流经蒸馏管进入定量消化管，使固定在酸液里的氨在碱性条件下挥发；第二执行机关控制下的蒸汽对碱性条件的试样再进行蒸馏，使氨彻底挥发，挥发的氨被冷凝器冷凝下来，被完全地固定在硼酸之中，然后用标准酸对其滴定到终点，从而计算出氮的含量。

28.3.2　操作步骤

（1）开机

打开器材电源，等待器材自检直至屏幕出现"Select Function"方可开始操作。

（2）程序设置

按动【Set Up】键，检查器材参数。

（3）清洗预热

用装2/3管水的消化管，使用【Steam On】功能清洗蒸馏系统2～3 min。

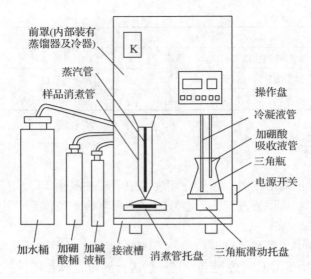

图 28-3 定氮仪结构

（4）空白样测定

装上消化样品空白管，选择【Result】为"blank"，分析消化空白。

（5）测定

① 输入样品重量。

② 将消化管放入器材。

③ 关闭安全门，当器材开始分析时，可输入下一个样品重量。

（6）记录

打印并记录下分析结果。

（7）清洗

运行清洗程序两次以上，用装 2/3 管水的消化管，使用【Steam On】功能清洗蒸馏系统 2~3 min。

（8）关机

关闭器材电源，将消化管移除，关机后擦拭反应室、安全门等处，冲洗滴洗盘，将滴定缸注满蒸馏水。

28.3.3 常见故障与维护

表 28-3 定氮仪的常见故障与维护

故障表现	诊　　断	维　　护
蒸馏器内不加水	检查蒸馏水桶内水位是否超过 1/3	不够补齐
	检查蒸馏水桶的位置，低于放置器材的台面	压力不够，加不上水
不能产生蒸汽	如果机器能正常加碱，不能加热出蒸汽，判定加热丝可能已烧坏	可拿万用表量一下加热丝正负极，不通可确定加热丝损坏，换新加热丝

（续）

故障表现	诊 断	维 护
顶部冒出类似烟的气体	检查冷却水进水的水龙头是否打开	冷却水关闭或者水量小都会导致消化管出来的蒸汽不能被冷凝，从机器里冒出来的水蒸气，类似烟
消化管发生倒吸	器材停止工作（蒸馏器停止加热），气阀未能及时关闭，会产生倒吸现象	可在白色管子上扎一些小孔

28.3.4 注意事项

【1】因器材在工作时需要加热蒸馏，需提供良好的通风和散热条件。

【2】装碱液桶、装硼酸液桶应定期清理沉淀物并清洗干净。

【3】器材的前部的槽皿中，如果积有液体，请擦洗干净。

【4】器材长期使用后，在蒸馏瓶中有水垢产生，它将影响加热的效率。若水垢太厚，可在关闭器材并拔掉电源线后，将蒸馏瓶上盖的一个旋塞拧下，在管口处插入一个小漏斗，倒入除垢剂或冰醋酸清洗水垢。清洗结束后，打开器材后面蒸馏瓶的排水节门将水排净，并用蒸馏水多次清洗。

28.4 分光光度计

28.4.1 原理

紫外分光光度计广泛应用于工农业各部门和科学研究的各个领域，其基本原理是依据朗伯—比尔定律，即光被透明介质吸收的比例与入射光的强度无关，光的吸收与吸收层厚度、溶液浓度、光吸收率成正比，可用下式表示：

$$A = k \cdot b \cdot c \tag{28-1}$$

式中　A——吸光度；

　　　k——摩尔吸光系数；

　　　b——光程，即盛放溶液液槽的透光厚度；

　　　c——溶液浓度。

当物质分子中的某些基团吸收了紫外可见辐射光后，会发生电子能级跃迁，从而产生吸收光谱。不同的分子、原子和分子空间结构组成了自然界中形态各异的物质。因此，物质吸收光能量的情况也不尽相同。依据物质吸收光谱曲线上特征波长的吸光度，即可判定或测定该物质的含量，从而对物质进行定量和定性分析。

28.4.2 操作步骤

（1）开机

连接稳压电源，稳定后打开计算机，等待计算机正常进入到桌面后，再打开器材主机电源。

（2）初始化检验

打开器材主机电源后，确定样品池内没有挡光物（干燥袋或比色皿等）。打开"Uvwin 5"紫外软件，等待器材进行初始化，每一项检查正确后进行测量。

（3）参数设置

选择【定量测量】功能，在【测量】参数设置中，设置波长为 700 nm，选择自动切换样品池；设置完成后单击"确定"，完成设置。

（4）数据测量

在【定量测量】界面标准样品表格中，分别输入标样的编号、浓度，点击开始，完成校正曲线的绘制；在未知样品表格中，输入样品编号等信息，开始测量；

（5）关机

取出样品池内的所有比色皿，关闭"Uvwin 5"紫外软件。退出紫外操作系统后，依次关掉器材主机、计算机，最后关闭稳压电源。

28.4.3 常见故障与维护

接通电源后，器材将进行初始化检验，在每项操作完成后，将显示状态正常或错误，并询问用户是否继续进行初始化操作，可根据下表进行常见故障诊断与维护：

表 28-4 分光光度计的常见故障及维护

故障表现	诊断	维护
接通电源器材无反应	电源接触线不良	接好电源线
	保险管熔断	换保险管
	电路故障	与厂家联系进行整体检查
内存检查初始化异常	内存程序故障	请与厂家联系
样品池原点初始化异常	样品池架驱动原点异常	取出障碍物
狭缝定位初始化异常	狭缝机构故障	拧紧连接机构
波长检查异常	样品室有挡光物	取出挡光物
	氘灯不亮	换氘灯或换氘灯保险管
噪声指标初始化异常	光源老化	更换电源
	样品室老化	对正样品室
	接收器老化	请与厂家联系
	前放板故障	请与厂家联系

28.4.4 注意事项

【1】器材应安装在固定且结实的台面上，勿使振动；保持环境清洁、干燥，勿接触腐蚀性气体。

【2】若主机与计算机未成功连接，可在主机设置界面将单机模式切换为联机模式。

【3】比色皿分为可见光系列（称玻璃比色皿），紫外可见光系列（称石英比色皿），红

外光系列(称红外石英比色皿)。此实验中,700 nm 为可见光系列。

【4】比色皿放置时需保持干燥清洁,要保证光路沿着比色皿的光滑面进入,而非毛玻璃面;操作过程中应避免因接触而污染光滑面,放入比色槽前应确保比色皿清洁干燥。

【5】器材应提前 0.5 h 预热,使用时间不得超过连续的 2 h。若需长时间使用,可每 2 h 间隔 0.5 h 后继续使用。

28.5　火焰光度计

28.5.1　原理

火焰光度计是以发射光谱为基本原理的一种器材,它利用火焰本身提供的热能,激发碱土金属中的部分原子,使这些原子吸收能量后跃迁至上一个能量级,这个被释放的能量具有特定的光谱特征,即一定的波长范围。例如,将食盐置于火焰中,火焰成黄色,就是因为钠原子在火焰中回落到正常能量级时所释放的能量的光谱是黄色的。人们常称之为焰色反应。不同碱金属在火焰中的颜色是不同的,配上不同的滤光片,就可以进行定性测试。而火焰的强度又与溶液中所含原子的浓度成正比,这就构成了定量测定的基础。这个方法称为火焰光度法,这类器材称为火焰光度计(图 28-4)。

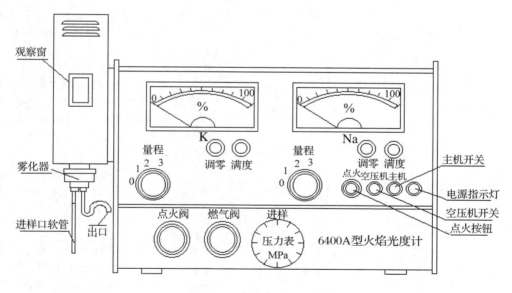

图 28-4　火焰光度计示意

28.5.2　操作步骤

(1)开机预热

① 打开空压机电源,转动空气过滤减压阀上的调节旋钮,使压力处于合适的状态。

② 打开器材面板上的电源开关,电源指示灯发光并将进样毛细管放入蒸馏水中。

③ 调节燃气旋钮 3 s 左右，立即松手，然后再压下，如此循环，直到点燃火焰。点火后，预热 25 min 进样。

（2）元素选择

在初始菜单中，当光标在钾或钠位置时，按下【确认】键，表示确定对元素的选择。

（3）生成标准曲线

根据相应的标准液浓度，输入标准数据，并用该标准液进样，待模拟量稳定后，按下【确认】键后，屏幕转到【标定】菜单，器材自动生成标准曲线。

（4）测试

在【标定】菜单中，选择【测试】，按【确认】键，就进入样品测试操作同时，用待测液进样选开始，待数据稳定后，从屏幕上读出待测液的浓度值。

（5）关机

测试完毕后，在燃烧状态下，用蒸馏水清洗 5 min，然后先关液化气钢瓶开关，再关主机电源及空气压缩机电源开关。

28.5.3 常见故障与维护

表 28-5 火焰光度计常见故障与维护

故障表现	诊断	维护
点火时，听到声音，没有火花	大多是放电回路故障	拆下玻璃防风罩，检查点火触头与燃烧头的距离，并清洗燃烧头，在不通燃气的情况下点火，看是否有电弧
可以闻到液化气味，无法点	考虑燃气调节是否合适	燃气调节阀有小至大顺时针旋转，一般在旋转 2~3 圈左右位置即可。燃气浓度过低或过高都可能导致打不着火。调节后如果还点不着，则须立即关闭进样阀及燃气阀，拆下燃烧池的玻璃防风罩，调整点火头与燃烧头的位置，即可排除此故障
闻不到液化气的味道，无法点火	无液化气送到燃烧头，需检查液化气气路	从液化气罐开始，一次检查减压阀、燃气阀、雾化器、燃烧头，常见燃烧头阻塞，需要进行清洗工作
器材其他一切正常，不进样	检查进样毛细管是否堵塞	疏通或更换
	雾化器是否存在故障	将雾化器拆下进行调节，通过调节喷气发射件和进样管的位置，可以观察进样时雾化效果。通过经验认为进样管应在喷气嘴底部偏上 1/3 处左右慢慢调节，后得到较好的雾化效果

28.5.4 注意事项

【1】燃气和助燃气必须是干燥的，纯净而没有污染的，不能在湿度很高、粉尘很多的环境中使用器材。

【2】器材与钢瓶周围不能摆放易燃易爆物品，试验环境必须通风良好。

【3】必须使用稳定的220 V电压电源，工作环境不能有功率较大、频繁启动的设备。

【4】操作过程中，燃烧室与烟筒罩都非常烫，不能用身体靠近或用手触摸，也不能从上往下观望。

【5】从废液杯中流出来的废液，要集中收集，适当处理，不可任意处置。

【6】保持雾化室、燃烧头的清洁。

【7】标准测试液的配制要精确。

【8】样品中不能含有颗粒物。操作中要时刻注意液面高度，使毛细管只吸上层溶液。

【9】由于火焰温度不是很高，使被测原子释放的能量有限。同时，在燃烧过程中，有自吸、自浊现象存在，所以只有在低浓度范围中的测试结果才是线性的。

28.6 氮磷钾连续流动分析仪

28.6.1 原理

采用空气片段连续流动分析技术，将样品和试剂在各自连续流动的系统中均匀混合，每个样品被均匀的气泡分割，以降低液体的扩散度及样品之间的交叉污染。标准溶液和样品通过进样器被蠕动泵吸入并分成4个流路流入各自分析系统，同时泵还连续不断地输送各个分析法所需的试剂，并吸入空气将流体分割成片段，在同样条件下（时间、流动速度、反应温度、清洗比等），每个片段在混合圈中充分混合（由火焰光度计测定钾）或发生反应生成有色化合物，通过检测器检测，最后将信号输入电脑，通过软件（AACE）处理数据并生成结果报告单，以实现吸入1个样品最多同时测定4种养分元素。图28-5为氮磷钾连续流动分析仪。

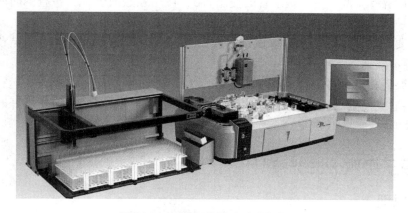

图28-5 氮磷钾连续流动分析仪

28.6.2 操作步骤

（1）进样

将标准溶液和待测液分别倒入3 mL样杯中，放入连续流动分析系统的自动取样器上，经蠕动泵将样液和试剂分别泵入反应仓。

（2）测试

样品注入流动比色槽，进行比色，经计算机处理后打印出所测元素含量。

28.6.3　常见故障及维护

表 28-6　氮磷钾连续流动分析仪常见故障与维护

故障表现	诊　断	维　护
管路中有负压	活性剂不足	添加活性剂
	废液管太长，或伸入废液液面下	缩短废液管
	管路堵塞，有沉淀	疏通沉淀堵塞
	取样针、试剂管路、接头之间内径差异大	调整匹配取样针、试剂管路、接头的内径
显色不灵敏	试剂纯度不高或者放置过久	重新配制试剂
	显色条件如温度、时间、pH 等不标准	调整达到最优显色条件
	硬件部分如检测器、离子交换柱出现问题	检测更换问题硬件

28.6.4　注意事项

【1】运行过程中不要移动色皿的盖子，以免偏移的光线影响测量。

【2】检查试剂和水的供应是否充足。

【3】包含片段流的废液管（比如从流通池和透析器流出的废液）应尽可能短，否则系统压力会产生变化。

【4】一般操作 200 h 后检查泵管的使用状况（使用强酸或强碱，检查的时间应更短一些），检查是否该更换新的泵管。

【5】不要在泵快速运行时读取试剂吸收的值，因为降低的残留时间会导致反应不完全，此结果不准确。

【6】当泵管内有强酸或强碱（2 mol · L^{-1}以上）时，不要使用快速方式运行。当方法中使用了强酸或强碱，应使用正常速度用水润洗，这样可以消除连接处松开时可能喷出的腐蚀性液体。

28.7　原子吸收分光光度计

28.7.1　原理

原子吸收光谱分析是基于从光源中辐射出的待测元素的特征光波通过样品的原子蒸汽时，被蒸汽中待测元素的基态原子所吸收，使通过的光波强度减弱，根据光波强度减弱的程度，可以求出样品中待测元素的含量。图 28-6 为原子吸收光谱仪结构示意。

利用锐线光源在低浓度的条件下，基态原子蒸汽对共振线的吸收符合朗伯-比尔定律，即

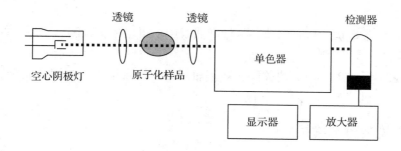

图 28-6 原子吸收光谱仪结构示意

$$A = K \cdot N \cdot L \tag{28-2}$$

式中 A——为吸光度；

K——为吸光系数；

L——为原子蒸汽的厚度；

N——为待测元素吸收辐射的原子总数。

当试样原子化，火焰的绝对温度低于 3000 K 时，可以认为原子蒸汽中基态原子的数目实际上接近原子总数。在固定的实验条件下，原子总数与试样浓度 c 的比例是恒定的，则等式(28-2)可记为：

$$A = K'c \tag{28-2}$$

式(28-3)就是原子吸收分光光度法定量分析的基本关系式。常用标准曲线法、标准加入法进行定量分析。

28.7.2 操作步骤

（1）开机

打开抽风机，打开电脑以及原子吸收分光光度计电源开关。

（2）分析方法设计

进入软件→点【文件】→选择【新建】→选择【分析方法】（火焰法、石墨法、氢化物法等）→分析任务选择（Cu、Pb、Ca 等）→填写数据表（批数、个数、测量次数、稀释倍数）→展开→完成→器材控制→点击【自动波长】→精调→完成→检测（准备两杯水，一杯调"零"，另一杯洗样管）。

（3）预热

将元素灯预热 30 min。

（4）调整设置

打开空压机，将压力调到 0.3 MPa；打开乙炔钢瓶阀，将出气阀压力调到 0.05~0.06 MPa 之间；调整燃烧器高度，对好光路。

（5）点火

旋开器材上的乙炔伐，按点火开关，点火，调节火焰大小，开始检测。

（6）建立标准曲线

标准空白（纯水）读数 5 次，取平均值；标液 1~标液 4 各读数 5 次，取平均值。

（7）样品测定

未知样品读数 5 次，取平均值，从标准曲线中求得结果；检测完毕后，保存数据。

（8）关机

点火吸去离子水 10 min，再关闭乙炔钢瓶阀门，使管道中气体燃烧完全后再关闭器材、电脑及空压机。

28.7.3　常见故障与维护

表 28-7　原子吸收光谱仪常见故障与维护

故障表现	诊　　断	维　护
气路阻塞不通	关闭乙炔等易燃气体的总阀门，打开空气压缩机，检查空气压缩机是否有气体排出	没有气体排出则应找专业人员维修空气压缩机；有气体排出则逐段检查通气管道
空心阴极灯点不亮	灯电源故障或未接通	分别检查灯电源、连线及相关接插件
空心阴极灯辉光颜色不正常	灯内惰性气体不纯	工作电流下反向通电处理
波长偏差增大	准直镜左右产生位移或光栅起始位置发生了改变	利用空心阴极灯进行校准波长
电气回零不好	阴极灯老化	更换新灯
	废液不畅通	及时排除雾化室内积水
	燃气不稳定，测定条件改变	调节燃气
	毛细管太长	剪去多余毛细管

28.7.4　注意事项

【1】保持实验室的环境卫生，做到定期打扫实验室，避免器材镜面被尘土覆盖影响光的透过，降低能量。试验后要将试验用品收拾干净，将酸性物品远离器材并保持器材室内湿度，以免酸气将光学器件腐蚀，导发霉。

【2】原子吸收主机在长时间不使用的情况下，保证每一至两周将器材打开并联机预热 1~2 h。以延长使用寿命。元素灯长时间不使用，将会因为漏气、零部件放气等原因不能使用，甚至不能点燃。所以应将不常使用的元素灯每隔 3~4 个月点燃 2~3 h，以延长使用寿命，保障元素灯的性能。

【3】定期检查气路，每次换乙炔气瓶后一定要全面试漏。用肥皂水等在所有接口处试漏，观察是否有气泡产生，判断其是否漏气。

【4】器材室内湿度高时，空压机极易积水，严重影响测量的稳定性，应经常放水，避免水进入气路管道。标配的空压机上都有放水按钮，在有压力的情况下按此按钮即可将积水排除。

【5】在燃烧器和喷雾器安装进入燃烧室前，不要点燃火焰。水充满排水容器前，也不要点燃火焰。

【6】燃烧时请不要移动雾化器、排水管以及燃烧器。

【7】燃烧器和氖灯红热时，请不要触摸。

【8】火焰熄灭的 20 min 之内不要直接用手触摸火焰防护装置；不要在火焰上放任何物质；除了分析，请不要将火焰挪作他用。

【9】不要将电源电缆插入不提供接地的终端上的插口。不要随意丢弃空心阴极灯，个别阴极金属可能有毒或容易燃烧。

28.8　压力膜仪

28.8.1　原理

多年以来一直使用吸力方法将水分从土壤中提取出来，在这种方法中，多孔陶瓷壁将用作连接环，同时它还可以维持土壤中液相水和陶瓷壁反面低压水之间的压力差。压力膜和压力膜仪将对此吸入过程进行改良，此时液相水在正压力的作用下通过多孔陶瓷或薄膜。水分将在相同的反向压力作用下达到平衡状态。因此，可以根据反向压力来表述水分含量值。

在提取其内部的任何给定压力值条件下，每个土壤颗粒中的湿气将沿着陶瓷板上的微细孔向外流动，直到土壤颗粒上水膜的有效曲率半径等于压力膜微细孔上水膜的有效曲率半径。当出现这种情况时，说明已经达到了平衡状态，此时水分流动将会减少。当提取其中的气压值继续增加时，土壤样品中的水分流动又将再次开始，直到达到新的平衡状态。

在平衡状态下，提取其中的气压值（正压力）和土壤吸力（负压力）值是完全相等的，但是方向相反。另外，学可以通过提取器中的压力值来确定土壤样品的含水重量或含水体积。

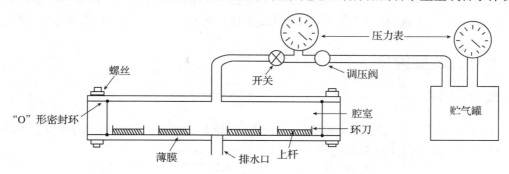

图 28-7　压力膜仪结构示意

28.8.2　操作步骤

（1）工作准备

① 把大量的水放在压力板表面上，并持续数个小时，以使得压板彻底润湿。为了填补每个压板上的微细孔，大约需要 150mL 的水。

② 提取其中安装一个或多个湿润的陶瓷板，并连接好外流管配件。小心地向每个压力板的表面上添加水，直到水面完全覆盖了丁基橡皮套偶读外部边缘。

③ 关闭提取器，并使压力增加至 15 bar。

（2）加入样品

向提取器中加入土壤样品。

（3）连接滴管

将每个外流管连接在滴管尖部上。

（4）增加压力

慢慢地增加提取器中的压力，直到达到平衡值。

（5）取出样品

如果外流滴管上的读数长时间不发生变化，则说明水流已经停止，并且达到了平衡状态，此时就可以将土壤样品从提取器中取出来。大多数土壤样品将在 18～20 h 之内达到水压平衡状态。

28.8.3　注意事项

【1】当需要在提取器中摆放两个或多个压力板时，需使用直角外流管转接器。

【2】在确定 1/10 bar 和 1/3 bar 压力条件下土壤的水分百分比时，切勿使用 15 bar 的压力板。

【3】确保"O"形环安装到位，固定好提取器盖，然后向下拧紧提取器中的紧固螺钉。

【4】小心操作提取器，以保护"O"形环密封区域免受损伤。使"O"形环不要黏上土壤颗粒，并固定在压力容器壁内部。

【5】为了获得精确而一致的研究结论，必须对土壤样品进行妥善处理。请参考美国农业部的第 60 号手册——《盐性土壤和碱性土壤的分析和改善》。此手册详细说明了在 1/10 bar、1/3 bar 和 15 bar 压力条件下，如何确定土壤中的水分百分比率和绘制保水性曲线。

28.9　时域反射仪

28.9.1　原理

时域反射计 TDR 是最常用的测量传输线特征阻抗的器材，它是利用时域反射的原理进行特性阻抗的测量（图 28-8）。

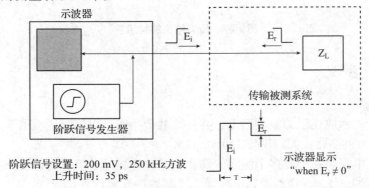

图 28-8　传统 TDR 工作原理

TDR 包括 3 部分组成：

（1）快沿信号发生器

典型的发射信号的特征是：幅度 200 mV，上升时间 35 ps，频率 250 kHz 方波。

（2）采样示波器

通用的采样示波器。

（3）探头系统

连接被测件和 TDR 器材。

TDR 示波器采集每一点的反射电压（如果因为阻抗匹配而无反射，则假设反射的电压为 0 V），示波器屏幕上显示了一条 TDR 曲线，这个曲线与传输线的每一点有存在对应关系。从这个曲线上可以读出传输线上每一点的特征阻抗。如果知道有效介电常数，则可以计算出/读出每一点距离测试点的具体长度。

所以 TDR 器材不仅可以用来测量传输线的特征阻抗，还可以帮助定位断点或短路点的具体位置，例如有些工程师就用 TDR 来检验计算机、消费电子设备上的软排线是否有断点或短路点。计算机和消费电子设备用了很多的软排线来传输高速信号（比如连接显示屏的软排线），这种软排线的每根线都是一个小同轴电缆，由于电缆很细，生产时容易出现断路或短路，用 TDR 器材可以帮助检查和定位问题。

28.8.2　操作步骤

（1）基本设定

TDR 恢复原始状态，选定量测方法，设定"Time Base"，取样点数，将波形连成一线。

（2）校正

① 进行器材内部校正　每次开机前必须先进行内部校准，在进行器材的其他操作。

② 器材外内部校正　设定参数并检查校正值是否正常。

（3）量测

带上静电环，设定相应量测模式，设定"Time Base Position"及"Time Base Scale"。

28.9.3　常见故障与维护

表 28-8　时域反射仪常见故障及维护

故障表现	诊断	维护
检测时间很长且显示较短轨迹曲线	设置测试距离太长	根据器材自动测试模式重新设置合理的长度范围，或者按照光纤的实际长度进行测试
测试失败	设置的测量距离太过短小	将测试距离改为大于光纤的实际长度，或者直接按光纤的实际长度进行测试
产生很大噪音	脉宽太小以及扫描的时间太短	适当增加脉宽的量程并且将器材的平滑功能设置为"高"

28.9.4 注意事项

【1】请勿使用规定范围以外的电压，户外工作最好使用纯正弦波直流电输入，尽量避免便用发电机。

【2】注意不可使水等液体或金属物质进入机器内部，一旦机器内部进入了水或金属物质时，请将电池或电源插头拔下，同时与技术支持中心联系。

【3】请勿拆分、改装机器。

【4】机器有异常声音、气体、气味等现象发生时，请马上拔下电池或电源。

【5】平时注意仪表内存的存储情况，不能存储太满，应及时清理，部分仪表是外置时钟电池，需注意其容量并及时更换。

【6】长时间不使用机器时，请将电池取出，每月一次电池维护（完整的充放电过程）。

【7】每次使用完毕和使用前都应注意光连接口和跳线连接头端的清洁。

【8】使用中尽量避免"撞光"。

【9】每次使用完后需清洁仪表外壳并放入收容箱包中。

【10】长时间不使用需将器材放在干燥通风的库房中，并置于陈列架的中上层。

28.10　电感耦合等离子体(ICP)

28.10.1　原理

等离子体(Plasma)一词最早由 Langmuir 在 1929 年提出，目前一般指电离度超过 0.1% 被电离了的气体。这种气体不仅含有中性原子和分子，而且含有大量的电子和离子，且电子和正离子的浓度处于平衡状态，从整体来看是处于中性的。从广义上讲，就像火焰和电弧的高温部分，火花放电、太阳和恒星表面的电离层等都是等离子体。

等离子体可以按温度分为高温等离子体和低温等离子体两大类。当温度为 106～108 K 时，所有气体的原子和分子完全离解和电离，称为高温等离子体；当温度低于 105 K 时，气体部分电离，称为低温等离子体。

在实际应用中又把低温等离子体分为热等离子体和冷等离子体。当气体压力在 $1.013 \times 10^5 \, \text{Pa}$（相当1个大气压）左右，粒子密度较大，电子浓度高，平均自由程小，电子和重粒子之间碰撞频繁，电子从电场获得动能很快传递给重粒子，这样各种粒子（电子、正离子、原子、分子）的热运动能趋于相近，整个气体接进或达到热力学平衡状态，此时气体温度和电子温度基本相等，温度约为数千到数万摄氏度，这种等离子体称为热等离子体。例如直流等离子体喷焰(DCP)和电感耦合等离子体炬(ICP)等都是热等离子体，如果放电气体压力较底，电子浓度较小，则电子和重粒子碰撞机会就少，电子从电场获得的动能不易与重粒子产生交换，它们之间动能相差较大电子平均动能可达几十电子伏，而气体温度较低，这样的等离子体处于非热力学平衡体系，叫做冷等离子体，例如格里姆辉光放电、空心阴极灯放电等。

在光谱分析中所谓的等离子体光源，通常指外观上类似火焰的一类放电光源。目前最常用的有三类：即电感耦合等离子体炬(ICP)(图 28-9)、直流等离子体喷焰(DCP)和微波感生等离子体炬(MIP)。对于 MIP 来说，虽然允许微量进样，耗气量小，功率低、易测定非金属，但对多数金属检测限差、元素间干扰严重、需要氦气，因此主要用于色谱分析的检测器。

　　ICP 和 DCP 这两类等离子体光源具有较好的分析性能，均已应用于原子发射光谱仪。

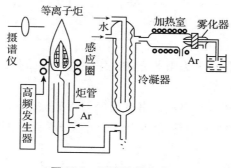

图 28-9　ICP 结构示意

28.10.2　操作步骤

　　(1)开机点火

　　① 打开 PC 显示器、打印机及 PC 主机。

　　② 打开 ICP-MS 点源开关(若器材处于"Stand by"状态，则不用开 ICP-MS 电源)。

　　③ 双击桌面上的【ICP-MS Top】图标进入工作站。

　　④ 点击【ICP-MS Top】画面的【Instrument】菜单下的【ICP-MS Instrument control】图标进入器材控制画面。

　　⑤ 若器材处于"Shut down"状态，则【ICP-MS Instrument Control】标题栏会显示"Shut down"，即器材处于关机状态。此时，点击器材控制画面中【Vacuum】下拉菜单中的【Vacuum On】进行抽真空程序，器材会由"Shut down"向"Stand by"转换。该过程中可以点击【Meters】图标，勾选真空的显示选项进行压力监测(最多选 5 项)。该转换过程时间较长，30~60 min。

　　⑥ 若器材处于"Stand by"状态，则【ICP-MS Instrument Control】标题栏会有"Stand by"，即器材处于待机状态。

　　⑦ 检查并确认蠕动泵的样品管、内标管及排液管连接方向正确且无变形、无黏连；检查两个废液罐液位并及时倒掉。

　　⑧ 检查并打开氩气，同时把压力调至 0.7 MPa；检查并打开冷却水循环机及排风机。

　　⑨ 器材处于"Stand by"状态后，冲洗雾化室【Maintance】菜单下【Purge】2~3 min，使得雾化室废液管内均匀的出现一段水柱和一段气。

　　⑩ 点击【ICP-MS Instrument Control】中【Plasma】下拉菜单的【Plasma on】选项进行点

火，器材由"Stand by"向"Analysis"转换。注：可以点击"Meters"图标，勾选气体、功率、雾化器温度的显示选项进行监测。

（2）调谐及样品测定

① 点击【Tune】菜单，选择【Resolution/Axis】，进行峰形质量轴调谐，直至【Mass Resolution】（at 10%）在 $0.65 \sim 0.8$ amu 之间。

② P/A Factor 调谐。将样品管插入 $50 \sim 100 \mu g \cdot kg^{-1}$ 与待测元素质量数接近的元素溶液中，使其响应值大于 40×10^5 CPI，点击【Tune】菜单，选择【P/A Factor】，进行 P/A factor 调谐，所得的 P/A factor 值应介于 $0.07 \sim 0.15$。每次样品测定前必须进行 P/A factor调谐。

③ 上述调谐完成后，根据编辑的方法或序列进行样品测定。

（3）关机

① 测定完样品后，将样品管浸入淋洗液（5% 稀硝酸溶液）中清洗 5 min。

② 将样品管浸入超纯水中清洗几分钟，直至样品管中所有的稀硝酸溶液被冲洗干净。

③ 从【ICP-MS Top】界面中依次选择【Instrument】→【Plasma】→【Plasma off】。

④ 松开蠕动泵上的卡子及管线。

⑤ 待"Analysis"转化"Stand by"模式后，关闭冷却水循环机、排风扇及总气源阀门。

⑥ 退出工作站关闭工作站及显示器。

⑦ 若长时间不用该机器，则点击【Vacuum】菜单，选择【Vacuum off】进行放真空程序，器材由"Stand by"转换为"Shut down"。

28.10.3 常见故障与维护

表 28-9 ICP 常见故障及维护

故障表现	诊 断	维 护
喷嘴堵塞	沉积物堵塞	热酸浸泡处理，常用王水
	油脂堵塞	有机物浸泡处理，常用甲醇、丙酮
	颗粒物堵塞	反吹气体、轻轻反撞、毛发反通
矩管故障	位置不对	根据设备型号要求，调整矩管位置
	冷却气问题	检修气体控制阀
ICP 不能点火	大多是配套设备、计算机和电气方面问题	检查并调整配套设备、计算机以及电气
设备假死	电子元件老化、接触不良	关闭所有电源，拆开主机外壳将电路板清理干净，通电 1h 后重启

28.10.4 注意事项

【1】定期检查真空泵机械泵的油位及颜色，添加或更换油（1~2 月观察一次，半年

更换)，定期打开机械泵的振气阀使油气过滤器中的泵油流回泵中。

【2】冷却水泵循环水应定期更换，一般每半年更换一次。

【3】灵敏度降低时需清洗雾化室、雾化器、炬管、双锥。需戴无粉手套拆卸，玻璃制品可在5%硝酸中浸泡过夜，禁止超声清洗。塑料、金属零件可超声清洗。如果样品比较脏，每周清洗一次。

【4】透镜一般半年清洗一次。透镜由4片金属片和绝缘片组成，用专用砂纸打磨，然后去离子水超声5 min，冲洗，晾干。

28.11　TOC 分析仪

28.11.1　原理

总有机碳(TOC)由专门的器材——总有机碳分析仪(简称 TOC 分析仪)来测定。TOC 分析仪是将水溶液中的总有机碳氧化为二氧化碳，然后测定其含量。利用二氧化碳与总有机碳之间碳含量的对应关系，从而对水溶液中总有机碳进行定量测定。

器材按工作原理不同，可分为燃烧氧化—非分散红外吸收法、电导法、气相色谱法等。其中燃烧氧化—非分散红外吸收法只需一次性转化，流程简单、重现性好、灵敏度高，因此这种 TOC 分析仪广为国内外所采用。

TOC 分析仪主要由以下几个部分构成：进样口、无机碳反应器、有机碳氧化反应(或是总碳氧化反应器)、气液分离器、非分光红外 CO_2 分析器、数据处理部分(图 28-10)。

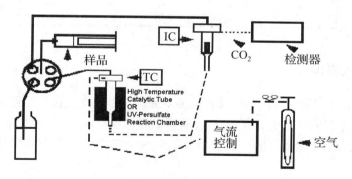

图 28-10　TOC 分析仪结构示意

28.11.2　操作步骤

(1)试剂准备

① 邻苯二甲酸氢钾($KHC_8H_4O_4$)：基准试剂。

② 无水碳酸钠(Na_2CO_3)：基准试剂。

③ 碳酸氢钠($NaHCO_3$)：基准试剂。

④ 无二氧化碳的蒸馏水(H_2O)。

（2）标准贮备液的制备

① 有机碳标准贮备液：称取干燥后的适量 $KHC_8H_4O_4$，用水稀释，一般贮备液的浓度为 $400\ mg \cdot L^{-1}$ 碳。

② 无机碳标准贮备液：称取干燥后适量比例的碳酸钠和碳酸氢钠，用水稀释，一般贮备液的浓度为 $400\ mg \cdot L^{-1}$ 无机碳。

（3）标准溶液的配制

有机碳、无机碳的标准溶液从各自的贮备液中按要求稀释配制。

（4）校准曲线的绘制

由标准溶液逐级稀释成不同浓度的有机碳、无机碳标准系列溶液，分别注入燃烧管和反应管，测量记录仪上的吸收峰高，与对应的浓度作图，绘制校准曲线。

（5）水样测定

取适量水样注入 TOC 器材进行测定，所得峰高从标准曲线上可读出相应的浓度，或由器材自动计算出结果。

28. 11. 3　常见故障与维护

表 28-10　TOC 分析仪常见故障与维护

故障表现	诊断	维护
主机温度显示出现"Er2"标识	温度以及湿度没有达到开机标准	提高室内温度，大约 40min 后重新开机
开始工作后不出现运行的 3 个步骤框	初始参数设置不正确	重新设置参数

28. 11. 4　注意事项

【1】整个系统必须用去离子水（$TOC < 0.5\ mg \cdot L^{-1}$）清洗直至到无 TOC。

【2】推荐工作范围：最大 500 mg 样品称重或最大 100 mg C 的绝对量。

【3】分析刺激性化学品，酸、碱性溶液，溶剂，爆炸物或能组成爆炸物的材料清楚表明被禁止的。

28. 12　元素分析仪

28. 12. 1　原理

待测样品在高温条件下，经氧气的氧化与复合催化剂的共同作用，使待测样品发生氧化燃烧与还原反应，被测样品组分转化为气态物质（CO_2、H_2O、N_2 与 SO_2），并在载气的推动下，进入分离检测单元。

分离单元采用色谱法原理，利用气相色谱柱，将被测样品的混合组分 CO_2、H_2O、N_2 与 SO_2 载入到色谱柱中。由于这些组分在色谱柱中流出的时间不同（即不同的保留时间），从而使混合组分按照 N、C、H、S 的顺序被分离，被分离出的单组分气体，通过热导检测器分析测定，由于不同组分的气体在热导检测器中的导热系数不同，从而使器材针对不同组分产生出不同的读取数值，并通过与标准样品比对分析达到定量分析的目的。图 28-11 为元素分析仪结构示意。

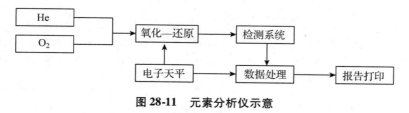

图 28-11 元素分析仪示意

28.12.2 操作步骤

（1）调压

打开氩气和氧气钢瓶减压阀，调节气体压力为 0.2 ~ 0.4 MPa；

（2）开机初始化

依次打开器材电源和计算机电源，双击电脑显示器上工作站图标，进入器材和工作站的联机过程，再输入用户姓名和密码并确认后，工作站进入初始化状态。

（3）下载方法

工作站初始化结束后自动弹出工作界面，单击工作站上【Load Method】选项，选择合适的方法后单击【OK】确认，器材自动下载方法，然后等待器材所有状态都达到"OK"时，器材进入待测状态。

（4）信息输入

单击器材上的【Start Measurement】键，自动弹出样品信息对话框，将样品信息输入后，按【Start】键进入测定界面。

（5）进样

单击测定界面上的【Start F2】键，自动弹出进样提示信息框，用注射器取适量样品进到器材中，然后单击【OK】键，器材开始分析检测。

（6）记录

分析结束后，弹出测量结果界面，记录下分析结果，然后单击工作站上【退出】图标，返回到工作站上主界面。

（7）关机

单击工作站上【Exit】选项，然后选择【Multiwn】退出软件，关闭电脑后关闭器材电源，再关闭氩气和氧气钢瓶减压阀。

28.12.3 常见故障与维护

表 28-11 元素分析仪常见故障与维护

故障表现	诊断	维护
玻璃管破裂	石英管与分析样发生反应	在使用过程中添加一些高温催化氧化剂如钨酸银一氧化镁、三氧化钨、五氧化二汞多种氧化剂混合后覆盖，防止副反应发生
N 峰值异常	器材系统泄漏或球阀样品吹扫不足	增加吹扫榴莲，捡漏或更换纯度符合要求的氧气
加样时 N 值增加	还原铜失效	更换还原铜
C 峰值异常	C 空白值过高	检查锡舟或者样品制备用具是否洁净或增加加氧量
	C 测定值不稳定	检查灰分管，更换管内的铝棉和清除灰分

28.12.4 注意事项

【1】器材用气量大，计算好换气时间。

【2】样品表修改或做样结束后，注意保存数据。

【3】模式切换、重填反应管或长时间停机再开机时，仍需进行检漏操作。

【4】充填反应管时，应佩戴口罩、手套，避免吸入石英棉。注意反应管接口处理，有双橡胶密封圈的位置及进样杆和螺帽位置需要涂抹硅脂。石英管填充完成后用酒精擦洗外壁，避免产生指纹蚀刻。取反应管时不要拿接头位置，防止脱手。

【5】取下及安装快速接头时，注意检查垫圈的位置。

【6】拉出炉子前注意检查进样杆位置，去掉上下铜管路及下面的石英桥。

参考文献

吴才武，夏建新，段峥嵘 . 2015. 土壤有机质测定方法述评与展望[J]. 土壤，47(3)：453 – 460.

鲍士旦 . 1999. 土壤农化分析[M] . 3 版 . 北京：中国农业出版社 .

郑必昭 . 2012. 土壤分析技术指南[M] . 北京：中国农业出版社 .

全国农业技术推广服务中心 . 2006. 土壤分析技术规范[M] . 2 版 . 北京：中国农业出版社 .

刘世全，蒲玉琳，张世熔，等 . 2004. 西藏土壤阳离子交换量的空间变化和影响因素研究[J]. 水土保持学报，18(5)：1 – 5.

王文艳，张丽萍，刘俏 . 2012. 黄土高原小流域土壤阳离子交换量分布特征及影响因子[J]. 水土保持学报，26(5)：1 – 5.

姜林，耿增超，李珊珊，等 . 2012. 祁连山西水林区土壤阳离子交换量及盐基离子的剖面分布[J]. 生态学报，32(11)：1 – 9.

范庆锋，虞娜，张玉玲，等 . 2014. 设施蔬菜栽培对土壤阳离子交换性能的影响[J]. 土壤学报，51(5)：1 – 5.

祖艳群，昝先能，郭春辉，等 . 2004. 呈贡县蔬菜土壤有机质、阳离子交换量及分布特征研究[J]. 云南环境科学，23（增刊）：15 – 18.

程先富，朱华，郝李霞，等 . 2008. 丘陵山区土壤阳离子交换量 CEC 的空间分布预测[J]. 应用与环境生物学报，14(4)：484 – 487.

褚龙，贺斌 . 2009. 土壤阳离子交换量的测定方法[J]. 黑龙江环境通报，33(1)：1 – 3.

张彦雄，李丹，张佐玉，等 . 2010. 两种土壤阳离子交换量测定方法的比较[J]. 贵州林业科技，38(2)：1 – 4.

马海娟，陈立新 . 2008. 红松人工林土壤阳离子交换量空间分布及其组成演变[J]. 中国水土保持科学，6(5)：71 – 76.

冯献芳，汪曼洁，王晓燕，等 . 2013. 土壤阳离子交换量两种分析方法的比较[J]. 广东化工，40(3)：1 – 3.

周圆，卞世闻，张宇 . 2015. 凯氏定氮仪测定土壤阳离子交换量的方法改进[J]. 环境科学导刊，34(6)：1 – 3.

徐明岗，张建新，张航，等 . 1991. 黑垆土、黄褐土等土壤阳离子交换量影响因素的研究[J]. 土壤通报，22(3)：108 – 110.

魏孝荣，邵明安 . 2009. 黄土高原小流域土壤 pH 值、阳离子交换量和有机质分布特征[J]. 应用生态学报，20(1)：1 – 6.

鲁如坤 . 1999. 土壤农业化学分析方法[M] . 北京：中国农业科学技术出版社 .

正仿，肖波，郑育锁，等.2008. 土壤全氮分析方法探讨[J]. 天津农林科技，(5)：9－11.

郑国宏，白英.2011. 土壤有效硫测定方法的探讨[J]. 中国土壤与肥料，(6)：87－89.

雷付州，章望平，段敏，等.1992. 土壤碳酸钙测定方法探讨[J]. 陕西农业科学，(4)：23－24.

喻华，冯艳红，杨剑虹.2007. 土壤微量元素有效含量的提取测定方法比较研究[J]. 西南大学学报(自然科学版)，29(9)：125－128.

李刚，高明远，诸堃.2010. 微波消解——电感耦合等离子体质谱法测定植物样品中微量元素[J]. 岩矿测试，29(1)：17－22.

刘光崧.1996. 土壤理化分析与剖面描述[M]. 北京：中国标准出版社.

刘崇群.1981. 土壤硫素和硫肥施用问题[J]. 土壤学进展，4：11－18.

南京农业大学.1986. 土壤农业分析[M]. 2版. 北京：农业出版社.

沃尔什，比坦.1982. 土壤测定与植物分析[M]. 周鸣铮，译. 北京：农业出版社.

蒂斯代尔，纳尔逊.1984. 土壤肥力与肥料[M]. 孙秀廷，曹志洪，等译. 北京：科学出版社.

徐根娣，顾志敏.2013. 大气氯污染模拟装置与植物氯含量测定方法改进[J]. 实验技术与管理，30(12)：48－57.

喻华，冯艳红，杨剑虹.2007. 土壤微量元素有效含量的提取测定方法比较研究[J]. 西南大学学报，29(9)：125－128.

邹邦基.1990. 土壤微量元素测试及其应用[J]. 应用生态学报，1(2)：185－192.

张正仁，宋长铣.1991. 微量元素在植物生命活动中的作用[J]. 南京大学学报，27(3)：530－539.

邵文山，李国旗.2016. 土壤酶功能及测定方法研究进展[J]. 北方园艺，(9)：188－193.

林娜，刘勇，李国雷，等.2000. 森林土壤酶研究进展[J]. 世界林业研究所，23(4)：21－25.

刘善江，夏雪，陈桂梅，等.2011. 土壤酶的研究进展[J]. 中国农学通报，27(21)：1－7.

马亮，何继武，刘锋，等.2011. 土壤盐分离子对浸提液电导率的敏感性分析建模[J]. 干旱地区农业研究，9(6)：143－148.

来璐，郝明德，彭令发.2003. 土壤磷素研究进展[J]. 水土保持研究，10(1)：65－67.

吴乐知，蔡祖聪.2006. 中国土壤有机质含量变异性与空间尺度的关系[J]. 地球科学进展，21(9)：965－972.

王艳丽.2016. 环刀法测定土壤田间持水量实验结果分析[J]. 地下水，38(2)：55－57.

刘洋.2016. 浅议土壤样品的采集与检测方法[J]. 安徽农学通报，22(12)：72－73.

黄昌勇 . 2000. 土壤学[M]. 北京：中国农业出版社 .

关连珠 . 2006. 土壤学[M]. 北京：中国农业大学出版社 .

张恬 . 2011. 土壤·水·植物理化分析教程[M]. 北京：中国林业出版社 .

吕贻忠，李保国 . 2006. 土壤学[M]. 北京：中国农业出版社 .

潘建君 . 2004. 土壤资源调查与评价[M]. 北京：中国农业出版社 .

刘黎明 . 2004. 土地资源调查与评价[M]. 北京：中国农业大学出版社 .

耿增超，戴伟 . 2010. 土壤学[M]. 北京：科学出版社 .

孙向阳 . 2005. 土壤学[M]. 北京：中国林业出版社 .

附　录

1. 标准酸碱溶液的配制与标定

1.1　标准酸碱溶液的配制

① 盐酸溶液［$c(\mathrm{HCl}) = 0.1\ \mathrm{mol \cdot L^{-1}}$］：准确吸取 8.3 mL 浓盐酸［$\rho(\mathrm{HCl}) = 1.19\ \mathrm{g \cdot mL^{-1}}$，分析纯］，注入盛有 150～200 mL 蒸馏水的烧杯中，冷却后洗入 1 L 容量瓶中，定容摇匀。

② 硫酸溶液［$c(\mathrm{H_2SO_4}) = 0.1\ \mathrm{mol \cdot L^{-1}}$］：准确吸取 5.6 mL 浓硫酸［$\rho(\mathrm{H_2SO_4}) = 1.84\ \mathrm{g \cdot mL^{-1}}$，分析纯］，缓缓注入盛有 150～200 mL 蒸馏水的烧杯中，冷却后洗入 1 L 容量瓶中，定容、摇匀。

③ 氢氧化钠溶液［$c(\mathrm{NaOH}) = 0.1\ \mathrm{mol \cdot L^{-1}}$］：称取 50 g 氢氧化钠（分析纯）溶于 100 mL 蒸馏水中，配成饱和溶液（约 12 mol·$\mathrm{L^{-1}}$），准确吸取此液 8.3 mL 于 1 L 容量瓶中，再用无汽气水定容、摇匀。

1.2　0.1 mol·$\mathrm{L^{-1}}$ 盐酸或硫酸溶液的标定

（1）方法一

准确称取 19.068 g 硼砂（$\mathrm{Na_2B_4O_7 \cdot 10H_2O}$，分析纯）溶于水，定容至 1 L，即为 0.05 mol·$\mathrm{L^{-1}}$ 硼砂（$\mathrm{Na_2B_4O_7}$）标准溶液。吸取该溶液 20 mL 放入 250 mL 三角瓶中，用待标定的盐酸溶液或硫酸溶液滴定，以甲基红作指示剂，滴定终点由黄色变为红色，计算盐酸标准溶液或硫酸标准溶液的浓度。

$$c = \frac{0.05 \times 20 \times 2}{V - V_0}$$

式中　c——盐酸标准溶液的浓度，mol·$\mathrm{L^{-1}}$；

　　　0.05——硼砂标准溶液的浓度，mol·$\mathrm{L^{-1}}$；

　　　20——吸取硼砂标准溶液的体积，mL；

　　　V——滴定硼砂标准溶液消耗盐酸标准溶液的体积，mL；

　　　V_0——滴定空白消耗盐酸标准溶液的体积，mL。

$$c = \frac{0.05 \times 20}{V - V_0}$$

式中　c——硫酸标准溶液的浓度，$mol \cdot L^{-1}$；

　　　0.05——硼砂标准溶液的浓度，$mol \cdot L^{-1}$；

　　　20——吸取硼砂标准溶液的体积，mL；

　　　V——滴定硼砂标准溶液消耗硫酸标准溶液的体积，mL；

　　　V_0——滴定空白消耗硫酸标准溶液的体积，mL。

（2）方法二

直接称取少许硼砂（$Na_2B_4O_7 \cdot 10H_2O$，分析纯）或经 180～200 ℃烘干的无水碳酸钠（Na_2CO_3，分析纯）于 250 mL 三角瓶中，用约 25 mL 蒸馏水溶解后，用待标定的盐酸溶液或硫酸溶液滴定，滴加定氮混合指示剂 1 滴，由蓝色滴至微红色即为终点，计算盐酸溶液或硫酸溶液的浓度。

例如，称取 0.476 7 g 硼砂，滴定用去 25 mL 盐酸溶液，硼砂相对分子质量为 381.36，设盐酸浓度为 c，则：

$$c(mol \cdot L^{-1}) = \frac{0.476\ 7 \times 2}{381.36 \times 25} \times 10^3$$

1.3　0.1 $mol \cdot L^{-1}$氢氧化钠溶液的标定

（1）方法一

准确称取 20.422 g 苯二甲酸氢钾（$KHC_8H_4O_4$，分析纯，105 ℃烘干）溶于水，定容至 1 L，即为 0.1 $mol \cdot L^{-1}$苯二甲酸氢钾标准溶液。吸取该溶液 20 mL 于 250 mL 三角瓶中，用待标定的氢氧化钠溶液滴定，以酚酞作指示剂，由无色变至微红色，保持 30 s 不褪色，即为终点。计算氢氧化钠标准溶液的浓度。

$$c = \frac{0.1 \times 20}{V - V_0}$$

式中　c——氢氧化钠标准溶液的浓度，$mol \cdot L^{-1}$；

　　　0.1——苯二甲酸氢钾标准溶液的浓度，$mol \cdot L^{-1}$；

　　　20——吸取苯二甲酸氢钾标准溶液的体积，mL；

　　　V——滴定苯二甲酸氢钾标准溶液消耗氢氧化钠标准溶液的体积，mL；

　　　V_0——滴定空白消耗氢氧化钠标准溶液的体积，mL。

（2）方法二

直接称取少许苯二甲酸氢钾（$KHC_8H_4O_4$，分析纯，105 ℃烘干）于 250 mL 三角瓶中，用 25 mL 蒸馏水溶解后，用需标定的氢氧化钠溶液滴定，滴加 5 $g \cdot L^{-1}$酚酞指示剂 2 滴，由无色滴至微红色，计算氢氧化钠标准溶液的浓度。

例如，称取 0.510 6 g 苯二甲酸氢钾，滴定用去 25 mL 氢氧化钠溶液，苯二甲酸氢钾的相对分子质量为 204.22，设氢氧化钠溶液浓度为 c，则：

$$c(mol \cdot L^{-1}) = \frac{0.5106}{204.22 \times 25} \times 10^3$$

2. 常用基准试剂的称量和处理方法

基准试剂名称	规格	标定溶液	处理方法
硼砂($Na_2B_4O_7 \cdot 10H_2O$)	分析纯	标准酸	盛有蔗糖和食盐的饱和水溶液的干燥器内平衡 7 d
无水碳酸钠($NaCO_3$)	分析纯	标准酸	$180 \sim 200$ ℃，$4 \sim 6$ h
苯二甲酸氢钾($KHC_8H_4O_4$)	分析纯	标准碱	$105 \sim 110$ ℃，$4 \sim 6$ h
草酸($H_2C_2O_4 \cdot 2H_2O$)	分析纯	标准碱或高锰酸钾	室温
草酸钠($Na_2C_2O_4$)	分析纯	高锰酸钾	150 ℃，$2 \sim 4$ h
重铬酸钾($K_2Cr_2O_7$)	分析纯	硫代硫酸钠等还原剂	130 ℃，$3 \sim 4$ h
氯化钠($NaCl$)	分析纯	银盐	105 ℃，$4 \sim 6$ h
金属锌(Zn)	分析纯	EDTA-Na_2	干燥器中干燥 $4 \sim 6$ h
金属镁带(Mg)	分析纯	EDTA-Na_2	100 ℃，1 h
碳酸钙($CaCO_3$)	分析纯	EDTA-Na_2	105 ℃，$4 \sim 6$ h

3. 常用酸碱试剂的浓度

试剂名称	密度 ($g \cdot mL^{-1}$)	质量百分数 （%）	摩尔浓度 （$mol \cdot L^{-1}$）	配 1 L 1 $mol \cdot L^{-1}$溶液 所需体积（mL）
盐酸(HCl)	1.19	37	11.6	83
硫酸(H_2SO_4)	1.84	96	18	56
硝酸(HNO_3)	1.42	70	16	63
高氯酸($HClO$)	1.66	70	11.6	86
磷酸(H_3PO_4)	1.69	85	14.6	69
乙酸($HOAc$)	1.05	99.5	17.4	58
氨水($NH_3 \cdot H_2O$)	0.90	27	14.3	70

4. 土壤筛孔标准换算表

土壤筛目次	筛孔直径 （mm）	目次	筛孔直径 （mm）	目次	筛孔直径 （mm）
8	2.38	45	0.35	130	0.112
10	2	50	0.3	150	0.1
12	1.68	55	0.31	160	0.09
16	1.1	60	0.25	190	0.08

续表

土壤筛目次	筛孔直径 （mm）	目次	筛孔直径 （mm）	目次	筛孔直径 （mm）
18	1	70	0.21	200	0.074
20	0.9	75	0.2	240	0.063
24	0.84	80	0.177	260	0.056
25	0.71	90	0.16	300	0.05
32	0.56	100	0.149	320	0.045
35	0.5	110	0.14		
40	0.42	120	0.125		

注：①筛号数即每1英寸长度内孔目数，如100号即1英寸长度内有100孔；②筛号与筛孔直径毫米数换算公式：孔径（mm）$\approx \dfrac{16}{筛号}$。

5. 我国主要土壤类型养分含量变幅表

土壤类型	地形	海拔 （m）	母质	利用 现状	全氮（%）			速效磷（mg·kg^{-1}）			速效钾（mg·kg^{-1}）		
					高	中	低	高	中	低	高	中	低
山地草甸土	亚高山	＞2 500	残坡积	牧地	0.79	0.5	0.24	24	10~20	10	488	213	198
山地棕壤	中山	1 800~2 400	残坡积	林地	0.57	0.28	0.15	23	10~15	7	218	154	53
淋溶褐土	中山	1 300~1 900	残坡积	牧地	0.63	0.25	0.09	39	8~12	2	178	115	75
山地褐土	低山	650~1 400	残坡积	牧地	0.55	0.16	0.06	10	7~11	2	28	78	11
耕种黄土质山地褐土	低山	900~1 600	黄土	耕地	0.34	0.06	0.03	27	4~10	1	321	92	26
立黄土	丘陵	800~1 300	黄土	耕地	0.14	0.06	0.03	25	6~10	1	218	78	28
黄土质淡褐土	盆地	1 050~1 200	黄土状	耕地	0.14	0.08	0.03	43	8	1	211	82	31
中壤淤灌淡褐土	盆地	1 200	黄土状	耕地	0.14	0.85	0.03	14	5~13	4			
中壤质褐潮土	一级阶地	740~1 750	冲积	耕地	0.15	0.07	0.05	11	10~30	9	198	108	66
潮黄土	二级阶地	750	冲积	耕地	0.2	0.09	0.08	51	13~30	9	137	89	68
盐渍性水稻土	三级阶地	740	冲积	耕地				18	10~20	13			
耕种沟淤山地褐土	沟谷	700~1 100	冲积	耕地	0.2	0.11	0.03	27	12	2	65	135	11

注：来自网络。

主要土壤类型	全氮 (%)	有机质 (%)	C/N	全磷(P_2O_5) (%)	全钾(K_2O) (%)	交换量 (mg/100 g)
东北黑土、白浆土	0.15~0.35	3~7或1至15	约10	0.15~0.35	1.7~2.5	25~40
内蒙古、新疆黑钙土、粟钙	0.05~0.20	0.6~2.5	7~11	0.15~0.20	2.36~2.90	20~25
新疆绿洲土	0.05~0.14	1~2	6~13	0.14~0.2	2.2~2.90	5~20
黄土高原壤土、黑垆土	0.04~0.1	0.5~1.5	7~10	0.1~0.2	1.8~2.3	10~20
黄淮海平原黄润土	0.03~0.09	0.5~1.5	7~10	0.1~0.2	1.5~2.7	10~20
长江中下游黄棕壤水稻土	0.05~0.16	1.0~2.3	8~12	0.05~0.12	1.5~2.5	10~20
华中红壤水稻土	0.06~0.15	1.0~2.5	8~12	0.04~0.08	0.5~2.4	5~15
西南黄壤水稻土	0.04~0.19	0.6~3.0	8~14	0.04~0.08	0.35~3	5~20
华南、滇南砖红壤水稻土	0.06~0.2	1~3.5	9~13	0.05~0.1	0.06~0.7	3~10

注：选自土壤农化分析手册。

6. 土壤有效态微量元素分级和临界值汇总表

土壤有效态微量元素分级和评价指标($mg \cdot kg^{-1}$)

元素	很低	低	中等	高	很高	临界值
有效态铁	<2.5	2.5~4.5	4.5~10	10~20	>20	4.5
水溶性硼	<0.25	0.25~0.5	0.5~1.0	1.0~2.0	>2.0	0.50
有效态钼	<0.10	0.10~0.15	0.15~0.2	0.2~0.3	>0.3	0.15
有效态锰	<1.0	1.0~2.0	2.0~3.0	3.0~5.0	>5.0	3.0
易还原态锰	<50	50~100	100~200	200~300	>300	100
有效态锌*	<1.0	1.0~1.5	1.5~3.0	3.0~5.0	>5.0	1.5
有效态锌**	<0.5	0.5~1.0	1.0~2.0	2.0~5.0	>5.0	0.5
有效态铜*	<1.0	1.0~2.0	2.0~4.0	4.0~6.0	>6.0	2.0
有效态铜**	<0.1	0.1~0.2	0.2~1.0	1.0~1.8	>1.8	0.2

注：*适用于酸性土，**适用于碱性土。

7. 植物微量元素含量范围表

元素	一般范围 ($mg \cdot kg^{-1}$)	分布特点
硼(B)	20~100	十字花科、豆科以及耐盐植物含硼较多，谷类作物较少；双子叶作物含硼量高于单子叶作物
锰(Mn)	10~150	酸性土壤上含锰量约200~500 $mg \cdot kg^{-1}$，有的可以高达2 400 $mg \cdot kg^{-1}$，而盐渍土和钙质土上的植物含锰量都不超过100 $mg \cdot kg^{-1}$
锌(Zn)	5~80	常见的作物含锌量，大麦为18 $mg \cdot kg^{-1}$，小麦为16 $mg \cdot kg^{-1}$，水稻为2.5 $mg \cdot kg^{-1}$，马铃薯为4 $mg \cdot kg^{-1}$，胡萝卜为1.1~4.9 $mg \cdot kg^{-1}$

续表

元　素	一般范围 （mg·kg⁻¹）	分布特点
铜（Cu）	5~30	当植物含铜量低于 5 mg·kg⁻¹ 表现出明显不足，高于 30 mg·kg⁻¹ 则过量或可能出现中毒。但不同作物，其临界浓度并不完全相同。如柑橘叶片含铜少于 4 mg·kg⁻¹ 时，可能出现缺乏症状；少于 6 mg·kg⁻¹ 时，可能对铜肥有良好反应
钼（Mo）	0.1~0.5	当植物成熟叶片中含钼量低于 0.1 mg·kg⁻¹，就有可能缺钼。但因植物种类不同，临界值可相差很大。常见的作物含钼量：苜蓿 0.28 mg·kg⁻¹，甜菜 0.05 mg·kg⁻¹，大、小麦为 0.03 mg·kg⁻¹，甜玉米 0.09 mg·kg⁻¹，棉花 0.5 mg·kg⁻¹，烟草 0.13 mg·kg⁻¹ 等
铁（Fe）	100~300	蔬菜作物、果树含铁量较高，豆科植物含铁量比禾本科植物高，水稻、玉米的含铁量相对较低，不同植株部位铁含量也不相同，一般根系含铁量会大于地上部，秸秆部位含铁量大于籽粒

8. 实验室临时急救措施

种　类		急救措施
灼伤	火灼	一度烫伤（发红）：把棉花用酒精浸湿，盖于伤处或用麻油浸过的纱布盖敷； 二度烫伤（起泡）：用上述处理也可，或用 30~50 g·L⁻¹ 高锰酸钾或 50 g·L⁻¹ 现制丹宁溶液如上法处理； 三度烫伤：用消毒棉包扎，请医生诊治
	酸灼	① 如强酸溅洒在皮肤或衣服上，用大量水冲洗，然后用 50 g·L⁻¹ 碳酸氢钠洗伤处（或用 1:9 氢氧化铵洗之）； ② 若为氢氟酸灼伤时，用水洗伤口至苍白，用新鲜配置 20 g·L⁻¹ 氧化镁甘油悬液涂之； ③ 酸伤眼睛，先用水冲洗，然后再用 30 g·L⁻¹ 碳酸氢钠洗眼，严重者请医生医治
	碱灼	强碱溅洒在皮肤和衣服上，用大量水冲洗，可用 20 g·L⁻¹ 硼酸或 20 g·L⁻¹ 醋酸洗之；碱伤眼睛，先用水冲洗，并用 20 g·L⁻¹ 硼酸洗，严重者请医生诊治
创伤		若伤口不大，出血不多，可用 3% 双氧水将伤口周围擦净，涂上红汞或碘酒，必要时撒上一些磺胺消炎粉，严重者须涂上紫药水，然后撒上消炎粉，用纱布按压伤口，立即就医缝治
中毒		① 一氧化碳、乙炔、稀氨水及灯用煤气中毒时，应将中毒者移至空气新鲜流通处（勿使身体着凉），进行人工呼吸，输氧或二氧化碳混合气； ② 生物碱中毒，用活性炭水浊液灌入，引起呕吐； ③ 汞化物中毒，若误入口者，应吃生鸡蛋或牛奶（约 1 L）引起呕吐； ④ 苯中毒，若误入口者，应服腹泻剂，引起呕吐，吸入者进行人工呼吸，输氧； ⑤ 苯酚（石碳酸）中毒，大量饮水、石灰水或石灰粉水，引起呕吐； ⑥ NH₃ 中毒，若口服者应饮带有醋或柠檬汁的水，或植物油、牛奶，蛋白质引起呕吐； ⑦ 酸中毒，饮入苏打水喝水，吃氧化镁，引起呕吐； ⑧ 氟化物中毒，应饮 20 g·L⁻¹ 氯化钙，引起呕吐； ⑨ 氰化物中毒，饮浆糊、蛋白、牛奶等，引起呕吐； ⑩ 高锰酸盐中毒，饮浆糊、蛋白、牛奶等引起呕吐
其他		① 各种药品失火：如果电失火，应先切断电源，用二氧化碳或四氯化碳灭火器等灭火，油或其他可燃液体着火时，除以上方法外，应用砂或浸湿的衣服扑灭； ② 如果是工作人员触电，不能直接用手拖拉，离电源近的应切断电源，如果离电源远，应用木棒把电源拨离触电者，然后把触电者放在阴凉处，进行人工呼吸，输氧